21世纪高等教育规划教材·数学系列

概率论与数理统计(第二版)

主　编　尤正书　陈　刚
副主编　陈　静　司会香
编　者:(以姓氏笔画为序)
尤正书　王玉霞　司会香
朱　华　刘俊菊　陈　刚
陈　静　余跃丰　梁　军

华中师范大学出版社

内 容 提 要

本教材主要是针对高等院校尤其是独立学院学生的实际情况和学习特点而编写的。在编写特色上充分遵从了通俗易懂、深入浅出、习题充分、注重应用的原则，尽可能地凸显概率论与数理统计有着很强应用性的特点。

全书共分九章，分别是：随机事件及其概率、随机变量及其分布、二元随机变量及其分布、随机变量的数字特征、大数定律和中心极限定理、数理统计基础、参数估计、假设检验、方差分析与回归分析。

新出图证(鄂)字 10 号

图书在版编目(CIP)数据

概率论与数理统计(第二版)/尤正书　陈　刚主编.—2 版.—武汉：华中师范大学出版社，2013.6
(2016.8 重印)
(21 世纪高等教育规划教材・数学系列)

ISBN 978-7-5622-6083-7

Ⅰ.①概…　Ⅱ.①尤…②陈…　Ⅲ.①概率论—高等学校—教材　②数理统计—高等学校—教材　Ⅳ.①O21

中国版本图书馆 CIP 数据核字(2013)第 094509 号

概率论与数理统计(第二版)
©尤正书　陈　刚　主编

责任编辑：袁正科	**责任校对**：易　雯	**封面设计**：新视点
编 辑 室：第二编辑室	**电　　话**：027－67867362	**封面制作**：胡　灿
出版发行：华中师范大学出版社		
社　　址：湖北省武汉市珞喻路 152 号	**邮　　编**：430079	
销售电话：027－67863426/67863280		
邮购电话：027－67861321	**传　　真**：027－67863291	
网　　址：http://www.ccnupress.com	**电子信箱**：hscbs@public.wh.hb.cn	
印　　刷：仙桃市新华印务有限公司	**督　　印**：王兴平	
开　　本：787 mm×1092 mm　1/16	**印　　张**：11.5	**字　　数**：310 千字
版　　次：2013 年 6 月第 2 版	**印　　次**：2016 年 8 月第 2 次印刷	
印　　数：3501—6500	**定　　价**：24.00 元	

欢迎上网查询、购书

第 2 版

前　言

Ban 2

教材建设是一项长期的、艰巨的工作。一部好的教材必须经过师生反复施教、施学，不断探索，集思广益，长期积累，不断完善后才能达到我们所追求的目标。

由湖北大学知行学院的教师和其他相关学校教师共同编写的《概率论与数理统计》第一版自 2011 年出版发行以来，经过了多所学校两年的使用，受到了使用单位的一致好评。为了使本教材更加精益求精，使其成为更加成熟、更被社会广泛认可的精品，我们在第一版的使用过程中，就对其进行了科学的实验和持续的跟踪调查，对于此次修订，湖北大学知行学院和其他各参编院校的教师对其进行了认真地讨论，通过对比试验和师生评议，大家一致认为，第二版除了保持第一版的风格和特点外，还吸收了任课教师好的建议，主要体现在以下几个方面：

1. 对第一版中错误之处加以更正；

2. 对个别性质或定理证明不太严谨的部分，重新给予严格的证明。另外，通过在教学中征求意见，补充了个别定理的证明；

3. 对本教材中符号体系不一致的地方作了修改；

4. 调整了个别章节的顺序以使前后各章节内容的衔接。

通过本次修订，本教材的品质将有一个质的飞跃，参与修订的教师也都从中学到了许多宝贵的教材编写经验，提高了自己的业务水平。但教材建设是一项长期的工作，不可能一蹴而就，还需要我们进一步努力探索。我们相信，通过我们的不懈努力，本教材必将会成为被社会认可的精品教材。

编者

2013 年 3 月

第 1 版

前 言

Ban 1

《概率论与数理统计》是高等学校工科类，经济、管理类学生必修的基础课之一。该课程作为专门研究随机现象统计规律性的学科，其实际应用性又较强，故而也是理论与实际结合较紧密的一门学科。由于学习该课程的理论需要中学的数学基础和微积分理论作支撑，加之各种新概念、新记号繁多，因而部分学生在学习时会遇到一些困难，这必然就影响了他们对这门课程的有效学习。湖北大学知行学院数学教研室和武汉理工大学华夏学院数学教研室的教师们在长期从事《概率论与数理统计》的教学过程中，积累了丰富的经验，摸索出了一套可行的教学方法，并根据高等院校尤其是独立学院学生的实际情况和学习特点编写了这本教材。其主要特点是：

1. 通俗易懂、深入浅出

在尊重理论体系的严谨性、科学性、逻辑性的前提下，教材对每个新引入的概念都进行了详细的解析和注释，对各个重要的结论，除了个别证明过程较为复杂的省略以外，其他叙述和证明过程也是尽量详尽完整。使整个语言的表达做到通俗自然。

2. 例题翔实、习题充分、注重应用

为配合教学，本教材每章、每节都配置了一定量的习题，以便学生巩固学习成果。另外，我们还在每章备有典型例题解析，还对一些有难度的综合题进行了解析，有利于扩大学生解题的视野。

本教材由尤正书（湖北大学知行学院）、陈刚（湖北大学知行学院）担任主编，王玉霞（武汉理工大学华夏学院）任副主编，各章编写分工如下：

第一章：朱华、梁军（湖北大学知行学院）；第二章：刘俊菊（湖北大学知行学院）；第三章：余跃丰（湖北大学知行学院）；第四章：尤正书（湖北大学知行学院）；第五章：王玉霞（武汉理工大学华夏学院）；第六、七、八、九章：陈刚（湖北大学知行学院）。全书规划设计、人员分配、合成统稿由尤正书完成。

由于时间紧，编者水平有限，书中难免存在错误或不妥之处，望广大师生批评指正。

编者

2011 年 7 月

目　录

Mulu

第 1 章

随机事件及其概率

Zhang 1

1.1 随机事件的基本概念

1. 随机现象

在人类社会和自然界中，可以观察到这样的现象，在一定的条件下，只会发生一种结果. 例如，向上抛掷一石子会自然下落；在标准大气压下，水在加热到 100℃ 时必然会沸腾等. 我们称这类现象为确定性现象. 还可以观察到另一种现象，在一定条件下，有多个可能发生的结果. 例如，抛掷一枚硬币，可能正面向上，也可能反面向上. 这类现象在发生之前无法预知确切的结果，这样的现象称为**随机现象**. 但是大量地重复观察这类现象，可以发现不同的结果的发生具有规律性，例如，大量地抛一枚硬币，落地后正面向上和反面向上的次数几乎相同，而一门炮多次射击后的弹着点也呈现出一定的规律性. 这种规律叫**统计规律**，概率论与数理统计正是研究随机现象统计规律性的一门学科.

2. 随机试验

为了掌握随机现象的统计规律性，有必要对随机现象进行大量的重复试验，以利于观察各种结果的发生情况，发现其规律. 这种试验要尽量保证其真实准确性，因此就要求具备以下特征：

(1) 可重复：即在相同条件下试验可重复进行；

(2) 结果多样：即每次试验可能的结果不止一个，并且这些结果是明确的；

(3) 不可预知：即每次试验前不能确定哪个结果会发生.

具备以上三个特征的试验称为**随机试验**，简称**试验**.

比如在一个袋子中放入 10 个大小相同、重量相同而颜色不同的圆球，从中随意拿出一个. 这种试验可以重复进行，而且每次试验的结果有 10 种，在试验前不能预知哪个颜色的球被取出；再如抛掷一颗骰子，可以多次重复进行，每次抛掷的可能结果有 6 种，而每次抛掷前不知道会出现哪个点数等. 这些就是随机试验.

3. 随机事件

随机试验的结果的发生，在试验前虽然不知道，但是所有这些不同的结果组成的集合却是明确的. 我们将随机试验的所有可能的结果组成的集合称为**样本空间**，记为 Ω；随机试验的每个可能的结果称为**样本点**，记为 $\Omega=\{\omega\}$；如果样本点的个数是有限的或可数的，则每个样本点记为 $\omega_i(i=1,2,\cdots,n,\cdots)$，因此，样本空间

$$\Omega=\{\omega_1,\omega_2,\cdots,\omega_n,\cdots\}.$$

例 1 抛掷一颗骰子的试验中,规定出现点数 i 时的结果为 e_i,则

$$\Omega=\{e_1,e_2,\cdots,e_6\}.$$

例 2 抛掷一枚硬币的试验中,规定正面向上的结果为 H,反面向上的结果为 T,则

$$\Omega=\{H,T\}.$$

例 3 在一枚硬币连续抛掷 3 次的试验中,正面记为 H,反面记为 T,每次试验可能的结果有 8 个,则

$$\Omega=\{HHH,HHT,HTH,HTT,THH,THT,TTH,TTT\}.$$

例 4 测试一个灯泡的使用寿命中,若其使用寿命为 t,则

$$\Omega=\{t\mid t\geqslant 0\}.$$

研究随机现象不仅要对不同的结果(样本点)进行讨论,而且更多是对所有样本点集合(即样本空间)的某些子集进行讨论. 如果规定灯泡寿命小于 500 小时为次品,那么我们就关心灯泡寿命大于 500 小时的情况. 如例 4 中 $\Omega=\{t\mid t\geqslant 0\}$,那么 $A=\{t\mid 0\leqslant t<500\}$ 和 $B=\{t\mid t\geqslant 500\}$ 就分别是 Ω 的两个子集,也是我们所关心的两种情况.

我们称样本空间 Ω 的具有某种条件的子集为**随机事件**,简称**事件**,记为 A,B,C 等. 在每次试验中,只要这一子集中的某一个样本点发生时,就称这一事件发生. 又如在例 1 中,掷出小点数记为 $A=\{1,2,3\}$,掷出大点数记为 $B=\{4,5,6\}$;而在例 3 中,记掷 3 次硬币都是同面为 A,则 $A=\{HHH,TTT\}$,记两次正面向上为 B,则 $B=\{HHT,HTH,THH\}$,记至少一次正面向上为 C,则 $C=\{HTT,THT,TTH,HHT,HTH,THH,HHH\}$.

例 5 记录某地一昼夜的最高温度和最低温度,以 x 表示最低温度,以 y 表示最高温度,并设这一地区温度不低于 T_0,也不会高于 T_1,那么

$$\Omega=\{(x,y)\mid T_0\leqslant x\leqslant y\leqslant T_1\}.$$

而最高温度和最低温度差不超过 10℃ 这一事件记为 A,则

$$A=\{(x,y)\mid 0\leqslant y-x\leqslant 10,T_0\leqslant x\leqslant y\leqslant T_1\}.$$

由一个样本点组成的单点集称为**基本事件**. 样本空间 Ω 包含所有的样本点,也是自身的子集,且在每次试验中 Ω 总是发生,故称为**必然事件**. 不包含任何样本点的集合是空集 $\varnothing$,也是样本空间的子集,它在每次试验中都不发生,故称为**不可能事件**.

比如抛掷一枚硬币,$\Omega=\{H,T\}$,而$\{T\}$ 和$\{H\}$ 为基本事件;“正面向上或反面向上”是$\{H$ 或 $T\}$ 为必然事件 Ω;“正面向上且反面向上”是$\{H$ 且 $T\}$ 为不可能事件 $\varnothing$.

4. 随机事件的关系和运算

事件是样本空间的某种子集,由此可以将样本点作为元素看待,必然事件就是全集 Ω,不可能事件就是空集 $\varnothing$. 这样事件与集合的联系如下:

样本点 —— 元素;

必然事件 —— 全集;

不可能事件 —— 空集;

随机事件 —— 集合.

注意:这里事件是样本点的一类集合,而样本点的所有的集合并不一定都是事件,在本

书中对此就不作进一步的讨论.

事件之间的关系和运算也可以按照集合的关系和运算来处理. 下面我们将事件关系的表述与集合关系的表述加以对照以加深理解.

先看事件间的关系，设 A,B,C 为同一样本空间 Ω 的事件.

(1) 包含关系：A 发生必然导致 B 发生，集合表示为属于 A 的元素必属于 B，记为 $A\subset B$；

(2) 相等关系：若 $A\subset B$ 且 $B\subset A$，则称事件 A 与 B 相等，记为 $A=B$；

(3) 并事件：A 发生或 B 发生，集合表示为属于 A 或属于 B 的元素集合，记为 $A\cup B$ 或 $A+B$；

(4) 交事件：A 发生且 B 也发生，集合表示为属于 A 且属于 B 的元素集合，记为 $A\cap B$ 或 AB；

(5) 差事件：A 发生且 B 不发生，集合表示为属于 A 且不属于 B 的元素集合，记为 $A-B$；

(6) 互不相容(互斥) 事件：若 $A\cap B=\varnothing$，即 A 与 B 不可能同时发生，则称 A 与 B 互不相容；

(7) 互逆(对立) 事件：只要 A 不发生，就叫做 B 发生，即 $A\cap B=\varnothing$，且 $A\cup B=\Omega$，则称 B 是 A 的逆事件，记作 $B=\overline{A}$. 当然有 $A\overline{A}=\varnothing$，$A\cup\overline{A}=\Omega$，所以 A 也是 $B=\overline{A}$ 的逆事件，因此，A 与 B 称作互逆事件.

事件间的关系如图 1-1(Vienn 图，可类比集合的情形) 所示：

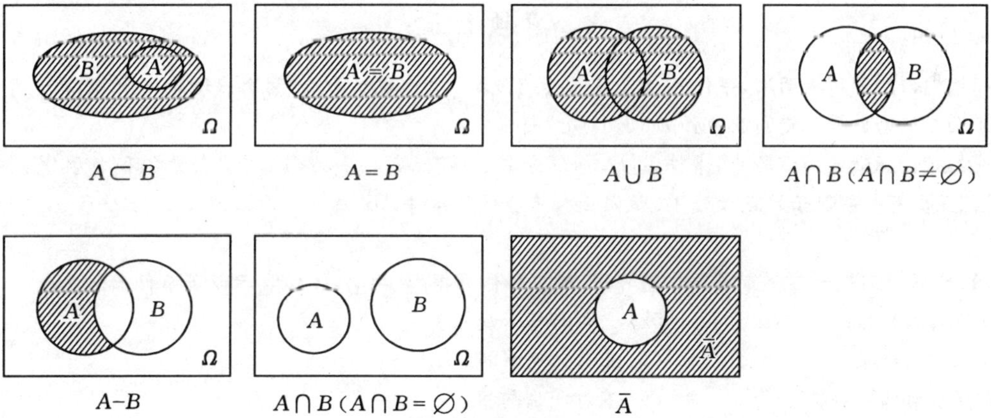

图 1-1　事件间的关系

在进行事件运算时，也会用到集合中的运算定律：

(1) 交换律：$A\cup B=B\cup A$，$A\cap B=B\cap A$；

(2) 结合律：$A\cup(B\cup C)=(A\cup B)\cup C$，$A\cap(B\cap C)=(A\cap B)\cap C$；

(3) 分配律：$A\cup(B\cap C)=(A\cup B)\cap(A\cup C)$，$A\cap(B\cup C)=(A\cap B)\cup(A\cap C)$；

(4) 对偶律：$\overline{A\cup B}=\overline{A}\cap\overline{B}$，$\overline{A\cap B}=\overline{A}\cup\overline{B}$.

如遇到多个事件时，设 $A_1,A_2,\cdots,A_n$ 为 n 个事件，则其并事件用 $A_1\cup A_2\cup\cdots\cup A_n=\bigcup\limits_{i=1}^{n}A_i$ 表示；交事件用 $A_1\cap A_2\cap\cdots\cap A_n=\bigcap\limits_{i=1}^{n}A_i$ 表示；

$A_1,A_2,\cdots,A_n$ 互不相容等价于 $A_1,A_2,\cdots,A_n$ 两两互不相容,即

$$A_i \cap A_j = \varnothing, i \neq j,\ i,j = 1,2,\cdots,n;$$

对偶律也可推广为

$$\overline{\bigcup_{i=1}^{n} A_i} = \bigcap_{i=1}^{n} \overline{A_i},\ \overline{\bigcap_{i=1}^{n} A_i} = \bigcup_{i=1}^{n} \overline{A_i}.$$

例 6 掷一颗骰子的试验,事件 A 表示出现“奇数点”,事件 B 表示出现“点数小于 5”,事件 C 表示“小于 5 的偶数点”,写出下列事件:$\Omega,A,B,C,A\cup B,A-B,B-A,A\cap B,A\cap C,C-A,\overline{A}\cup B$.

解 $\Omega=\{1,2,3,4,5,6\},A=\{1,3,5\},B=\{1,2,3,4\},C=\{2,4\}$,

$A\cup B=\{1,2,3,4,5\},A-B=\{5\},B-A=\{2,4\},A\cap B=\{1,3\}$,

$A\cap C=\varnothing,\ C-A=\{2,4\},\ \overline{A}\cup B=\{1,2,3,4,6\}$.

例 7 设 A,B,C 是随机事件,则事件

(1)“A 与 B 发生,C 不发生”可以表示为 $AB\overline{C}$;

(2)“A,B,C 至少两个发生”可以表示为 $AB\cup AC\cup BC$;

(3)“A,B,C 恰好两个发生”可以表示为 $AB\overline{C}\cup AC\overline{B}\cup BC\overline{A}$;

(4)“A,B,C 至多一个发生”可以表示为 $\overline{A}\overline{B}\overline{C}\cup A\overline{B}\overline{C}\cup\overline{A}B\overline{C}\cup\overline{A}\overline{B}C$;

(5)“A,B,C 至少一个发生”可以表示为 $A\cup B\cup C$.

习题 1.1

1. 将一枚均匀的硬币抛两次,事件 A,B,C 分别表示“第一次出现正面”,“两次出现同一面”,“至少有一次出现正面”. 试写出样本空间及事件 A,B,C 中的样本点.

2. 在先后掷两颗骰子的试验中,事件 A,B,C,D 分别表示“点数之和为偶数”,“点数之和小于 5”,“点数相等”,“至少有一颗骰子的点数为 3”. 试写出样本空间及事件 $AB,A+B,\overline{A}C,BC,A-B-C-D$ 中的样本点.

3. 以 A,B,C 分别表示某城市居民订阅日报、晚报和体育报. 试用 A,B,C 表示以下事件:

   (1) 只订阅日报; (2) 只订日报和晚报;
   (3) 只订一种报; (4) 正好订两种报;
   (5) 至少订阅一种报; (6) 不订阅任何报;
   (7) 至多订阅一种报; (8) 三种报纸都订阅;
   (9) 三种报纸不全订阅.

4. 甲、乙、丙三人各射击一次,事件 A_1,A_2,A_3 分别表示甲、乙、丙射中. 试说明下列事件所表示的结果:

$$\overline{A}_2,A_2+A_3,\overline{A_1A_2},\overline{A_1+A_2},A_1A_2\overline{A}_3,A_1A_2+A_2A_3+A_1A_3.$$

5. 说明下列事件之间的关系:

   (1)$x>12$ 与 $x\leqslant 12$;
   (2)$x>12$ 与 $x\leqslant 14$;
   (3)$x>12$ 与 $x<10$.

1.2　随机事件的概率

1.2.1　频率和统计概率

一个事件在一次试验中可能发生，也可能不发生. 我们希望知道这个事件发生的可能性究竟有多大，这种可能性最好用一个数来表征. 为此，首先引入频率的概念，它描述了事件发生的频繁程度，进而引出事件发生的可能性大小 —— 概率.

1. 频率

在相同的条件下，进行 n 次试验，其中事件 A 发生的次数为 m，叫做事件 A 的频数，比值 $\frac{m}{n}$ 称为事件 A 发生的频率，记作 $f_n(A)=\frac{m}{n}$.

频率具有以下基本性质：

(1) $0\leqslant f_n(A)\leqslant 1$；

(2) $f(\Omega)=1$；

(3) 有限可加性，即若 $A_1,A_2,\cdots,A_k$ 互不相容，则

$$f_n(A_1\cup A_2\cup\cdots\cup A_k)=f_n(A_1)+f_n(A_2)+\cdots+f_n(A_k).$$

我们将一枚硬币抛掷 100 次，1000 次 …… 可观察正面向上的次数 m 的变化以及频率 $f_n(H)$ 的变化情况. 历史上曾有人做过试验，如表 1-1 所示.

表 1-1

实验者	n	$m(H)$	$f_n(H)$
De Morgan	2048	1061	0.5181
Buffon	4040	2048	0.5069
K Pearson	12000	6019	0.5016
K Pearson	24000	12012	0.5005

由表 1-1 可以看出，正面出现的频率均在 0.5 附近波动，而且随着抛掷次数增大，频率越来越接近 0.5.

还有很多类似的试验证实，当重复试验的次数 n 逐渐增大时，一个事件 A 的频率 $f_n(A)$ 呈现出稳定性，做大量重复试验，计算频率 $f_n(A)$，分析其稳定在什么实数附近，再用此数来表征 A 发生的可能性大小是合适的.

2. 统计概率

定义 1.1　在相同条件下，重复进行 n 次试验，若 n 越大时，事件 A 发生的频率稳定在某一常数 p 附近波动，则称 p 为事件 A 发生的概率，记为 $P(A)$，则 $P(A)=p$.

这个定义称为概率的统计定义或统计概率.

事实上，概率的统计定义仅仅给出了事件的概率是客观存在的，但并不适合用此定义来计算概率. 因为试验的条件的不变无法真正得到保证，另外，大量的试验次数操作起来也是十分困难的. 人们往往就用若干次试验的频率或一系列频率的平均值作为概率的近似值.

例如,从一个妇产医院6年间出生的婴儿的调查表可以看出生男孩的频率是稳定的,可以取0.518作为生男孩的概率.如表1-2所示.

表1-2

年	新生儿总数 N	新生儿分类数		频率%	
		男孩 m_1	女孩 m_2	男孩	女孩
第一年	3670	1883	1787	51.31	48.69
第二年	4250	2177	2073	51.22	48.78
第三年	4055	2138	1917	52.73	47.27
第四年	5844	2955	2889	50.56	49.44
第五年	6344	3271	3073	51.56	48.44
第六年	7231	3722	3509	51.47	48.53
6年总计	31394	16146	15248	51.48	48.52

1.2.2 古典概型及几何概型

一个事件 A 的概率的计算有时非常困难,但在某些特殊条件下的概率,可以用相对简单的方法求得,像**古典概型**和**几何概型**.

1. 古典概型

若试验的样本空间中的样本点个数有限为 n,且每个基本事件发生的可能性相同,满足以上两个条件的试验就是古典概型.在古典概型中,事件 A 发生的概率为

$$P(A)=\frac{m}{n},\text{其中 } m \text{ 是 } A \text{ 中含有的样本点个数}. \tag{1-1}$$

例1 袋中有5个白球,3个黑球,从中任取两个球,求这两个球都是白球的概率,再求这两个球一黑一白的概率.

解 袋中共8个球,任取2个,有 C_8^2 种不同的取法,基本事件总数为 C_8^2.

设 $A=\{$两个都是白球$\}$,则 A 中所包含的基本事件数为 C_5^2,

$B=\{$一个白球一个黑球$\}$,则 B 中包含的基本事件数为 $C_5^1C_3^1$,

$$P(A)=\frac{C_5^2}{C_8^2}=\frac{5}{14},\qquad P(B)=\frac{C_5^1C_3^1}{C_8^2}=\frac{15}{28}.$$

例2 将5个球随机的放入8个盒子中去,试求:

(1) 每个盒子至多有一个球的概率;

(2) 第二个盒子只有一个球的概率.

解 每一个球可以有8种选择,即放入8个盒子中的任一个,5个球共有 $8\times8\times8\times8\times8=8^5$ 种方法,基本事件总数为 8^5.

(1) 先取一球放入盒子共有8种方法,再取一球放入共有7种,…,第五个球放入共有4种方法.所以每个盒子至多一球的基本事件总数为 A_8^5,所求概率

$$P_1=\frac{A_8^5}{8^5}=\frac{105}{512}.$$

(2) 取一个球放入第二个盒子共有5种方法,剩下的4个球随机放入剩余7个盒子共有

7^4 种方法. 故第二个盒子只有一个球的放法有 $5 \cdot 7^4$ 种，所求概率为

$$P_2 = \frac{5 \cdot 7^4}{8^5}.$$

例 3　有 100 件产品，其中有 10 件次品，从中任取 N 件，求：(1) 当 N 为 5 时求其中正好有 3 件次品的概率是多少？(2) 当 N 为 15 时求其中恰好有 3 件次品的概率是多少？

解　100 件产品任取 N 件的抽法有 C_{100}^N，基本事件总数是 C_{100}^N.

(1) 抽 5 件有 3 件次品的抽法有 $C_{90}^2 C_{10}^3$ 种，其概率为

$$P_1 = \frac{C_{90}^2 C_{10}^3}{C_{100}^5};$$

(2) 抽 15 件有 3 件次品的抽法有 $C_{90}^{12} C_{10}^3$，其概率为

$$P_2 = \frac{C_{90}^{12} C_{10}^3}{C_{100}^{15}}.$$

2. 几何概率

若试验的样本空间 Ω 是多维空间中的某一有界区域，该区域内的每一个点都是样本点，如果在 Ω 内等容量的区域内事件发生的可能性相同，则称此概型为**几何概型**.

设 A 是 Ω 中的某一区域，则 A 发生的概率 $P(A) = \dfrac{|A|}{|\Omega|}$，其中记号 $|A|$ 和 $|\Omega|$ 分别表示 A 和 Ω 的度量大小. 度量在一维空间里表示长度，在二维空间里表示面积，在三维空间里表示体积.

例 4　两人约定在 8 点到 9 点之间在某地点会面，先到者须等候 20 分钟方可离开，求这两人能会面的概率.

解　设 x 与 y 分别表示两人到达时间，有 $0 \leqslant x \leqslant 60, 0 \leqslant y \leqslant 60$；两人能会面即 $|x-y| \leqslant 20$，其中 $|x-y|$ 是两人到达时间的绝对时差，作平面图，如图 1-2 所示，观察这两个区域可以知道：

$$\Omega = \{(x,y) \mid 0 \leqslant x \leqslant 60, 0 \leqslant y \leqslant 60\}$$

是一个正方形，$A = \{(x,y) \mid 0 \leqslant |x-y| \leqslant 20\}$ 是阴影部分，则两人能会面的概率为

$$P(A) = \frac{A\text{ 的面积}}{\Omega\text{ 的面积}} = \frac{60^2 - 40^2}{60^2} = \frac{5}{9}.$$

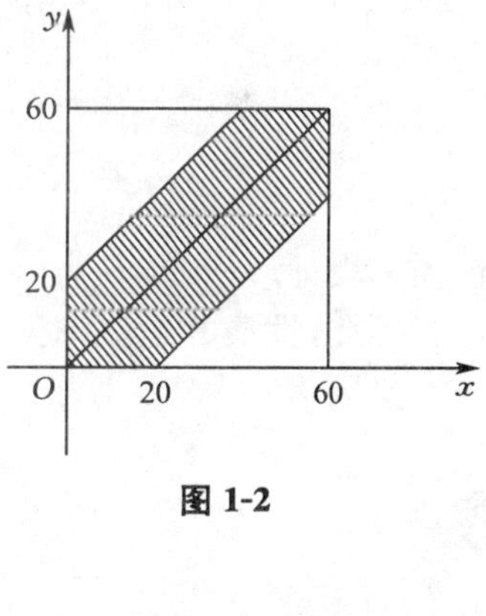

图 1-2

1.2.3　概率公理与概率性质

无论从任何角度，以何种方式对事件的概率进行定义，都可以发现这些定义都有共性，这就是概率的三个基本性质，我们称其为**概率公理**，即：

(1) 对任何事件 A，$0 \leqslant P(A) \leqslant 1$；

(2) $P(\Omega) = 1$；

(3) 若可列个事件 $A_1, A_2, \cdots, A_n, \cdots$ 两两互不相容，则 $P(\bigcup\limits_{i=1}^{\infty} A_i) = \sum\limits_{i=1}^{\infty} P(A_i)$.

实际上，只要是满足上述公理的实数 p，就可以称为事件的概率，这就是概率的公理化

定义.

由概率的三个公理,还可以推出概率的另外几个性质:

性质 1 $P(\varnothing)=0$; (1-2)

性质 2 $A_1,A_2,\cdots,A_n$ 两两互不相容,则 $P(\bigcup_{i=1}^{n}A_i)=\sum_{i=1}^{n}P(A_i)$; (1-3)

性质 3 $P(\overline{A})=1-P(A)$; (1-4)

性质 4 若 $A\subset B$,则 $P(B-A)=P(B)-P(A)$; (1-5)

性质 5 $P(A\cup B)=P(A)+P(B)-P(AB)$,该公式也称为加法公式. (1-6)

证 令

$$A_n=\varnothing,n=1,2,\cdots$$

则 $\bigcup_{n=1}^{+\infty}A_n=\varnothing$,且 $A_iA_j=\varnothing(i\neq j,i、j=1,2,\cdots)$.

由公理(3)得

$$P(\varnothing)=P(\bigcup_{n=1}^{+\infty}A_n)=\sum_{n=1}^{+\infty}P(A_n)=\sum_{n=1}^{+\infty}P(\varnothing),$$

又由公理(1)可得 $P(\varnothing)\geqslant 0$,

从而 $P(\varnothing)=0$.

性质 1 得证.

再设 $A_1,A_2,\cdots,A_n$ 互不相容,$\varnothing=A_n=A_{n+1}=\cdots$

故

$$A_iA_j=\varnothing(i\neq j,i、j=1,2,\cdots).$$

还由公理(3)得

$$P(\bigcup_{i=1}^{n}A_i)=P(\bigcup_{i=1}^{+\infty}A_i)=\sum_{i=1}^{+\infty}P(A_i)$$

$$=\sum_{i=1}^{n}P(A_i)+\sum_{i=n+1}^{+\infty}P(\varnothing)=\sum_{i=1}^{n}P(A_i).$$

性质 2 得证.

因此,性质 2 是概率公理(3)的特例.

又因为

$$A\cup\overline{A}=\Omega,A\cap\overline{A}=\varnothing,$$

所以

$$1=P(\Omega)=P(A\cup\overline{A})=P(A)+P(\overline{A}),$$

即

$$P(\overline{A})=1-P(A),$$

性质 3 得证.

再因为

$$A\subset B,B=(B-A)\cup A=(B\overline{A})\cup A,A\text{ 与 }B\overline{A}\text{ 互斥},$$

$$P(B)=P((B\overline{A})\cup A)=P(B\overline{A})+P(A)=P(B-A)+P(A),$$

即

$$P(B-A)=P(B)-P(A),$$

性质 4 得证.

还由于 $A \cup B = A \cup \overline{A}B$，而 $A \cap \overline{A}B = \varnothing$，再由性质 4 可得

$$
\begin{aligned}
P(A \cup B) &= P(A \cup \overline{A}B) = P(A) + P(\overline{A}B) = P(A) + P(B - AB) \\
&= P(A) + P(B) - P(AB),
\end{aligned}
$$

性质 5 得证.

若事件 $A_1, A_2, A_3, \cdots, A_n, \cdots$ 两两互不相容，且 $A_1 + A_2 + A_3 + \cdots + A_n + \cdots = \Omega$，则称 $A_1, A_2, A_3, \cdots, A_n, \cdots$ 为一个完备事件组，如图 1-3 所示.

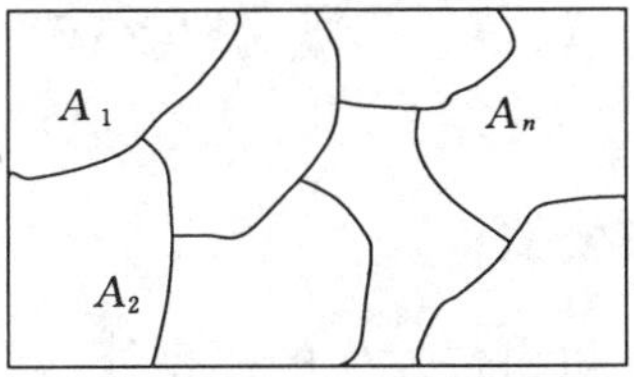

图 1-3　完备事件组

例 5　有 8 个白球，2 个黑球放在袋中，从中依次取两个，求至少有一个白球的概率.

解　方法一　设 $A = \{$至少有一个白球$\}$，则 $\overline{A} = \{$两个都是黑球$\}$，依次取两个球的基本事件数是 A_{10}^2，则

$$
P(A) = \frac{A_2^2}{A_{10}^2} = \frac{1}{45}, P(A) = 1 - P(A) = 1 - \frac{1}{45} = \frac{44}{45}.
$$

方法二　设 $A_1 = \{$第一次取到白球$\}$，$A_2 = \{$第二次取到白球$\}$，则

$$
A = A_1 \cup A_2,
$$

$$
P(A) = P(A_1) + P(A_2) - P(A_1A_2) = \frac{4}{5} + \frac{4}{5} - \frac{28}{45} = \frac{44}{45}.
$$

习题 1.2

1. 设 $P(A) = \frac{1}{3}, P(B) = \frac{1}{2}$，试就以下三种情况分别求 $P(B\overline{A})$：

(1) $AB = \varnothing$；(2) $A \subset B$；(3) $P(AB) = \frac{1}{8}$.

2. 已知

$$
P(A) = P(B) = P(C) = \frac{1}{4}, P(AC) = P(BC) = \frac{1}{16}, P(AB) = 0,
$$

求事件 A, B, C 全不发生的概率.

3. 每个路口有红、绿、黄三色指示灯，假设各色灯的开闭是等可能的. 一个人骑车经过三个路口，试求下列事件的概率：$A = \{$全红$\}$；$B = \{$全绿$\}$；$C = \{$全黄$\}$；$D = \{$无红$\}$；$E = \{$无绿$\}$；$F = \{$三次颜色相同$\}$；$G = \{$颜色全不相同$\}$；$H = \{$颜色不全相同$\}$.

4. 设一批产品共 100 件，其中有 98 件正品，2 件次品，从中任意抽取 3 件(分三种情况：一次拿 3 件；每次拿 1 件，取后放回，拿 3 次；每次拿 1 件，取后不放回，拿 3 次)，试求：

(1) 取出的 3 件中恰有 1 件是次品的概率；

(2) 取出的 3 件中至少有 1 件是次品的概率.

5. 从 0,1,2,…,9 中任意选出 3 个不同的数字，试求下列事件的概率：

$A_1 = \{$三个数字中不含 0 与 5$\}$，$A_2 = \{$三个数字中不含 0 或 5$\}$.

6. 从 0,1,2,…,9 中任意选出 4 个不同的数字,计算它们能组成一个 4 位偶数的概率.

7. 一个宿舍中住有 6 位同学,每人在每个月出生的概率相同,计算下列事件的概率:

(1)6 人中至少有 1 人生日在 10 月份;

(2)6 人中恰有 4 人生日在 10 月份;

(3)6 人中恰有 4 人生日在同一月份.

8. 从一副扑克牌(52 张)中任取 3 张(不放回),计算取出的 3 张牌中至少有 2 张花色相同的概率.

9. 车站每隔 5 分钟来一辆车,乘客到车站的时刻是任意的,求一乘客候车时间不超过 3 分钟的概率.

1.3　概率公式

1.3.1　条件概率与乘法公式

在实际问题中,除了要知道随机事件发生的概率外,有时还需要知道在"事件 B 已发生"的条件下,事件 A 发生的概率是多少,这时 A 发生的概率是在 B 已经发生的前提条件下的概率,这样的概率称为**条件概率**,记为 $P(A|B)$.

先看一个例子,将一枚硬币连续抛掷两次,设 A 为至少一次正面向上,设 B 为两次掷出同一面,这样可以得到:

$$\Omega=\{HH,HT,TH,TT\},A=\{HH,HT,TH\},B=\{HH,TT\}.$$

对这个古典概型,当 A 已发生,那么 $\{TT\}$ 就不可能发生,试验的所有可能结果的集合就是 A,其中只有 HH 属于 B,于是在 A 已发生的条件下 B 发生的概率 $P(B|A)=\frac{1}{3}$. 对比可得 $P(B)=\frac{2}{4}=\frac{1}{2}$, $P(B)\neq P(B|A)$.

我们可以得出:在 A 发生的条件下,样本空间已发生改变,而此时 B 再发生时,在不同的样本空间下,B 的符合条件的样本点个数也就不相同.

另外,$P(A)=\frac{3}{4}$, $P(AB)=\frac{1}{4}$, $P(B|A)=\frac{1}{3}=\frac{\frac{1}{4}}{\frac{3}{4}}=\frac{P(AB)}{P(A)}$.

我们还可以用几何概型来解释条件概率 $P(B|A)$,如图 1-4 所示.

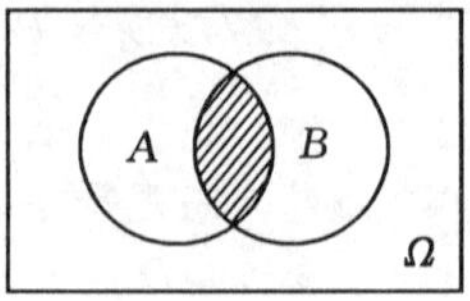

图 1-4

设 $|\Omega|$, $|A|$ 和 $|AB|$ 的度量大小分别用其面积表示,则 $P(B|A)$ 应该用 $A\cap B$ 的面积比上 A 的面积. 当 A 的面积大于零时,

$$P(B|A)=\frac{|AB|}{|A|}=\frac{\frac{|AB|}{|\Omega|}}{\frac{|A|}{|\Omega|}}=\frac{P(AB)}{P(A)}. \tag{1-7}$$

在计算条件概率时，有时可通过分析试验的结果直接得出条件概率，有时则需要通过(1-7)式来计算条件概率的值.

例1　一盒子装4个产品，其中有3个一等品，1个二等品，从中依次取两个，设A为第一次取一等品，B为第二次取一等品，试求条件概率$P(A|B)$和$P(B|A)$.

解　$P(A)=\dfrac{3}{4}, P(AB)=\dfrac{A_3^2}{A_4^2}=\dfrac{1}{2}$，则$P(B|A)=\dfrac{P(AB)}{P(A)}=\dfrac{\frac{1}{2}}{\frac{3}{4}}=\dfrac{2}{3}$；

又$P(B)=\dfrac{C_3^1C_2^1}{A_4^2}+\dfrac{C_1^1C_3^1}{A_4^2}=\dfrac{3}{4}$，则$P(A|B)=\dfrac{P(AB)}{P(B)}=\dfrac{2}{3}$.

由条件概率$P(B|A)=\dfrac{P(AB)}{P(A)}, P(A)>0$，得

$$P(AB)=P(A)P(B|A), P(A)>0. \tag{1-8}$$

同理可得　$P(AB)=P(B)P(A|B), P(B)>0.$　(1-9)

公式(1-8)、(1-9)统称为**乘法公式**.

此公式可以推广到多个事件的交的情形，设A,B,C为三个事件，当$P(AB)>0$时，则

$$P(ABC)=P(A)P(B|A)P(C|AB);$$

一般的，设有n个事件$A_1,A_2,A_3,\cdots,A_n$，当$P(A_1A_2A_3\cdots A_{n-1})>0$时，则

$$P(A_1A_2A_3\cdots A_n)=P(A_1)P(A_2|A_1)\cdots P(A_n|A_1A_2\cdots A_{n-1}). \tag{1-10}$$

例2　4个人依次抽签决定一个人去参加宴会，求每个人抽到参加宴会的签的概率.

解　设A_i为第i个人抽到参加宴会的签，$i=1,2,3,4$，则

$$P(A_1)=\frac{1}{4}, P(A_2)=P(\overline{A}_1A_2)=P(\overline{A}_1)P(A_2|\overline{A}_1)=\frac{3}{4}\times\frac{1}{3}=\frac{1}{4},$$

$$P(A_3)=P(\overline{A}_1\overline{A}_2A_3)=P(\overline{A}_1)P(\overline{A}_2|\overline{A}_1)P(A_3|\overline{A}_1\overline{A}_2)=\frac{3}{4}\times\frac{2}{3}\times\frac{1}{2}$$

$$=\frac{1}{4};$$

同理$P(A_4)=\dfrac{3}{4}\times\dfrac{2}{3}\times\dfrac{1}{2}\times 1=\dfrac{1}{4}$.

因此，每个人抽到参加宴会的签的概率都是一样的.

注意：$P(\overline{A}_1A_2)$与$P(A_2|\overline{A}_1)$的区别是，$\overline{A}_1A_2$表示4个人抽签第一人抽不到且第二人抽到，而另外两人可抽到可抽不到签的事件，整个实验是4人抽签. $A_2|\overline{A}_1$表示在已知第一人没抽到去宴会的签的情况下，第二个抽签的人抽到去宴会的签，而剩余两人可抽到可抽不到的事件，整个实验是三人抽签，少了一张不参加宴会的签. 由于两个实验的样本空间是不同的，所以$P(\overline{A}_1A_2)$与$P(A_2|\overline{A}_1)$一般就不相等.

例3　市场上供应的灯泡中，甲厂生产的占70%，乙厂生产的占30%，甲厂产品的合格率是95%，乙厂产品的合格率是80%. 若用事件$A,\overline{A}$分别表示甲、乙两厂的产品，B表示产品为合格品，求从市场上买到一个灯泡既是甲厂(乙厂)生产又是合格品的概率.

解　由题设知

$$P(A)=70\%, P(\overline{A})=30\%, P(B|A)=95\%, P(B|\overline{A})=80\%,$$

则

$$P(AB)=P(A)P(B|A)=0.7\times0.95=0.665,$$
$$P(\overline{A}B)=P(\overline{A})P(B|\overline{A})=0.3\times0.8=0.24.$$

1.3.2 全概率公式及贝叶斯(Bayes)公式

1. 全概率公式

有时直接计算一个事件 B 的概率 $P(B)$ 比较困难，而将 B 分解成互不相容的事件的并，即 $B=B_1\cup B_2\cup\cdots\cup B_n$，而 $P(B_i)$ 又容易计算，这样就可以计算 $P(B)$ 了.

将此方法一般化就是**全概率公式**.

定理 1.1 **如果事件** $A_1,A_2,A_3,\cdots,A_n,\cdots$ **构成一个完备事件组，且** $P(A_i)>0,i=1,2,3,\cdots,n,\cdots$ **则对于任意事件** B**，有**

$$P(B)=\sum_{i=1}^{\infty}P(A_i)P(B|A_i). \tag{1-11}$$

这就是全概率公式.

证 由于 $A_1,A_2,A_3,\cdots,A_n\cdots$ 两两互不相容，因此，$A_1B,A_2B,A_3B,\cdots,A_nB,\cdots$ 也两两互不相容，而

$$B=B\Omega=B(\bigcup_{i=1}^{\infty}A_i)=\bigcup_{i=1}^{\infty}(BA_i);$$

由加法公式和乘法公式

$$P(B)=P(\bigcup_{i=1}^{\infty}BA_i)=\sum_{i=1}^{\infty}P(BA_i)=\sum_{i=1}^{\infty}P(A_i)P(B|A_i).$$

例 4 例 3 中题设不变，求从市场上买一个灯泡是合格品的概率.

解 $A,\overline{A}$ 构成了一个完备事件组，则

$$P(A)=70\%,P(\overline{A})=30\%,P(B|A)=95\%,P(B|\overline{A})=80\%,$$
$$P(B)=P(A)P(B|A)+P(\overline{A})P(B|\overline{A})=0.95\times0.7+0.3\times0.8$$
$$=0.905.$$

例 5 有 12 个新乒乓球，每次比赛时取出 3 个，比赛完后放回，求第三次比赛时取到的 3 个球都是新球的概率.

解 由于第一次比赛取出的都是新球，设 A_i 表示第二次比赛时取出 i 个新球，$i=0,1,2,3.$ 显然 A_0,A_1,A_2,A_3 为完备事件组，且

$$P(A_0)=\frac{C_3^3}{C_{12}^3},P(A_1)=\frac{C_3^2C_9^1}{C_{12}^3},P(A_2)=\frac{C_3^1C_9^2}{C_{12}^3},P(A_3)=\frac{C_9^3}{C_{12}^3}.$$

再设 B 为第三次比赛取出了 3 个新球，则

$$P(B|A_0)=\frac{C_9^3}{C_{12}^3},P(B|A_1)=\frac{C_8^3}{C_{12}^3},P(B|A_2)=\frac{C_7^3}{C_{12}^3},P(B|A_3)=\frac{C_6^3}{C_{12}^3}.$$

这样由全概率公式可得

$$P(B)=P(A_0)P(B|A_0)+P(A_1)P(B|A_1)+P(A_2)P(B|A_2)+P(A_3)P(B|A_3)$$
$$=0.146.$$

2. 贝叶斯(Bayes)公式

定理 1.2 **设** $A_1,A_2,\cdots,A_n$ **构成一个完备事件组，且** $P(A_i)>0,i=1,2,\cdots,n$**，则对任**

何事件 B,有

$$P(A_j \mid B)=\frac{P(A_j)P(B \mid A_j)}{\sum_{i=1}^{n}P(A_i)P(B \mid A_i)},j=1,2,\cdots,n. \tag{1-12}$$

这就是**贝叶斯(Bayes)公式**.

证　由于命题的条件与全概率公式的条件相同,有

$$P(B)=\sum_{i=1}^{n}P(A_i)P(B|A_i).$$

由条件概率和乘法公式有

$$P(A_j|B)=\frac{P(A_jB)}{P(B)}=\frac{P(A_j)P(B|A_j)}{\sum_{i=1}^{n}P(A_i)P(B|A_i)}.$$

例 6　某工厂甲、乙、丙 3 个车间生产同一种零件,产量占全场的 45%,35%,20%.如果各车间的次品率分别为 4%,2%,5%.现从产品中检查一个为次品,试判断这个产品是由甲车间生产的概率.

解　设 B 表示产品为次品,A_1,A_2,A_3 分别表示产品由甲、乙、丙车间生产,A_1,A_2,A_3 构成一个完备事件组,则

$$P(A_1)=0.45,P(A_2)=0.35,P(A_3)=0.2,$$
$$P(B|A_1)=0.04,P(B|A_2)=0.02,P(B|A_3)=0.05.$$

由贝叶斯公式可得

$$\begin{aligned}P(A_1|B)&=\frac{P(A_1B)}{P(B)}=\frac{P(A_1)P(B|A_1)}{\sum_{i=1}^{3}P(A_i)P(B|A_i)}\\&=\frac{0.45\times0.04}{0.45\times0.04+0.35\times0.02+0.2\times0.05}\\&\approx0.514.\end{aligned}$$

全概率公式和贝叶斯公式的条件是相同的,所求的概率并不一样.完备事件组 $A_1,A_2,A_3,\cdots,A_n,\cdots$ 的概率 $P(A_i)$ 都是已知的,可以看做是已知条件,任意事件 B 的概率作为结果.全概率公式是知道条件,求出结果.而贝叶斯公式表现为当这个结果发生了,求导致这一结果发生的各种条件的概率,这种概率称为**后验概率**.

习题 1.3

1. 已知 $P(A)=\frac{1}{4},P(B|A)=\frac{1}{3},P(A|B)=\frac{1}{2}$,求 $P(A+B)$.
2. 设有某种零件 100 个,其中有 90 个合格品,若从中任取一个零件,检验后不放回,再取第二个,求两次都取到合格品的概率.
3. 甲、乙两班共有 70 名同学,其中女同学 40 名,设甲班有 30 名同学,而女生 15 名,求在碰到甲班同学时,正好碰到一名女同学的概率.
4. 某种动物由出生活到 20 岁的概率为 0.8,活到 25 岁的概率为 0.4,问现年 20 岁的这种动物活到 25 岁的概率是多少?
5. 袋中有 a 只白球和 b 只黑球,随机取出一只,然后将取出的球放回,并同时加进与取出的球同色的球 c 只,

再取第二只,这样连续取四次,问头两次取出的是白球,后两次取出的是黑球的概率是多少?

6. 把字母 M,A,X,A,M 充分混合后重新排列,求正好得到顺序 $MAXAM$ 的概率.

7. 据以往资料表明,某一三口之家患某种传染病的概率有以下规律:P(孩子得病) $= 0.6$,P(母亲得病 | 孩子得病) $= 0.5$,P(父亲得病 | 母亲及孩子得病) $= 0.4$,求母亲及孩子得病但父亲未得病的概率.

8. 根据某地气象和地震资料知,每年为大旱年、大涝年、正常年的概率分别为 0.2,0.3,0.5,而在大旱年、大涝年、正常年发生地震的概率分别为 0.6,0.3,0.4,问当地明年有地震的概率多大?

9. 某工厂有 4 条流水线生产同一种产品,该 4 条流水线的产量分别占总产量的 15%、20%、30% 和 35%,又知这 4 条流水线的不合格品率依次为 0.05、0.04、0.03、0.02,现从出厂产品中任取一件,问恰好抽到不合格品的概率为多少?

10. 在第 9 题中,该厂规定,出了不合格品,要追究有关流水线的责任,现在在出厂产品中任取一件,结果为不合格品,但该件产品是哪一条流水线生产的标志已经脱落,问厂方如何处理这件不合格品比较合理?比方说,第四条流水线应承担多大责任?

11. 有朋自远方来,他乘火车、轮船、汽车、飞机来的概率分别是 0.3,0.2,0.1,0.4. 如果他乘火车、轮船、汽车来的话,迟到的概率分别是 $\frac{1}{4},\frac{1}{3},\frac{1}{12}$,而乘飞机则不会迟到. 结果他迟到了,试问他是乘火车来的概率是多少?

1.4 事件的独立性

1.4.1 事件独立性的概念及其性质

1. 事件独立的概念

对 A,B 两个事件,一般 $P(B) \neq P(B|A)$. 也就是说,事件 A 的发生往往影响到事件 B 发生的概率,但也有时事件 A 的发生不影响事件 B 发生的概率,事件 B 的发生也不会影响到事件 A 发生的概率,我们把这种情况下的事件 A 与 B 称为是相互独立的.

定义 1.2 **设 A,B 为两事件,且 $P(A) > 0$,若 $P(B|A) = P(B)$,则称事件 B 关于 A 是独立的.**

$P(B|A) = P(B)$ 意味着 A 的发生不影响 B 发生的概率.

例 1 袋中有 7 只白球,3 只黑球,依次有放回的抽取两个球,每次取一个,设第一次取到白球为 A,第二次取到白球为 B,问 B 是否关于 A 独立,A 是否关于 B 独立.

解 由题设

$$P(A) = \frac{7}{10}, P(B) = \frac{7\times7+3\times7}{10^2} = \frac{7}{10},$$

$$P(B|A) = \frac{7}{10},\ P(A|B) = \frac{P(AB)}{P(B)} = \frac{0.7^2}{0.7} = 0.7,$$

故 $P(B|A) = P(B) = 0.7$;$P(A|B) = P(A) = 0.7$.

因此,B 关于 A 独立,A 关于 B 也是独立的.

一般来讲,只要 B 关于 A 独立,则 A 关于 B 也独立,这是因为

当 B 关于 A 独立时,$P(B) = P(B \mid A)$,又由乘法公式有 $P(AB) = P(A)P(B \mid A)$,于是可得 $P(AB) = P(A)P(B)$. 故

$$P(A \mid B)=\frac{P(AB)}{P(B)}=\frac{P(A)P(B)}{P(B)}=P(A),\ P(B)\neq 0,$$

即 A 关于 B 也独立.

因此，只要 B 关于 A 独立，我们就称 A 与 B 相互独立.

反之，若 $P(AB)=P(A)P(B)$ 成立，由 $P(AB)=P(A)P(B|A)$，可得 $P(B)=P(B|A)$，即 A 与 B 相互独立.

综上所述，A 与 B 相互独立的充要条件是 $P(AB)=P(A)P(B)$.

定义 1.3　若三个事件 A、B、C 满足：

$$P(AB)=P(A)P(B);$$
$$P(AC)=P(A)P(C);$$
$$P(BC)=P(B)P(C),$$

则称事件 A,B,C 两两相互独立；

若在此基础上还满足：

$$P(ABC)=P(A)P(B)P(C),$$

则称事件 A,B,C 相互独立.

2. 事件独立的性质

事件独立有如下性质：

(1) A 与 B 相互独立的充要条件为 $P(AB)=P(A)P(B)$；

(2) 若 A 与 B 相互独立，则 A 与 $\overline{B}$，$\overline{A}$ 与 B，$\overline{A}$ 与 $\overline{B}$ 也相互独立.

证　因为　$P(AB)=P(A)P(B)$，

只证 A 与 $\overline{B}$ 相互独立，其余两对可类似证明.

$$\begin{aligned}P(A\overline{B})&=P(A-AB)=P(A)-P(AB)=P(A)-P(A)P(B)\\&=P(A)[1-P(B)]=P(A)P(\overline{B}).\end{aligned}$$

所以，A 与 $\overline{B}$ 相互独立.

(3) 若 A 与 B 相互独立，则有 $P(A\cup B)=1-P(\overline{A\cup B})=1-P(\overline{A})P(\overline{B})$.

证　$$\begin{aligned}P(A\cup B)&=P(A)+P(B)-P(AB)=P(A)+P(B)-P(A)P(B)\\&=P(A)[1-P(B)]+P(B)=P(A)P(\overline{B})+1-P(\overline{B})\\&=P(\overline{B})[P(A)-1]+1=1-P(\overline{A})P(\overline{B})\end{aligned}$$

或者 $P(A\cup B)=1-P(\overline{A\cup B})=1-P(\overline{A}\overline{B})=1-P(\overline{A})P(\overline{B})$.

(4) 若 A,B,C 相互独立，则 $\overline{A},\overline{B},\overline{C}$；$A,\overline{B},\overline{C}$；$\overline{A},B,\overline{C}$；$A,B,\overline{C}$；$A,\overline{B},C$；$\overline{A},B,C$；$\overline{A},\overline{B},C$ 等也相互独立.

例 2　两位学生独立参加驾驶考试，已知他们能通过的概率分别是 0.6 和 0.7. 求

(1) 他们都通过的概率；

(2) 他们都没通过的概率；

(3) 他们至少有一个通过的概率.

解　设 A,B 分别为两学生考试通过，则 $P(A)=0.6$，$P(B)=0.7$；

两人都通过的事件是 AB，则 $P(AB)=P(A)P(B)=0.42$；

两人都没通过的事件是 $\overline{A}\overline{B}$，则 $P(\overline{A}\overline{B})=P(\overline{A})P(\overline{B})=0.12$；

两人至少一个通过的事件是 $A\cup B$,则

$$\begin{aligned}P(A\cup B)&=1-P(\overline{A\cup B})=1-P(\overline{A}\overline{B})\\&=1-P(\overline{A})P(\overline{B})\\&=1-0.12=0.88\end{aligned}$$

或者 $P(A\cup B)=P(A)+P(B)-P(AB)=0.6+0.7-0.42=0.88.$

例 3 甲、乙、丙 3 部机床独立工作,由一个工人照管,在一段时间内他们不需要工人照管的概率分别是 0.9,0.8,0.85. 求在这一段时间内有机床需要照管的概率和机床无需照管的概率.

解 设 A,B,C 分别表示这段时间机床不需要人照管,则

$$P(A)=0.9,P(B)=0.8,P(C)=0.85,$$

该段时间内机床需要人照管即至少有一台需要照管的事件为 $\overline{A}\cup\overline{B}\cup\overline{C}$,则

$$\begin{aligned}P(\overline{A}\cup\overline{B}\cup\overline{C})&=P(\overline{ABC})=1-P(ABC)=1-P(A)P(B)P(C)\\&=1-0.9\times0.8\times0.85\\&=1-0.612=0.388.\end{aligned}$$

该段时间内机床无需照管的事件是 ABC,则 $P(ABC)=0.612.$

1.4.2 贝努里概型

在一个试验中如果只有两个可能的结果,分别记为 A 与 $\overline{A}$,我们称此试验为**贝努里试验**. 令 $P(A)=p,P(\overline{A})=q=1-p$. 在条件不变的情况下,连续进行若干次相同的贝努里试验,由于每次试验并不影响其他试验的结果,那么各试验的结果是互相独立的. 我们称这种连续 n 次的贝努里试验为 **n 重贝努里试验**.

如抛掷一次硬币是一个贝努里试验,连续抛这个硬币 20 次就是 20 重贝努里试验.

定理 1.3 在一次贝努里试验中,设事件 A 的概率为 $P(A)=p,P(\overline{A})=q=1-p$,那么在 n 重贝努里试验中事件 A 恰好发生 k 次的概率为

$$C_n^k p^k q^{n-k},k=0,1,2,\cdots,n.$$

此概率也叫**二项概率**.

证 设 n 重贝努里试验前 k 次 A 发生,后 $n-k$ 次 $\overline{A}$ 发生的事件为 $\underbrace{A\cdots A}_{k个}\underbrace{\overline{A}\cdots\overline{A}}_{n-k个}$,

$$P(A\cdots A\overline{A}\cdots\overline{A})=\underbrace{P(A)\cdots P(A)}_{k个}\underbrace{P(\overline{A})\cdots P(\overline{A})}_{n-k个}=p^k q^{n-k},$$

在 n 次试验中,共有 k 个位置是 A 发生,共有 C_n^k 种选择方法. 故 n 重贝努里试验有 k 次 A 发生的概率为 $C_n^k p^k q^{n-k}$.

例 4 一批产品的合格率为 0.9,从中可放回的每次抽取一个进行检查,问检查了 10 件产品中有 2 个次品的概率以及至少有一个次品的概率是多少?

解 该试验是 10 重贝努里试验,设抽取一个为合格品的事件为 A,抽取一个为次品的事件为 $\overline{A}$,$P(A)=0.9$,$P(\overline{A})=0.1$. 则检查 10 个产品恰有 2 个次品的概率为 $C_{10}^2 0.1^2 0.9^8$;而 10 次检查至少检查出一个次品的对立事件是 10 次检查都是合格品,其概率为 $C_{10}^{10} 0.9^{10}$,则至少有一件次品的概率就是 $1-0.9^{10}$.

例 5 甲、乙两人进行乒乓球比赛,每局甲胜的概率是 0.6,问对甲而言,采取三局两胜

制有利还是五局三胜制有利？

解　由于每局比赛是相互独立的，设每局甲胜的事件为 A，乙胜的事件为 $\overline{A}$，则 $P(A)=0.6$.

当采取三局两胜制时，最终甲取胜有如下 C_3^2 种情况：$\{AA\}$，$\{A\overline{A}A\}$，$\{\overline{A}AA\}$，而这三个事件互不相容，而每场比赛又相互独立，故甲最终取胜的概率为

$$P(AA)+P(A\overline{A}A)+P(\overline{A}AA)=0.6^2+0.6\times0.4\times0.6+0.4\times0.6\times0.6=0.648;$$

当采取五局三胜制时，最终甲取胜有 $C_5^3=10$ 种情况，故甲取胜的概率为

$$\begin{aligned}&P(AAA)+P(\overline{A}AAA)+P(A\overline{A}AA)+P(AA\overline{A}A)+P(\overline{A}\,\overline{A}AAA)\\&+P(\overline{A}A\overline{A}AA)+P(A\overline{A}\,\overline{A}AA)+P(A\overline{A}A\overline{A}A)+P(AA\overline{A}\,\overline{A}A)+P(\overline{A}AA\overline{A}A)\\&=0.6^3+3\times0.6^3\times0.4+6\times0.6^3\times0.4^2\\&=0.6826.\end{aligned}$$

由此可见，采取五局三胜制对甲更有利.

习题 1.4

1. 向区间 $[0,1)$ 内随机的任投一点，记

$$A=\left\{点落在\left[0,\frac{1}{2}\right)内\right\};B=\left\{点落在\left[\frac{1}{4},\frac{3}{4}\right)内\right\},$$

判断事件 A,B 是否相互独立？

2. 三人独立的去破译一份密码，已知各人能译出的概率分别为 $\frac{1}{5},\frac{1}{3},\frac{1}{4}$，问三人中至少有一人能将此密码译出的概率是多少？

3. 对某一目标进行 3 次独立的射击，它们命中的概率分别是：$P_1=0.2,P_2=0.5,P_3=0.3$，求 3 次同时命中的概率.

4. 在第 3 题中，求 3 次射击中恰有一次命中的概率.

5. 8 门火炮同时独立向一目标各射击 1 发炮弹，若有不少于 2 发炮弹命中目标时，目标就被击毁. 如果每门火炮命中目标的概率为 0.6，求击毁目标的概率.

6. 某种药物对某种疾病的治愈率为 0.8，现有 6 位患者服用此药，求至少有 4 人治愈的概率.

7. 将一个对称的硬币掷 10 次，求恰好出现 5 次正面的概率.

8. 进行一系列独立试验，每次试验成功的概率均为 p，试求以下事件的概率：

(1) 直到第 r 次才成功；

(2) 第 r 次成功之前恰失败 k 次；

(3) 在 n 次中取得 $r(1\leqslant r\leqslant n)$ 次成功；

(4) 直到第 n 次才取得 $r(1\leqslant r\leqslant n)$ 次成功.

本 章 小 结

一、基本概念

随机试验 —— 大量可重复、有多种可能结果、事先不知哪种结果发生的试验.

样本空间 —— 随机试验的每一个可能结果为样本点，所有样本点的集合称为样本空间.

随机事件 —— 样本空间的某一类子集称为随机事件.

频率 —— 事件A在n次试验中发生的次数m与次数n的比$\frac{m}{n}$称为频率.

统计概率 —— n逐渐增大,频率$\frac{m}{n}$在一确定实数p附近摆动,则称p为统计概率.

古典概型 —— 样本空间容量有限,每一基本事件概率相同的概型为古典概型.

几何概型 —— 样本空间为一有限几何域,任意两个相同度量几何域上的概率相同的概型称为几何概型.

并事件 ——A发生或B发生,即A或B的样本点发生为A并B事件.

交事件 ——A发生且B也发生,即属于A和B的交集的样本点发生为A交B事件.

互斥事件 —— 即互不相容事件,若$A\cap B=\varnothing$,则A与B互斥.

互逆事件 —— 即对立事件,若$A\cap B=\varnothing$,$A\cup B=\Omega$,则A与B互逆.

条件概率 —— 已知B发生的条件下,A发生的概率,记为$P(A|B)$.

事件的独立性 —— 若$P(B|A)=P(B)$,则B关于A独立,进而A与B独立.

A与B相互独立的充要条件为$P(AB)=P(A)P(B)$.

概率三公理:

(1) 对任何事件A,$0\leqslant P(A)\leqslant 1$;

(2) $P(\Omega)=1$;

(3) 若可列个事件$A_1,A_2,\cdots,A_n,\cdots$两两互不相容,则$P(\bigcup\limits_{i=1}^{\infty}A_i)=\sum\limits_{i=1}^{\infty}P(A_i)$.

二、运算法则、概率性质和基本公式

1. 随机事件的运算法则

交换律:$A\cup B=B\cup A$,$A\cap B=B\cap A$.

结合律:$A\cup(B\cup C)=(A\cup B)\cup C$,$A\cap(B\cap C)=(A\cap B)\cap C$.

分配律:$A\cup(B\cap C)=(A\cup B)\cap(A\cup C)$,$A\cap(B\cup C)=(A\cap B)\cup(A\cap C)$.

对偶律:$\overline{A\cup B}=\overline{A}\cap\overline{B}$,$\overline{A\cap B}=\overline{A}\cup\overline{B}$.

2. 概率的性质

(1) $P(\overline{A})=1-P(A)$;

(2) 若$A\subset B$,则$P(B-A)=P(B)-P(A)$;

(3) 若A与B互斥,则$P(A\cup B)=P(A)+P(B)$.

3. 基本公式

加法公式:$P(A\cup B)=P(A)+P(B)-P(AB)$.

乘法公式:$P(AB)=P(A)P(B|A)$.

全概率公式:$P(B)=\sum\limits_{i=1}^{\infty}P(A_i)P(B|A_i)$,其中事件$A_1,A_2,A_3,\cdots,A_n\cdots$构成一个完备事件组,且$P(A_i)>0$.

贝叶斯公式:$P(A_j|B)=\dfrac{P(A_jB)}{P(B)}=\dfrac{P(A_j)P(B|A_j)}{\sum\limits_{i=1}^{n}P(A_i)P(B|A_i)}$.

贝努里概型:n重贝努里试验中事件A恰好发生k次的概率为

$$C_n^kp^kq^{n-k},k=0,1,2,\cdots,n.$$

典型例题解析

例1 一套书共3卷,其中第1卷2册,第2卷3册,第3卷2册.现随意排放在一层书架上,则同一卷书恰好摆在一起的概率为多少？

解　这是一个分类排序问题. 基本事件总数按全排列计算，共7册书，随意排共7!种排法. 在考虑所求事件的摆放总数时，可分两步，第一步先确定各卷之间的排序，共3卷，有3!种排法. 第二步确定每一卷内部的排法. 第1卷2册有2!种排法，第2卷3册有3!种排法，第3卷2册有2!种排法. 从而由乘法法则，同一卷书排在一起的排法有3!·2!·3!·2!种. 故事件A的概率为

$$P(A)=\frac{3!\times 2!\times 3!\times 2!}{7!}=\frac{1}{35}.$$

例2　已知一批产品中96%是合格品. 检查产品时，一合格品被误认为是次品的概率是0.02；一次品被误认为是合格品的概率是0.05. 求在被检查后认为是合格品的产品确实是合格品的概率.

解　$A=\{$被查后认为是合格品的事件$\}$，　$B=\{$抽查的产品为合格品的事件$\}$.

$$P(A)=P(B)P(A\mid B)+P(\overline{B})P(A\mid \overline{B})=0.96\times 0.98+0.04\times 0.05=0.9428,$$

$$P(B\mid A)=\frac{P(B)P(A\mid B)}{P(A)}=\frac{0.9408}{0.9428}=0.998.$$

例3　盒中有3只红球，2只白球，每次从袋中任取一只，观察其颜色后放回，并再放入一只与所取之球颜色相同的球，若从盒中连续取球4次，试求第1、2次取得白球，第3、4次取得红球的概率.

解　设A_i为第i次取球时取到白球$(i=1,2,3,4)$，则

$$P(A_1)=\frac{2}{5},\ P(A_2\mid A_1)=\frac{3}{6},$$

$$P(\overline{A}_3\mid A_1A_2)=\frac{3}{7},\quad P(\overline{A}_4\mid A_1A_2\overline{A}_3)=\frac{4}{8},$$

$$P(A_1A_2\overline{A}_3\overline{A}_4)=P(A_1)P(A_2\mid A_1)P(\overline{A}_3\mid A_1A_2)P(\overline{A}_4\mid A_1A_2\overline{A}_3)=\frac{3}{70}.$$

例4　金工车间有10台同类型机床，均配有10千瓦的电机，已知每台机床正常工作时，平均每小时开12分钟，且开动与否相互独立. 现仅能供应50千瓦的电力，求这10台机床能正常工作的概率.

解　50千瓦能供给5台机床同时开动，要使10台机床正常工作，必须同时开机台数不大于5. 每台机床只有开机与停机两种状态，且$P(\text{开机})=\frac{12}{60}=\frac{1}{5}$，$P(\text{停机})=\frac{4}{5}$.

记10台机床中同时开机的台数为m，则

$$P(m=k)=C_{10}^k\left(\frac{1}{5}\right)^k\left(\frac{4}{5}\right)^{10-k},0\leqslant k\leqslant 10,$$

$$P(10\text{台能正常工作})=P(m\leqslant 5)=\sum_{k=0}^{5}C_{10}^k\left(\frac{1}{5}\right)^k\left(\frac{4}{5}\right)^{10-k}\approx 0.994.$$

例5　商店论箱出售玻璃杯，每箱20个，其中每箱含0，1，2个次品的概率分别为0.8，0.1，0.1，某顾客选中一箱，从中任选4个检查，结果都是好的，便买下了这一箱. 问这一箱含有一个次品的概率是多少？

解　设A：从一箱中任取4个检查，结果都是好的；B_0,B_1,B_2分别表示每箱含0，1，2个次品的事件，则

$$P(B_0)=0.8,P(B_1)=0.1,P(B_2)=0.1,$$

$$P(A\mid B_0)=1,P(A\mid B_1)=\frac{C_{19}^4}{C_{20}^4}=\frac{4}{5},$$

$$P(A\mid B_2)=\frac{C_{18}^4}{C_{20}^4}=\frac{12}{19}.$$

由Bayes公式：

$$P(B_1\mid A)=\frac{P(B_1)P(A\mid B_1)}{\sum\limits_{i=0}^{2}P(B_i)P(A\mid B_i)}=\frac{0.1\times\frac{4}{5}}{0.8\times 1+0.1\times\frac{4}{5}+0.1\times\frac{12}{19}}\approx 0.0848.$$

综合练习题一

1. 设A,B,C为三件事,用A,B,C的运算关系表示下列各事件.

(1) A与B都发生,而C不发生,可表示为________;

(2) A,B,C都发生,可表示为________;

(3) A,B,C中只有一个发生,可表示为________;

(4) A,B,C中至少有两个发生,可表示为________.

2. 设匣中有4个白球,4个红球,7个黑球,现从匣中随机一个接一个地取出所有的球,则白球比红球出现得早的概率是________,红球比黑球出现得早的概率是________.

3. 已知$P(A)=0.6$,$P(A-B)=0.2$,则$P(AB)=$________,$P(\overline{A}+\overline{B})=$________.

4. 将一颗骰子抛掷两次,以X和Y表示先后掷出的点数,记$A=\{X+Y=10\}$,$B=\{X>Y\}$,则$P(B|A)=$________;$P(A|B)=$________;$P(A+B)=$________.

5. 设10个朋友随机地围绕圆桌而坐,则甲,乙两人坐在一起的概率为________.

6. 在20个球队中有2个一级队,现随机均分成两组,则2个一级队分在同一组的概率为________.

7. 10件产品中有3件次品,不放回取4次,每次任取一件,则恰有一件次品的概率为________;第4次才取得次品的概率为________.

8. 从$1\sim11$中任取5个数,则其中任何2个数之和不为11的概率为________.

9. 一大批产品中有4%的次品,而在100件正品中有75件一级品,现从这批产品中任取1件,则它是一级品的概率为________.

10. 设有甲、乙两袋,甲袋中装有n只白球、m只红球;乙袋中装有N只白球、M只红球;今从甲袋中任意取一只球放入乙袋中,再从乙袋中任意取一只球.问取到白球的概率是多少?

11. 甲、乙两人独立地向同一目标射击一次,命中率分别是0.8与0.3,已知有一发命中,求它是由甲射出的概率.

12. 设有甲、乙两盒球,甲盒有7个正品,3个次品,乙盒有5个正品,2个次品,先从中任取一个盒子,再从中任取一个球,已知它是正品,求它是来自甲盒的概率.

13. 甲、乙、丙三机床独立工作,在同一段时间内它们不需要工人照顾的概率分别为0.7,0.8和0.9,求在这段时间内,最多只有一台机床需要工人照顾的概率.

14. 如果构成系统的每个元件能正常工作的概率为p(称为元件的可靠性),$0<p<1$,假设各元件能否正常工作是相互独立的,计算下面各系统(如图1-5所示)的可靠性.

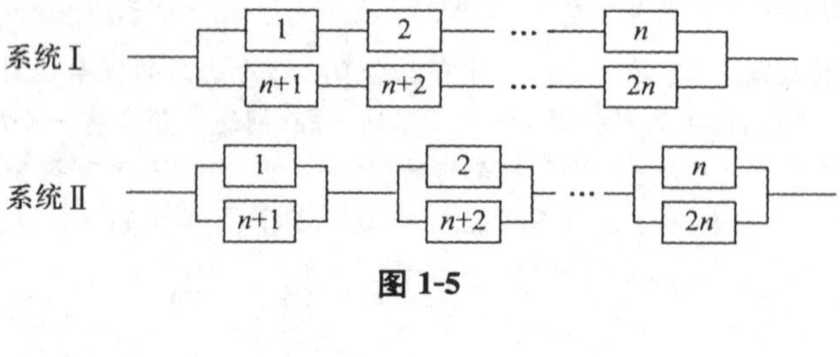

图 1-5

第 2 章

随机变量及其分布

Zhang 2

2.1 随机变量

在第 1 章里，我们主要研究了随机事件及其概率. 在随机现象中，常见到可能发生的结果(样本点) 与实数之间存在着某种客观的联系. 例如，在产品检验问题中，我们关心的是抽样中出现的废品数；在车间供电问题中，我们关心的是某时期正在工作的车床数；在电话问题中关心的是某一段时间内的话务量等. 对于这类随机现象，其试验结果显然可以用数值来描述，并且随着试验的结果不同而取不同的数值. 然而，有些初看起来与数值无关的随机现象，也常常能联系数值来描述. 比如，在投硬币问题中，每次试验出现的结果为正面或反面，与数值没有联系，但我们可以通过指定数“1” 代表正面，“0” 代表反面，为了计算 n 次投掷中出现的正面就只需计算其中“1” 出现的次数了，从而使这一随机试验的结果与数值发生联系.

一般的，如果 A 为某个随机事件，则一定可以通过如下示性函数使它与数值发生联系：

$$X_A = \begin{cases} 1, A \text{ 发生；} \\ 0, A \text{ 不发生.} \end{cases}$$

这就说明，不管随机试验的结果是否具有数量的性质，我们都可以建立一个样本空间和某个实数集合的对应关系，使样本点与数值发生联系.

为了全面地研究随机试验的结果，揭示随机现象的统计规律性，我们将随机试验的结果与实数对应起来，将随机试验的结果数量化，从而引入**随机变量**的概念.

如随机试验 E_1：从一个装有编号为 0,1,2,…,9 的球的袋中任意摸一球. 则其样本空间

$$\Omega = \{\omega_0, \omega_1, \cdots, \omega_9\},$$

其中 ω_i 为“摸到编号为 i 的球”，$i = 0,1,\cdots,9$.

设映射 $X:\omega_i \to i$，即

$$X(\omega_i) = i, i = 0,1,\cdots,9.$$

这就是 Ω 到整数集 $\{0,1,2,\cdots,9\}$ 的一个对应关系，此时 X 表示摸到球的号码. 我们还可以用集合 $\{\omega_i : X(\omega_i) \leqslant 5\}$ 表示“摸到球的号数不大于 5” 这一随机事件，因而可以计算其概率，$P(X \leqslant 5) = \dfrac{3}{5}$.

从中，我们不难体会到：

(1) 映射 X 的取值是随机的，也就是说，在试验之前，X 取什么值不能确定，而是由随机

试验的可能结果决定的,但 X 的所有可能取值是事先可以预知的;

(2)X 是定义在 Ω 上而取值在 $\mathbf{R}$ 上的映射;

(3)X 取值的某些集合是随机事件.

这就有了如下定义:

定义 2.1　设随机试验 E 的样本空间为 $\Omega=\{\omega\}$,$X=X(\omega)$ 是定义在 Ω 上的某种单值实映射,则称 $X=X(\omega)$ 为随机变量(Random Variable).(如图 2-1 所示)

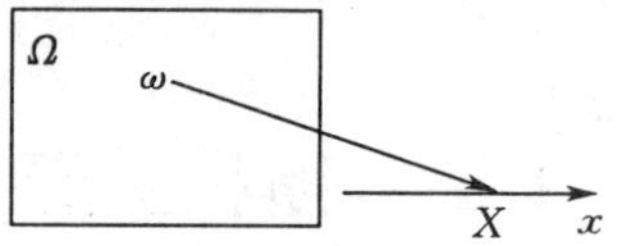

图 2-1

随机变量的引入使概率论从研究个别随机事件的概率扩大到研究随机变量所表征的随机事件的概率及其分布等规律.这里,我们主要讨论随机变量及随机变量的分布.

随机变量主要分成两大类:

随机变量 $\begin{cases}\text{离散型随机变量},X\text{ 的取值只有有限个或可数个}\\ \text{非离散型随机变量}\begin{cases}\text{连续型随机变量}\\ \text{其他}\end{cases}\end{cases}$

2.2　离散型随机变量的概率分布

定义 2.2　设 X 是随机变量,若 X 的全部可能取值为有限个或可列无限个(即 X 的全部可能取值可一一列举出来:$x_1,x_2,\cdots,x_n,\cdots$),则称 X 为离散型随机变量.

设 $P(X=x_i)=p_i,i=1,2,\cdots$ 为 $X=x_i$ 的概率,则称 $P(X=x_i)=p_i,i=1,2,\cdots$ 为离散型随机变量 X 的概率分布,简称**分布律**.

离散型随机变量 X 的分布律可用表格形式表示,如表 2-1 所示:

表 2-1

X	x_1	x_2	$\cdots$	x_k	$\cdots$
p_i	p_1	p_2	$\cdots$	p_k	$\cdots$

称为 X 的**概率分布**.

注意:由定义可知,若样本空间 Ω 中样本点是离散的,则定义在 Ω 上的任何单值实映射都是离散型随机变量.

离散型随机变量 X 的分布律满足下列性质:

(1) 非负有界性:$0\leqslant p_i\leqslant 1$;

(2) 完备性:$\sum\limits_{i=1}^{+\infty}p_i=1$.

下面介绍三种重要的离散型随机变量的概率分布.

1. 两点分布

设随机变量 X 只取 0 和 1 两个值,它的分布律可用下表表示,如表 2-2 所示:

表 2-2

X	0	1
p	$1-p$	p

或 $P(X=k)=p^k(1-p)^{1-k}, k=0,1\ (0<p<1)$，则称 X 服从两点分布或0-1分布，记为 $X\sim(0,1)$.

例 1　抛硬币试验，1 代表正面向上，0 代表反面向上，则随机变量 X 的分布律如表 2-3 所示：

表 2-3

X	0	1
p	$\frac{1}{2}$	$\frac{1}{2}$

2. 二项分布

设试验 E 分别有两个对立的情形：A 及 $\overline{A}$，且 $P(A)=p, P(\overline{A})=1-p=q, 0<p<1$. 将 E 独立重复地进行 n 次，这就是 **n 重贝努里试验**.

用 X 表示 n 次试验中 A 发生的次数，用 A_i 表示 A 在第 i 次试验中发生，则事件 A 在 n 次试验中发生 k 次：在 n 个位置取 k 个位置 A 发生，其余位置是 $\overline{A}$ 发生，再由这些事件的并构成，它们是两两不相容的，共有 C_n^k 种.

$$\{X=k\}=A_1A_2\cdots A_k\overline{A}_{k+1}\cdots\overline{A}_n\cup\overline{A}_1A_2\cdots A_kA_{k+1}\overline{A}_{k+2}\cdots\overline{A}_n$$
$$\cup\overline{A}_1\overline{A}_2A_3\cdots A_{k+2}\overline{A}_{k+3}\cdots\overline{A}_n\cup\cdots.$$

故在 n 次试验中 A 发生 k 次的概率为

$$P\{X=k\}=C_n^kp^kq^{n-k},\ k=0,1,2,\cdots,n.$$

显然

$$P\{X=k\}\geqslant 0,\ k=0,1,2,\cdots,n,$$
$$\sum_{k=0}^{n}C_n^kp^kq^{n-k}=(p+q)^n=1.$$

注意到 $C_n^kp^kq^{n-k}$ 刚好是二项式 $(p+q)^n$ 的展开式中出现 p^k 的一项，故我们称随机变量 X 服从参数为 (n,p) 的**二项分布**，记为 $X\sim B(n,p)$.

在连续贝努里试验中，每次试验 A 发生的概率为 p，$\overline{A}$ 发生的概率为 $q=1-p, 0<p<1$，设试验进行到第 k 次 A 才首次发生，则 X 的分布列为

$$P(X=k)=pq^{k-1}, k=1,2,\cdots; \tag{2-1}$$

容易看到 $pq^{k-1}, k=1,2,\cdots$ 是几何级数 $\sum_{k=1}^{\infty}pq^{k-1}$ 的一般项，于是人们称它为**几何分布**.

例 2　设一汽车在开往目的地的道路上需经过 4 盏信号灯，每盏信号灯以 $\frac{1}{2}$ 的概率允许或禁止汽车通过. 以 X 表示汽车首次停下时，它已通过的信号灯的盏数（设各信号灯的工作是相互独立的），求 X 的分布律.

解　以 p 表示每盏信号灯禁止汽车通过的概率，易知 X 的分布律如表 2-4 所示：

表 2-4

X	0	1	2	3	4
p_k	p	$(1-p)p$	$(1-p)^2p$	$(1-p)^3p$	$(1-p)^4$

以 $p=\frac{1}{2}$ 代入得

X	0	1	2	3	4
p_k	0.5	0.25	0.125	0.0625	0.0625

例 3 某人进行射击,设每次射击的命中率为 0.02,独立射击 10 次,试求至少击中一次的概率.

解 将每次射击看成一次试验.射击中的次数为 X,则 $X \sim B(10,0.02)$. X 的分布律为

$$P\{X=k\}=C_{10}^{k}(0.02)^{k}(0.98)^{10-k}, k=0,1,2,\cdots,10.$$

于是所求概率为

$$P\{X \geqslant 1\}=1-P\{X=0\}=1-(0.98)^{10}.$$

3. 泊松(Poisson)分布

观察某电话局在单位时间内收到用户的呼唤次数、某公共汽车站在单位时间里来站乘车的乘客、宇宙中单位体积内星球的个数、耕地上单位面积内杂草的数目等,如果相应的变量用 X 表示,那么实践表明,X 的统计规律近似地为

$$P(X=k)=\frac{\lambda^{k}}{k!}e^{-\lambda}, k=0,1,2\cdots. \tag{2-2}$$

其中 $\lambda>0$ 是某个常数.易于验证:

(1) $P(X=k)>0, k=0,1,2,\cdots$;

(2) $\sum\limits_{k=0}^{\infty} P(X=k)=\sum\limits_{k=0}^{\infty} \frac{\lambda^{k}}{k!} e^{-\lambda}=1$.

则称这个分布是参数为 λ 的**泊松**(Poisson) **分布**,记作 $X \sim P(\lambda)$.

例 4 在一个放射性物质的试验中,共观察了 $N=2608$ 次,每次观察的时间间隔为 7.5 秒,并记录到达指定区域内的质点的频率,而 $P(k,3.870)$ 表示参数 $\lambda=3.870$, $X=k$ 的泊松(Poisson)分布概率,表 2-5 给出了频率和概率的对照值.

表 2-5

k	$\frac{N_k}{N}$	$P(k,3.870)$
0	0.0129	0.0209
1	0.0778	0.0807
2	0.1469	0.1562
3	0.2013	0.2015
4	0.2040	0.1949
5	0.1564	0.1509
6	0.1047	0.0973
7	0.0533	0.0538

续表

k	$\frac{N_k}{N}$	$P(k,3.870)$
8	0.0172	0.0260
9	0.0104	0.0112
$k \geqslant 10$	0.0061	0.0066

从表2-5中可以看到，理论数值（概率）和观察值（频率）两者是近似的. 人们已经证明这个随机变量的分布列是一个泊松分布. 由于许多实际问题中的随机变量都可以用泊松分布来描述，从而使得泊松分布在概率论中有着广泛的应用，这里我们只就二项分布与泊松分布之间的关系证明下述定理.

定理 2.1（泊松定理）　在 n 重贝努里试验中，记事件 A 在一次试验中出现的概率为 p_n（与试验总数 n 有关），如果当 $n \to +\infty$ 时，有 $np_n \to \lambda$，且 $k \ll n$，则有

$$\lim_{n\to\infty} b(k,n,p_n) = \frac{\lambda^k}{k!}e^{-\lambda}, k = 0,1,2,\cdots \tag{2-3}$$

其中 $b(k,n,p) = C_n^k p_n^k (1-p_n)^{n-k}$.

证　记 $np_n = \lambda_n$，则

$$\begin{aligned} b(k,n,p_n) &= C_n^k p_n^k (1-p_n)^{n-k} \\ &= \frac{n(n-1)\cdots(n-k+1)}{k!}\left(\frac{\lambda_n}{n}\right)^k\left(1-\frac{\lambda_n}{n}\right)^{n-k} \\ &= \frac{\lambda_n^k}{k!}\left(1-\frac{1}{n}\right)\left(1-\frac{2}{n}\right)\cdots\left(1-\frac{k-1}{n}\right)\left(1-\frac{\lambda_n}{n}\right)^{n-k} \end{aligned}$$

对于一个固定的 k，显然有

$$\lim_{n\to\infty}\lambda_n^k = \lambda^k,$$

$$\lim_{n\to\infty}\left(1-\frac{\lambda_n}{n}\right)^{n-k} = \lim_{n\to\infty}\left(1-\frac{\lambda_n}{n}\right)^{\frac{n}{\lambda_n}\lambda_n\frac{n-k}{n}} = e^{-\lambda}$$

还有

$$\lim_{n\to\infty}\left(1-\frac{1}{n}\right)\cdots\left(1-\frac{k-1}{n}\right) = 1,$$

从而

$$\lim_{n\to\infty} b(k,n,p_n) = \frac{\lambda^k}{k!}e^{-\lambda}$$

对于任意的 $k(k = 0,1,2,\cdots)$ 成立，定理得证.

这个定理有什么作用呢？首先，它可以用来作近似计算. 在二项分布中，要计算 $b(k,n,p_n) = C_n^k p_n^k (1-p_n)^{n-k}$，当 n 和 k 都比较大时，计算量是令人烦恼的，如果这时 np 不太大（即 p 较小），那么由泊松定理就有

$$b(k,n,p) \approx \frac{\lambda^k}{k!}e^{-\lambda} \tag{2-4}$$

其中 $\lambda = np$，而要计算 $\frac{\lambda^k}{k!}e^{-\lambda}$，有专用的泊松分布表可查，这就方便多了.

例5 已知某种疾病的发病率为$\frac{1}{1000}$,某单位共有5000人,问该单位患有这种疾病的人数超过5的概率多大?

解 设该单位患有这一种疾病的人数为X,则

$$P(X>5)=\sum_{k=6}^{5000}p(X=k)=\sum_{k=6}^{5000}C_{5000}^{k}(0.001)^{k}\cdot(0.999)^{5000-k},$$

这时如果直接计算$P(X>5)$,计算量很大.由于n很大,p很小,这时

$$np=5000\times0.001=5$$

不很大,可以利用上述泊松定理.取$\lambda=np=5$,由(2-4)式就有

$$P(X>5)=1-P(X\leqslant5)\approx1-\sum_{k=0}^{5}\frac{5^{k}}{k!}\mathrm{e}^{-5},$$

查泊松分布表可得

$$\sum_{k=0}^{5}\frac{5^{k}}{k!}\mathrm{e}^{-5}\approx0.616.$$

则$P(X>5)=1-0.616=0.384$.

例6 为了保证设备正常工作,需配备适量的维修工人(工人配备多了就浪费,配备少了又要影响生产),现有同类型设备300台,各台工作是相互独立的,发生故障的概率都是0.01,在通常情况下一台设备的故障可由一个人来处理,问至少需配备多少工人,才能保证当设备发生故障而不能及时维修的概率小于0.01?

解 设X为在300台设备中故障发生的次数,需配备k个工人,A表示一台机器发生故障,$p=P(A)=0.01$,$q=P(\overline{A})=0.99$,则

$$P(X=k)=C_{300}^{k}(0.01)^{k}(0.99)^{300-k},k=0,1,2,\cdots,300,$$

由泊松定理$\lambda=300\times0.01=3$.

要使 $$P(X>k)<0.01,$$

即 $$P(X\geqslant k+1)<0.01,\lambda=3,$$

查表可知 $$P(X\geqslant9)=0.0038<0.01,$$

得 $$k+1=9,\ k=8.$$

即至少需配备8名工人.

一家商店采用科学管理.为此,在每一个月的月底要制订出下一个月的商品进货计划.为了不使商店的流动资金积压,月底的进货不宜过多,但是为了保证人民的生活需要和完成每月营业额,进货又不应该太少,如何解决这样的矛盾是经营者必须考虑的问题.

例7 由该商店过去的销售记录知道,某种商品每月的销售数可以用参数$\lambda=10$的泊松分布来描述,为了以95%以上的把握保证不脱销,问商店在月底至少应进这种商品多少?

解 设该商店每月销售某种商品X件,月底的进货为a件,则当$X\leqslant a$时就不会脱销,因而按题意要求为

$$P(X\leqslant a)\geqslant0.95.$$

因为已知X服从$\lambda=10$的泊松分布,也就是

$$\sum_{k=0}^{a}\frac{10^{k}}{k!}\mathrm{e}^{-10}\geqslant0.95,$$

查泊松分布表知

$$\sum_{k=0}^{14}\frac{10^k}{k!}e^{-10}\approx 0.9166 < 0.95,$$

$$\sum_{k=0}^{15}\frac{10^k}{k!}e^{-10}\approx 0.9513 > 0.95.$$

于是，这家商店只要在月底进这种商品 15 件(假定上个月没有存货)，就有 95% 以上的把握保证这种商品在下个月内不会脱销.

习题 2.2

1. 抛掷一均匀的骰子，直到出现点数 3，用 X 表示抛掷的次数，求随机变量 X 的分布律.
2. 盒中有 12 只球，其中 2 只是黑球，现从中任取 3 只，以 X 表示取出黑球的只数，求 X 的分布律.
3. 设 X 为随机变量，且 $P(X=k)=\frac{1}{2^k}, k=1,2,\cdots$，则

   (1) 判断上面的式子是否为 X 的概率分布；

   (2) 若是，试求 $P(X$ 为偶数$)$ 和 $P(X\geqslant 5)$.
4. 设随机变量 X 服从参数为 λ 的泊松分布，且 $P(X=0)=\frac{1}{2}$，求：

   (1) λ；(2) $P(X>1)$.
5. 设书籍上每页的印刷错误的个数 X 服从泊松分布. 经统计发现在某本书上，有一个印刷错误与有两个印刷错误的页数相同，求任意检验 4 页，每页上都没有印刷错误的概率.
6. 有一繁忙的汽车站，每天有大量汽车通过，设每辆汽车在一天的某段时间内出事故的概率为 0.0001，在某天的该段时间内有 2000 辆汽车通过，问出事故的次数不少于 2 的概率是多少?
7. 设某人的投篮命中率为 0.6，则在 3 次投篮中，此人最有可能投中的次数为多少?

2.3　分布函数

离散型随机变量的取值是有限个或无限可列多个，而对于非离散型随机变量则不能像离散型随机变量那样一一列举出来并用分布律来描述它. 在实际中，有时我们研究的不是某一个确定的值的概率，更多的是研究随机变量在某一区间内的概率.

例如，当实数 $x_1 < x_2$ 时，有

$$P(x_1 < X \leqslant x_2) = P(X\leqslant x_2) - P(X\leqslant x_1),$$

我们要求 $P(x_1 < X \leqslant x_2)$，只需求 $P(X\leqslant x_2)$ 及 $P(X\leqslant x_1)$ 即可. 下面引入**随机变量分布函数**的概念.

1. 分布函数的概念

定义 2.3　设 X 是一个随机变量，对 $\forall x\in \mathbf{R}$，称函数 $F(x)=P\{X\leqslant x\}$ 为 X 的分布函数.

由此可推出

$$P(X < x_0) = \lim_{x\to x_0^-}F(x) = F(x_0^-),$$

$$P(X=x_0) = P(X\leqslant x_0) - P(X < x_0) = F(x_0) - F(x_0^-).$$

如果将 X 看成是数轴上的随机点的坐标，那么，分布函数 $F(x)$ 在 x 处的函数值就表示

X 落在区间$(-\infty,x]$上的概率.

对于随机变量来讲,我们不仅关心它取哪些值,更关心它以多大的概率取那些值,分布函数就是提供了计算这样概率的工具.

2. 分布函数的性质

设 $F(x)$ 是随机变量 X 的分布函数,则 $F(x)$ 具有如下性质:

(1) 单调非降性:即对 $\forall x_1 < x_2 \in \mathbf{R}, F(x_1) \leqslant F(x_2)$.

证 对 $\forall x_1 < x_2$,有$\{X \leqslant x_1\} \subset \{X \leqslant x_2\}$,则

$$F(x_1) = P\{X \leqslant x_1\} \leqslant P\{X \leqslant x_2\} = F(x_2).$$

(2) 规范性:$F(-\infty) = \lim\limits_{x \to -\infty} F(x) = 0, F(+\infty) = \lim\limits_{x \to +\infty} F(x) = 1$.

(3) 右连续性:对 $\forall x_0 \in \mathbf{R}$,有 $\lim\limits_{x \to x_0+} F(x) = F(x_0)$.

(4) 对于任意实数 $x_1, x_2 (x_1 < x_2)$,有

$$P\{x_1 < X \leqslant x_2\} = P\{X \leqslant x_2\} - P\{X \leqslant x_1\} = F(x_2) - F(x_1).$$

(性质(2),(3) 的证明可参考其他有关的资料)

同样可证明:对于任意一个函数,若满足上述前三条性质的话,则它一定是某随机变量的分布函数.

例 1 判断下列函数是否为分布函数:

(1) $F_1(x) = \begin{cases} 0, & x < 0, \\ \sin x, & 0 \leqslant x < \dfrac{\pi}{2}, \\ 1, & x \geqslant \dfrac{\pi}{2}. \end{cases}$

(2) $F_2(x) = \begin{cases} 0, & x < 0, \\ \cos x, & 0 \leqslant x < \pi, \\ 1, & x \geqslant \pi. \end{cases}$

解 因为$F_1(x)$为单调函数,满足性质(1),单调非降性,即对 $\forall x_1 < x_2 \in \mathbf{R}, F_1(x_1) \leqslant F_1(x_2)$ 成立;

又满足性质(2),规范性,即

$$F_1(-\infty) = \lim_{x \to -\infty} F_1(x) = 0, F_1(+\infty) = \lim_{x \to +\infty} F_1(x) = 1;$$

还满足性质(3),右连续性:对 $\forall x_0 \in \mathbf{R}$,有 $\lim\limits_{x \to x_0^+} F_1(x) = F_1(x_0)$;所以 $F_1(x)$ 为分布函数.

$F_1(x)$ 同样也满足性质(4),对于任意实数 $x_1, x_2 (x_1 < x_2)$,有

$$P(x_1 < X \leqslant x_2) = P(X \leqslant x_2) - P(X \leqslant x_1) = F_1(x_2) - F_1(x_1).$$

而 $F_2(x)$ 不满足性质(1) 单调非降性,因为若 $\forall 0 < x_1 < x_2 < \pi$,则 $\cos x_1 > \cos x_2$,所以 $F_2(x)$ 不是分布函数.

例 2 盒中有 12 个零件,其中 2 个是次品,现从中任取 3 个,以 X 表示 3 个中取出次品的个数,求 X 的分布律及分布函数.

解 随机变量 X 的分布律如表 2-6 所示:

表 2-6

X	0	1	2
p	$\frac{12}{22}$	$\frac{9}{22}$	$\frac{1}{22}$

X 的分布函数为

$$F(x)=\begin{cases}0, & x<0,\\ P(X=0)=\frac{12}{22}, & 0\leqslant x<1,\\ P(X=0)+P(X=1)=\frac{21}{22}, & 1\leqslant x<2,\\ P(X=0)+P(X=1)+P(X=2)=1, & x\geqslant 2.\end{cases}$$

例 3　已知 X 的分布函数为

$$F(x)=\begin{cases}0, & x<0,\\ \frac{1}{2}, & 0\leqslant x<1,\\ \frac{2}{3}, & 1\leqslant x<2,\\ \frac{11}{12}, & 2\leqslant x<3,\\ 1, & x\geqslant 3.\end{cases}$$

求 $P\{X\leqslant 3\},P\{X=1\},P\left\{X>\frac{1}{2}\right\},P\{2<X<4\}$.

解　$P\{X\leqslant 3\}=F(3)=1$,

$P\{X=1\}=F(1)-F(1-0)=\frac{2}{3}-\frac{1}{2}=\frac{1}{6}$,

$P\left\{X>\frac{1}{2}\right\}=1-P\left\{X\leqslant\frac{1}{2}\right\}=1-F\left(\frac{1}{2}\right)=1-\frac{1}{2}=\frac{1}{2}$,

$$\begin{aligned}P\{2<X<4\}&=P\{X<4\}-P\{X\leqslant 2\}=F(4-0)-F(2)\\&=1-\frac{11}{12}=\frac{1}{12}.\end{aligned}$$

例 4　设 X 的分布函数为

$$F(x)=\begin{cases}0, & x\leqslant 0,\\ Ax^2, & 0<x\leqslant 1,\\ 1, & x>1.\end{cases}$$

试确定 A 的值并求 $P\{0.3<X<0.7\}$.

解　由右连续性知 $\lim\limits_{x\to 1+}F(x)=1$,而 $F(1)=A\cdot 1^2$,故 $A=1$.

即 $F(x)=x^2,0<x\leqslant 1$,

则 $P\{0.3<X<0.7\}=F(0.7-0)-F(0.3)=0.7^2-0.3^2=0.4$.

习题 2.3

1. 设随机变量 X 的分布律如表 2-7 所示：

表 2-7

X	-1	2	3
p_k	$\frac{1}{4}$	$\frac{1}{2}$	$\frac{1}{4}$

求 X 的分布函数,并求 $P\left\{X\leqslant\frac{1}{2}\right\}$,$P\left\{\frac{3}{2}<X\leqslant\frac{5}{2}\right\}$, $P\{2\leqslant X\leqslant 3\}$.

2. 一个靶子是半径为 1 米的圆盘,设击中靶上任一同心圆盘上的点的概率与该圆盘的面积成正比,并设射击都能中靶,以 X 表示弹着点与圆心的距离. 试求随机变量 X 的分布函数.

3. 设某随机变量的分布函数为 $F(x)=A+B\arctan x$,试确定 A,B 的值.

4. 设某随机变量的分布函数为

$$F(x)=\begin{cases}0, & x\leqslant -a,\\ A+B\arcsin\left(\frac{x}{a}\right), & -a<x\leqslant a,\ a>0,\\ 1, & x>a.\end{cases}$$

求 A,B.

2.4 连续型随机变量的概率密度

1. 连续型随机变量的概念

前面我们研究了离散型随机变量,这类随机变量的特点是它的可能取值及其相对应的概率能被逐个地列出. 这一节我们将要研究的连续型随机变量就不具有这样的性质了. 例如,测量一个工件长度,因为从理论上说这个长度的值 X 可以取区间 $(0,+\infty)$ 上的任何一个值. 为了说明方便,我们先来看一个例子.

例 1 一个半径为 2 米的圆盘靶,设击中靶上任一同心圆盘上的点的概率与该圆盘的面积成正比,并设射击都能中靶,以 X 表示弹着点与圆心的距离,试求随机变量 X 的分布函数.

解 (1) 若 $x<0$,因为事件 $\{X\leqslant x\}$ 是不可能事件,所以

$$F(x)=P\{X\leqslant x\}=0.$$

(2) 若 $0\leqslant x\leqslant 2$,由题意知 $P\{0\leqslant X\leqslant x\}=k\pi x^2$,$k$ 是常数. 为了确定 k 的值,取 $x=2$,有 $P\{0\leqslant X\leqslant 2\}=4k\pi$,但事件 $\{0\leqslant X\leqslant 2\}$ 是必然事件,故 $P\{0\leqslant X\leqslant 2\}=1$,即 $k\cdot 2^2\pi=1$,所以 $k=\frac{1}{4\pi}$,即

$$P\{0\leqslant X\leqslant x\}=\frac{x^2}{4},$$

于是

$$F(x)=P\{X\leqslant x\}=P\{X<0\}+P\{0\leqslant X\leqslant x\}=\frac{x^2}{4}.$$

(3) 若 $x\geqslant 2$,由于 $\{X\leqslant 2\}$ 是必然事件,于是

$$F(x)=P\{X\leqslant x\}=1.$$

综上所述

$$F(x)=\begin{cases}0, & x<0,\\ \dfrac{1}{4}x^2, & 0\leqslant x<2,\\ 1, & x\geqslant 2.\end{cases}$$

它的图形是一条连续曲线,如图 2-2 所示.

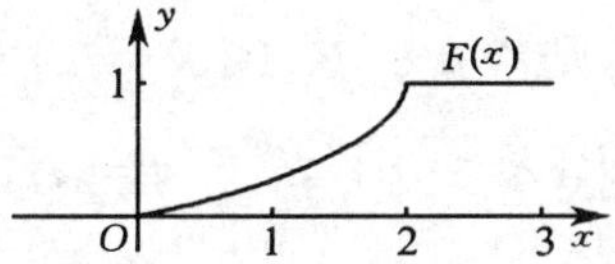

图 2-2

另外,容易看到本例中 X 的分布函数 $F(x)$ 还可写成如下形式:

$$F(x)=\int_{-\infty}^{x}f(t)\mathrm{d}t, \tag{2-5}$$

其中

$$f(t)=\begin{cases}\dfrac{1}{2}t, & 0<t<2,\\ 0, & \text{其他}.\end{cases}$$

这就是说 $F(x)$ 恰好是非负函数 $f(t)$ 在区间$(-\infty,x]$上的积分,这种随机变量 X 我们称为连续型随机变量.

定义 2.4　对于随机变量 X 的分布函数 $F(x)$,如果存在非负可积函数 $f(x)$ 使得对任意的实数 $x\in(-\infty,+\infty)$,有

$$F(x)=\int_{-\infty}^{x}f(t)\mathrm{d}t,$$

则称 X 为连续型随机变量. 其中函数 $f(x)$ 称为 X 的概率密度函数,简称概率密度(Density function),**记为 $X\sim f(x)$.**

由(2-5)式知道连续型随机变量 X 的分布函数 $F(x)$ 是连续函数. 由分布函数的性质 $F(-\infty)=0$,$F(+\infty)=1$ 及 $F(x)$ 单调不减知 $F(x)$ 是一条位于直线 $y=0$ 与 $y=1$ 之间的单调不减的连续(但不一定光滑)曲线.

2. $F(x)$ 的几何意义

$f(x)$ 在几何上表示一条可积曲线,称为**分布密度曲线**,则 $F(x)$ 的几何意义是:以分布曲线 $f(x)$ 为顶,以 X 轴为底,从 $-\infty$ 到 x 的一块开口曲边梯形面积,如图 2-3 所示.

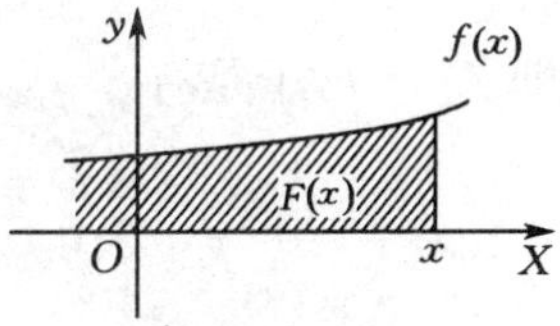

图 2-3

3. 密度函数的性质

(1) 非负性:$f(x)\geqslant 0, x\in\mathbf{R}$;

(2) 规范性:$\int_{-\infty}^{+\infty}f(x)\mathrm{d}x=1$;

证　由分布函数的性质有:$1=\lim\limits_{x\to+\infty}F(x)=\int_{-\infty}^{+\infty}f(t)\mathrm{d}t$.

注意:任意一个满足以上两性质的函数,都可以作为某连续型随机变量的密度函数.

(3) 若 $f(x)$ 在 x 处是连续的,则 $F'(x)=f(x)$;

注意:由该性质,在连续点 x 处有

$$f(x)=\lim_{\Delta x\to 0+}\frac{F(x+\Delta x)-F(x)}{\Delta x}=\lim_{\Delta x\to 0+}\frac{P\{x<X\leqslant x+\Delta x\}}{\Delta x},$$

从这里我们看到概率密度的定义与物理学中的线密度的定义相类似，这就是为什么称之为概率密度的缘故.

(4) $P\{x_1<X\leqslant x_2\}=F(x_2)-F(x_1)=\int_{x_1}^{x_2}f(x)\mathrm{d}x$;

(5) 若 X 是连续型随机变量，则 $\forall a\in\mathbf{R}, P\{X=a\}=0$.

事实上，$\forall\Delta x>0$，有 $0\leqslant P\{X=a\}\leqslant P\{a-\Delta x<X\leqslant a\}=\int_{a-\Delta x}^{a}f(x)\mathrm{d}x$，而 $\lim\limits_{\Delta x\to 0}\int_{a-\Delta x}^{a}f(x)\mathrm{d}x=0$，所以 $P\{X=a\}=0$.

由此可知，概率为 0 的事件不一定是不可能事件，而被称为几乎不可能事件. 同样，概率为 1 的事件也不一定是必然事件. 这样，对连续型随机变量 X 有

$$\begin{aligned}\mathrm{P}\{x_1<X\leqslant x_2\}&=P\{x_1\leqslant X<x_2\}=P\{x_1<X<x_2\}\\&=P\{x_1\leqslant X\leqslant x_2\}=\int_{x_1}^{x_2}f(x)\mathrm{d}x,\end{aligned}$$

$$P\{X\geqslant x\}=P\{X>x\}=\int_{x}^{+\infty}f(x)\mathrm{d}x.$$

例 2 设连续型随机变量 X 的分布函数为

$$F(x)=\begin{cases}0, & x<0,\\ Ax^2, & 0\leqslant x<1,\\ 1, & x\geqslant 1.\end{cases}$$

试求：

(1) 系数 A;

(2) X 落在区间(0.3,0.7)内的概率；

(3) X 的密度函数.

解 (1) 由于 X 为连续型随机变量，故 $F(x)$ 是连续函数，因此有

$$1=F(1)=\lim_{x\to 1^-}F(x)=\lim_{x\to 1^-}Ax^2=A,$$

即 $A=1$，于是有

$$F(x)=\begin{cases}0, & x<0,\\ x^2, & 0\leqslant x<1,\\ 1, & x\geqslant 1;\end{cases}$$

(2) $P\{0.3<X<0.7\}=F(0.7)-F(0.3)=(0.7)^2-(0.3)^2=0.4$;

(3) X 的密度函数为

$$f(x)=F'(x)=\begin{cases}2x, & 0\leqslant x<1,\\ 0, & \text{其他}.\end{cases}$$

由密度函数性质(5)知，改变密度函数 $f(x)$ 在个别点的函数值，不影响分布函数 $F(x)$ 的取值，因此，并不在乎改变密度函数在个别点上的值(比如在 $x=0$ 或 $x=1$ 上 $f(x)$ 的值).

4. 几种重要的连续型随机变量的分布

(1) 均匀分布

在区间 $[a,b]$ 上随机投掷一点，以投点的坐标 X 为随机变量，那么 $\Omega = \{X | a \leqslant X \leqslant b\}$，则 X 具有概率密度

$$f(x) = \begin{cases} \dfrac{1}{b-a}, & a < x < b, \\ 0, & \text{其他}. \end{cases}$$

则称 X 在区间 (a,b) 上服从**均匀分布**，记为 $X \sim U(a,b)$.

注意：X 在 (a,b) 内任意小区间内的概率与小区间所在的位置无关，而只与小区间的长度有关.

当 $(c,d) \subset (a,b)$ 时

$$P(c < X \leqslant d) = \int_c^d f(x)\mathrm{d}x = \int_c^d \frac{1}{b-a}\mathrm{d}x = \frac{d-c}{b-a}$$

这也是几何概型.

均匀分布的分布函数为

$$F(x) = \int_{-\infty}^{x} f(t)\mathrm{d}t = \begin{cases} 0, & x < a, \\ \int_a^x f(t)\mathrm{d}t, & a \leqslant x < b, \\ \int_a^b f(t)\mathrm{d}t, & x \geqslant b \end{cases}$$

$$= \begin{cases} 0, & x < a, \\ \dfrac{x-a}{b-a}, & a \leqslant x < b, \\ 1, & x \geqslant b. \end{cases}$$

图 2-4 是均匀分布密度 $f(x)$ 和分布函数 $F(x)$ 的图形

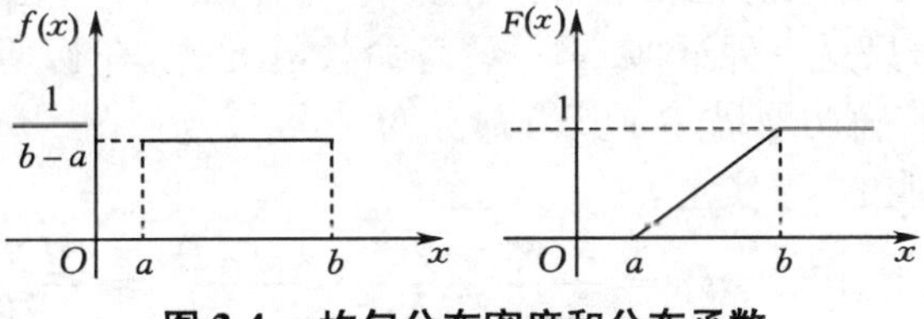

图 2-4　均匀分布密度和分布函数

例 3　设电阻值 R 是一个随机变量，均匀分布在 900 欧 ～ 1100 欧. 求 R 的概率密度及 R 落在 950 欧 ～ 1050 欧的概率.

解　按题意，R 的概率密度

$$f(r) = \begin{cases} \dfrac{1}{1100-900}, & 900 < r < 1100, \\ 0, & \text{其他}. \end{cases}$$

故有

$$P\{950 < R \leqslant 1050\} = \int_{950}^{1050} \frac{1}{200}\mathrm{d}r = 0.5.$$

(2) 指数分布

若随机变量 X 的密度函数为

$$f(x)=\begin{cases}\lambda e^{-\lambda x}, & x>0,\\ 0, & x\leqslant 0.\end{cases}$$

其中 $\lambda>0$ 为常数,则称 X 服从参数为 λ 的**指数分布**(Exponentially distribution),记作 $X\sim E(\lambda)$.

显然 $f(x)\geqslant 0$,且 $\int_{-\infty}^{\infty}f(x)\mathrm{d}x=\int_0^{\infty}\lambda e^{-\lambda x}\mathrm{d}x=1$.

容易得到 X 的分布函数为

$$F(x)=\begin{cases}1-e^{-\lambda x}, & x>0,\\ 0, & x\leqslant 0.\end{cases}$$

指数分布的密度函数与分布函数的图象如图 2-5 所示.

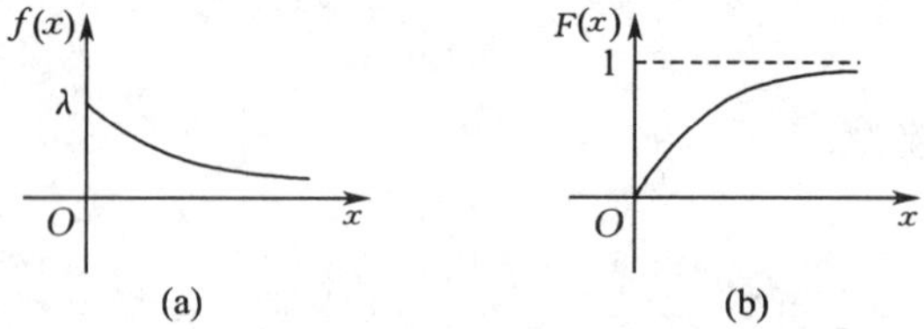

图 2-5　指数分布密度函数(a) 和分布函数(b)

指数分布最常见的一个场合是寿命分布. 指数分布具有"无记忆性",即对于任意 $s,t>0$,有

$$P\{X>s+t\mid X>s\}=P\{X>t\}. \tag{2-6}$$

如果用 X 表示某一元件的寿命,那么上式表明,在已知元件已使用了 s 小时的条件下,它还能再使用至少 t 小时的概率,与从开始使用时算起它至少能使用 t 小时的概率相等. 这就是说元件对它已使用过 s 小时没有记忆. 当然,指数分布描述的是无老化时的寿命分布,但"无老化"是不可能的,因而只是一种近似. 对一些寿命长的元件,在初期阶段老化现象很小,在这一阶段,指数分布比较确切地描述了其寿命分布情况.

(2-6) 式是容易证明的. 事实上,

$$\begin{aligned}P\{X>s+t\mid X>s\}&=\frac{P\{X>s,X>s+t\}}{P\{X>s\}}=\frac{P\{X>s+t\}}{P\{X>s\}}\\&=\frac{1-F(s+t)}{1-F(s)}=\frac{e^{-\lambda(s+t)}}{e^{-\lambda s}}\\&=e^{-\lambda t}=P\{X>t\}.\end{aligned}$$

例 4　设随机变量 X 具有概率密度

$$f(x)=\begin{cases}ke^{-3x}, & x>0,\\ 0, & x\leqslant 0,\end{cases}$$

试确定常数 k 的值,并求分布函数 $F(x)$ 及概率 $P\{X>0.1\}$.

解　由

$$\begin{aligned}1&=\int_{-\infty}^{+\infty}f(x)\mathrm{d}x=\int_0^{+\infty}ke^{-3x}\mathrm{d}x\\&=k\int_0^{+\infty}e^{-3x}\mathrm{d}x=\frac{k}{3},\end{aligned}$$

解得

$$k=3,$$

于是 X 的概率密度为

$$f(x)=\begin{cases}3\mathrm{e}^{-3x}, & x>0,\\ 0, & x\leqslant 0.\end{cases}$$

$$F(x)=\int_{-\infty}^{x}f(t)\mathrm{d}t=\begin{cases}\int_{-\infty}^{x}f(t)\mathrm{d}t, & x>0,\\ \int_{-\infty}^{x}0\mathrm{d}t=0, & x\leqslant 0,\end{cases}$$

$$=\begin{cases}0+\int_{0}^{x}3\mathrm{e}^{-3t}\mathrm{d}t, & x>0,\\ 0, & x\leqslant 0\end{cases}$$

$$=\begin{cases}1-\mathrm{e}^{-3x}, & x>0,\\ 0, & x\leqslant 0.\end{cases}$$

即

$$F(x)=\int_{-\infty}^{x}f(t)\mathrm{d}t=\begin{cases}1-\mathrm{e}^{-3x}, & x>0,\\ 0, & x\leqslant 0.\end{cases}$$

$$P\{X>0.1\}=\int_{0.1}^{+\infty}f(x)\mathrm{d}x=\int_{0.1}^{+\infty}3\mathrm{e}^{-3x}\mathrm{d}x=0.7408.$$

(3) 正态分布

若连续型随机变量 X 的概率密度为

$$f(x)=\frac{1}{\sqrt{2\pi}\sigma}\mathrm{e}^{-\frac{(x-\mu)^2}{2\sigma^2}},\quad -\infty<x<+\infty. \tag{2-7}$$

其中 $\mu,\sigma(\sigma>0)$ 为常数，则称 X 服从参数为 μ,σ 的**正态分布**(Normal distribution)，记为 $X\sim N(\mu,\sigma^2)$. 显然 $f(x)\geqslant 0$，下面来证明$\int_{\infty}^{\infty}f(x)\mathrm{d}x=1$.

令 $\frac{x-\mu}{\sigma}=t$，得到

$$\int_{-\infty}^{\infty}\frac{1}{\sqrt{2\pi}\sigma}\mathrm{e}^{-\frac{(x-\mu)^2}{2\sigma^2}}\mathrm{d}x=\frac{1}{\sqrt{2\pi}}\int_{-\infty}^{\infty}\mathrm{e}^{-\frac{t^2}{2}}\mathrm{d}t.$$

记 $I=\int_{-\infty}^{\infty}\mathrm{e}^{-\frac{t^2}{2}}\mathrm{d}t$，则有

$$I^2=\int_{-\infty}^{\infty}\int_{-\infty}^{\infty}\mathrm{e}^{-\frac{t^2+s^2}{2}}\mathrm{d}t\mathrm{d}s.$$

作极坐标变换：$s=r\cos\theta,t=r\sin\theta$，得到

$$I^2=\int_{0}^{2\pi}\int_{0}^{\infty}r\mathrm{e}^{-\frac{r^2}{2}}\mathrm{d}r\mathrm{d}\theta=2\pi,$$

而 $I>0$，故有 $I=\sqrt{2\pi}$，即有

$$\int_{-\infty}^{\infty}\mathrm{e}^{-\frac{t^2}{2}}\mathrm{d}t=\sqrt{2\pi}.$$

于是

$$\int_{-\infty}^{\infty}\frac{1}{\sqrt{2\pi}\sigma}\mathrm{e}^{-\frac{(x-\mu)^2}{2\sigma^2}}\mathrm{d}x=\frac{1}{\sqrt{2\pi}}\cdot\sqrt{2\pi}=1.$$

正态分布是概率论与数理统计中最重要的分布之一. 在实际问题中大量的随机变量服

从或近似服从正态分布.只要某一个随机变量受到许多相互独立随机因素的影响,而每个个别因素的影响都不能起决定性作用,那么就可以断定随机变量服从或近似服从正态分布.例如,人的身高、体重受到种族、饮食习惯、地域、运动等因素影响,但这些因素又不能对身高、体重起决定性作用,所以我们可以认为身高、体重服从或近似服从正态分布.

正态分布的密度函数曲线称为正态曲线,它具有如下性质:

(1) 曲线关于直线 $x=\mu$ 对称;当 $x=\mu\pm\sigma$ 时,对应曲线上的点是拐点;曲线以 x 轴为渐近线,如图 2-6 所示.

(2) 当 $x=\mu$ 时,$f(x)$ 达到最大值,x 离 μ 越远,$f(x)$ 的值越小;σ 越小,图形越尖;σ 越大,图形越平坦,如图 2-6 所示.

(3) 如果 σ 不变,μ 取的值不同,$f(x)$ 的图形沿 x 轴平移,形状不变,如图 2-7 所示.

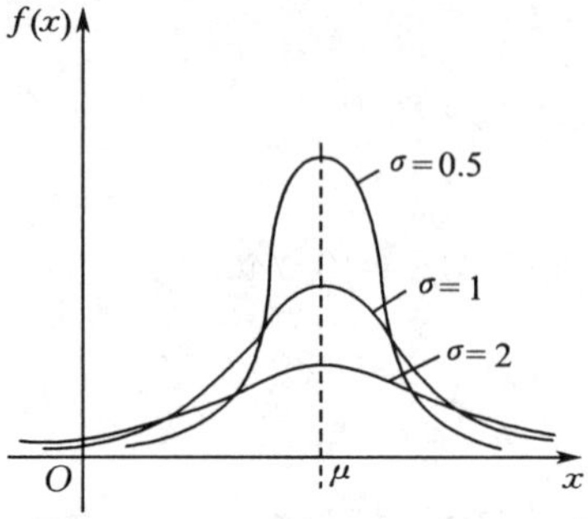

图 2-6

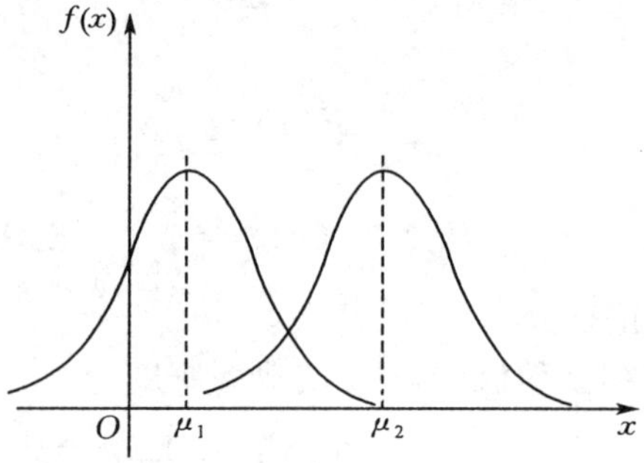

图 2-7

我们还可以得到它的概率性质:

(1) 对任意的 $h>0$,有 $P\{\mu-h<X\leqslant\mu\}=P\{\mu<X\leqslant\mu+h\}$,如图 2-8 所示.

(2) X 以很大的概率在 μ 的附近取值.当区间离 $x=\mu$ 点越远,X 落在这个区间的概率越小,如图 2-8 所示.

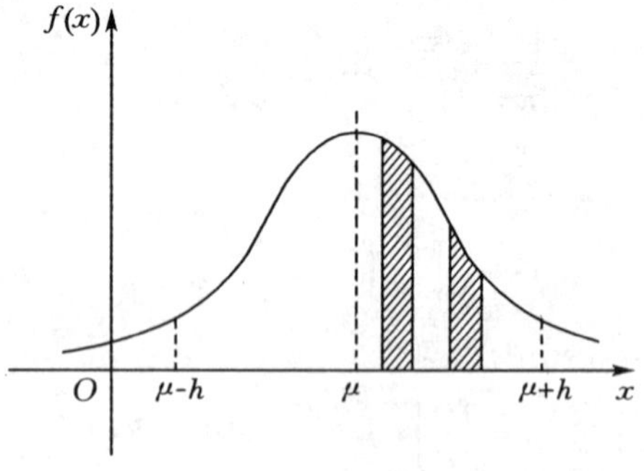

图 2-8

由(2-7)式得 X 的分布函数

$$F(x)=\frac{1}{\sqrt{2\pi}\sigma}\int_{-\infty}^{x}\mathrm{e}^{-\frac{(t-\mu)^2}{2\sigma^2}}\mathrm{d}t. \tag{2-8}$$

特别地,当 $\mu=0,\sigma=1$ 时,称 X 服从标准正态分布 $N(0,1)$,记作 $x\sim N(0,1)$,其概率密度和分布函数分别用 $\varphi(x),\Phi(x)$ 表示,则有

$$\varphi(x)=\frac{1}{\sqrt{2\pi}}e^{-\frac{x^2}{2}},-\infty<x<+\infty, \tag{2-9}$$

$$\Phi(x)=\frac{1}{\sqrt{2\pi}}\int_{-\infty}^{x}e^{-\frac{t^2}{2}}dt. \tag{2-10}$$

易知，$\Phi(-x)=1-\Phi(x)$.

一般的，若 $X\sim N(\mu,\sigma^2)$，则有$\frac{X-\mu}{\sigma}\sim N(0,1)$.

事实上，$Z=\frac{X-\mu}{\sigma}$ 的分布函数为

$$\begin{aligned}P\{Z\leqslant x\}&=P\left\{\frac{X-\mu}{\sigma}\leqslant x\right\}=P\{X\leqslant\mu+\sigma x\}\\&=\int_{-\infty}^{\mu+\sigma x}\frac{1}{\sqrt{2\pi}\sigma}e^{-\frac{(t-\mu)^2}{2\sigma^2}}dt,\end{aligned}$$

令$\frac{t-\mu}{\sigma}=s$，得

$$P\{Z\leqslant x\}=\frac{1}{\sqrt{2\pi}}\int_{-\infty}^{x}e^{-\frac{s^2}{2}}ds=\Phi(x),$$

由此知 $Z=\frac{X-\mu}{\sigma}\sim N(0,1)$.

因此，若 $X\sim N(\mu,\sigma^2)$，则可利用标准正态分布函数 $\Phi(x)$，通过查表（见附表）求得 X 落在任一区间 $(x_1,x_2]$ 内的概率，即

$$\begin{aligned}P\{x_1<X\leqslant x_2\}&=P\left\{\frac{x_1-\mu}{\sigma}<\frac{X-\mu}{\sigma}\leqslant\frac{x_2-\mu}{\sigma}\right\}\\&=P\left\{\frac{X-\mu}{\sigma}\leqslant\frac{x_2-\mu}{\sigma}\right\}-P\left\{\frac{X-\mu}{\sigma}\leqslant\frac{x_1-\mu}{\sigma}\right\}\\&=\Phi\left(\frac{x_2-\mu}{\sigma}\right)-\Phi\left(\frac{x_1-\mu}{\sigma}\right).\end{aligned}$$

例如，设 $X\sim N(1.5,4)$，可得

$$\begin{aligned}P\{-1\leqslant X\leqslant 2\}&=P\left\{\frac{-1-1.5}{2}\leqslant\frac{X-1.5}{2}\leqslant\frac{2-1.5}{2}\right\}\\&=\Phi(0.25)-\Phi(-1.25)\\&=\Phi(0.25)-[1-\Phi(1.25)]\\&=0.5987-1+0.8944=0.4931.\end{aligned}$$

设 $X\sim N(\mu,\sigma^2)$，由 $\Phi(x)$ 函数表可得

$$P\{\mu-\sigma<X<\mu+\sigma\}=\Phi(1)-\Phi(-1)=2\Phi(1)-1=0.6826,$$
$$P\{\mu-2\sigma<X<\mu+2\sigma\}=\Phi(2)-\Phi(-2)=0.9544,$$
$$P\{\mu-3\sigma<X<\mu+3\sigma\}=\Phi(3)-\Phi(-3)=0.9974.$$

我们看到，尽管正态变量的取值范围是 $(-\infty,+\infty)$，但它的值落在 $(\mu-3\sigma,\mu+3\sigma)$ 内几乎是 100% 的事，即概率几乎等于 1，因此在实际问题中，基本上可以认为有 $|X-\mu|<3\sigma$. 这就是人们所说的"**3σ 原则**".

例 5 公共汽车车门的高度是按成年男子与车门顶碰头的机会在 1% 以下来设计的. 设男子身高 X 服从 $\mu = 170(\text{cm})$, $\sigma = 6(\text{cm})$ 的正态分布, 即 $X \sim N(170, 6^2)$, 问车门高度应如何确定?

解 设车门高度为 $h(\text{cm})$, 按设计要求 $P\{X \geqslant h\} \leqslant 0.01$ 或 $P\{X < h\} \geqslant 0.99$, 因为 $X \sim N(170, 6^2)$, 故

$$P\{X < h\} = P\left\{\frac{X-170}{6} < \frac{h-170}{6}\right\} = \Phi\left(\frac{h-170}{6}\right) \geqslant 0.99,$$

查表得

$$\Phi(2.33) = 0.9901 > 0.99.$$

故取 $\dfrac{h-170}{6} = 2.33$, 即 $h = 184$. 所以设计车门高度为 184cm 时, 可使成年男子与车门碰头的机会不超过 1%.

例 6 测量到某一目标的距离时发生的随机误差 X(单位:m) 具有密度函数

$$f(x) = \frac{1}{40\sqrt{2\pi}} e^{-\frac{(x-20)^2}{3200}}.$$

试求在三次测量中至少有一次误差的绝对值不超过 30m 的概率.

解 X 的密度函数为

$$f(x) = \frac{1}{40\sqrt{2\pi}} e^{-\frac{(x-20)^2}{3200}} = \frac{1}{40 \times \sqrt{2\pi}} e^{-\frac{(x-20)^2}{2\times 40^2}},$$

即 $X \sim N(20, 40^2)$, 故一次测量中随机误差的绝对值不超过 30m 的概率为

$$\begin{aligned} P\{|X| \leqslant 30\} &= P\{-30 \leqslant X \leqslant 30\} \\ &= \Phi\left(\frac{30-20}{40}\right) - \Phi\left(\frac{-30-20}{40}\right) \\ &= \Phi(0.25) - \Phi(-1.25) \\ &= 0.5987 - (1 - 0.8944) \\ &= 0.4931. \end{aligned}$$

设 Y 为三次测量中误差的绝对值不超过 30m 的次数, 则 Y 服从二项分布 $b(3, 0.4931)$, 故

$$P\{Y \geqslant 1\} = 1 - P\{Y = 0\} = 1 - (0.5069)^3 = 0.8698.$$

习题 2.4

1. 若随机变量 X 的分布函数为

$$F(x) = \begin{cases} 0, & x < 0, \\ Ax^2, & 0 \leqslant x < 2, \\ 1, & x \geqslant 2. \end{cases}$$

求: (1) A 的值; (2) $P(0.3 < X < 0.7)$; (3) X 的概率密度.

2. 若随机变量 $X \sim U(-1, 1)$, 求 X 的概率密度和分布函数.

3. 若随机变量 $X \sim E\left(\frac{1}{4}\right)$, 求 $P(X \geqslant 4)$ 及 $P(3 < X < 5)$.

4. 若随机变量 $X \sim N(2, \sigma^2)$, 且 $P\{2 < X < 4\} = 0.3$, 求 $P\{X < 0\}$.

5. 若 X 的分布函数为 $N(5, 4)$, 求 a 使:

(1)$P\{X<a\}=0.90$;(2)$P\{|X-5|>a\}=0.01$.

6. 由某机器生产的螺栓长度(cm)服从参数$\mu=10.05,\sigma=0.06$的正态分布.规定长度在范围10.05 ± 0.12内为合格品,求一螺栓为不合格品的概率.

7. 将一温度调节器放置在贮存着某种液体的容器内,调节器整定在d℃,液体的温度X(以℃计)是一个随机变量,且$X\sim N(d,0.5^2)$.

(1) 若$d=90$,求X小于89的概率;

(2) 若要求保持液体的温度至少为80℃的概率不低于0.99,问d至少为多少?

2.5　随机变量函数的分布

人们已经掌握许多种概率分布,其中每一种概率分布都有各自的应用领域.在众多的分布中,我们已经介绍了一些最基本和最常用的概率分布,而大多数分布都是作为具有一定分布的随机变量的函数导出的.这一节的内容是介绍根据随机自变量的概率分布求其函数的概率分布的方法.

2.5.1　随机变量函数的分布的一般求法

1. 离散型情形

设X是离散型随机变量,其一切(有限或可数个)可能值为$\{x_1,x_2,\cdots\}$.为求随机变量$Y=g(X)$的概率分布,首先由函数关系$y=g(x)$列出Y的一切可能值$\{y_1,y_2,\cdots\}$,即Y也是离散型,其概率$P\{Y=y_j\},j=1,2,\cdots$.这时,

(1) 已知$P\{X=x_i\}=p_i,i=1,2,\cdots$,若函数$y=g(x)$的一切可能值两两不等,则

$$P\{Y=g(x_i)\}=p_i,i=1,2,\cdots$$

就是Y的概率分布;

(2) 若对于某些X的可能值$\{x_{k_1},\cdots,x_{k_r}\}$,$y=g(x_{k_j})$等于同一值$y_k$,则

$$P\{Y=y_k\}=P\{X=x_{k_1}\}+\cdots+P\{X=x_{k_r}\}=p_{k_1}+\cdots+p_{k_r}.$$

例 1　设随机变量X具有以下的分布律,如表2-8所示,试求$Y=(X-1)^2$的分布律.

表 2-8

X	-1	0	1	2
p	0.2	0.3	0.1	0.4

解　Y所有可能取的值是0,1,4,由

$$P\{Y=0\}=P\{(X-1)^2=0\}=P\{X=1\}=0.1,$$
$$P\{Y=1\}=P\{X=0\}+P\{X=2\}=0.7,$$
$$P\{Y=4\}=P\{X=-1\}=0.2.$$

即得Y的分布律如表2-9所示:

表 2-9

Y	0	1	4
p	0.1	0.7	0.2

2. 连续型情形

设 X 是连续型随机变量,则随机变量 $Y=g(X)$ 可能是连续型的,也可能是离散型的.

(1) 若函数 $Y=g(X)$ 只有有限或可数个可能值,按上述离散型情形处理;

(2) 若函数 $Y=g(X)$ 是连续函数,则 $Y=g(X)$ 就是连续型随机变量,一般先求 Y 的分布函数 $F_Y(y)$,再求导数 $F'_Y(y)$,即可得到 $Y=g(X)$ 的概率密度函数 $f_Y(y)$.

例 2 设随机变量 X 具有概率密度

$$f_X(x)=\begin{cases}\dfrac{x}{8},0<x<4\\0,\text{ 其他},\end{cases}$$

求随机变量 $Y=2X+8$ 的概率密度.

解 $F_Y(y)=P(Y\leqslant y)=P(2X+8\leqslant y)=P(X\leqslant\dfrac{y-8}{2})=\int_{-\infty}^{\frac{y-8}{2}}f_X(x)\mathrm{d}x.$

$$\begin{aligned}f_Y(y)&=f_X\left(\frac{y-8}{2}\right)\left(\frac{y-8}{2}\right)'\\&=\begin{cases}\dfrac{1}{8}\left(\dfrac{y-8}{2}\right)\dfrac{1}{2},0<\dfrac{y-8}{2}<4,\\0,\qquad\qquad\text{其他}.\end{cases}\\&=\begin{cases}\dfrac{y-8}{32},8<y<16,\\0,\qquad\text{其他}.\end{cases}\end{aligned}$$

例 3 已知随机变量 X 服从标准正态分布,求 $Y=X^2$ 的概率密度.

解 以 $F_Y(y)$ 和 $f_Y(y)$ 分别表示 Y 的分布函数和概率密度. 当 $y\leqslant 0$ 时,显然 $F_Y(y)=0$;对于 $y>0$,有

$$\begin{aligned}F_Y(y)&=P\{Y\leqslant y\}=P\{X^2\leqslant y\}=P\{|X|\leqslant\sqrt{y}\}\\&=P\{-\sqrt{y}\leqslant X\leqslant\sqrt{y}\}=\frac{1}{\sqrt{2\pi}}\int_{-\sqrt{y}}^{\sqrt{y}}\mathrm{e}^{-\frac{x^2}{2}}\mathrm{d}x\,.\end{aligned}$$

对 y 求导,得

$$f_Y(y)=\frac{1}{\sqrt{2\pi}}\left[\mathrm{e}^{-\frac{y}{2}}\frac{1}{2\sqrt{y}}+\mathrm{e}^{-\frac{y}{2}}\frac{1}{2\sqrt{y}}\right]=\frac{1}{\sqrt{2\pi y}}\mathrm{e}^{-\frac{y}{2}},$$

于是,$Y=X^2$ 的概率密度为

$$f_Y(y)=F'_Y(y)=\begin{cases}\dfrac{1}{\sqrt{2\pi y}}\mathrm{e}^{-\frac{y}{2}},\ y>0,\\0,\qquad\qquad y\leqslant 0.\end{cases}$$

此时称 Y 服从自由度为 1 的 χ^2 分布.

通常,我们可以用上面的方法求连续型随机变量的分布函数及分布密度. 下面,仅对 $f_X(x)$ 连续,而函数 $Y=g(x)$ 严格单调的特殊情况,给出一般的结果.

2.5.2 随机变量函数的分布的公式求法

定理 2.2 **设随机变量 X 具有概率密度** $f_X(x)$,**且** $f_X(x)$ **连续**,$-\infty<x<\infty$,**又设函**

数 $g(x)$ 处处可导且有 $g'(x)>0$（或 $g'(x)<0$）恒成立，则 $Y=g(X)$ 是连续型随机变量，其概率密度为

$$f_Y(y)=\begin{cases} f_X(h(y))\,|h'(y)|\ , & \alpha<y<\beta, \\ 0, & \text{其他}. \end{cases}$$

其中 $\alpha=\min(g(-\infty),g(+\infty))$，$\beta=\max(g(-\infty),g(+\infty))$，$h(y)$ 是 $g(x)$ 的反函数.

证　只看 $g'(x)>0$ 的情况. 此时 $g(x)$ 在 $(-\infty,+\infty)$ 上严格单调递增，其反函数 $h(y)$ 存在，且在 (α,β) 上严格单调递增、可导.

设 Y 的分布函数为 $F_Y(y)$，且

$$F_Y(y)=\begin{cases} 0 & y\leqslant\alpha, \\ P(Y\leqslant y)=P(g(X))\leqslant y, & \alpha<y<\beta, \\ 1, & \beta\leqslant y. \end{cases}$$

$$=\begin{cases} 0 & y\leqslant\alpha, \\ P(X\leqslant h(y))=F_X(h(y)), & \alpha<y<\beta, \\ 1, & \beta\leqslant y. \end{cases}$$

所以

$$f_Y(y)=F_Y'(y)=\begin{cases} 0 & y\leqslant\alpha, \\ f(h(y))\cdot h'(y), & \alpha<y<\beta, \\ 0, & \beta\leqslant y. \end{cases}$$

$$=\begin{cases} 0 & \text{其他}, \\ f(h(y))\cdot h'(y), & \alpha<y<\beta. \end{cases}$$

例 4　设随机变量 $X\sim N(\mu,\sigma^2)$. 试证明 X 的线性函数 $Y=aX+b$，$a\neq0$ 也服从正态分布.

证　$X\sim f(x)=\dfrac{1}{\sqrt{2\pi}\sigma}e^{-\frac{(x-\mu)^2}{2\sigma^2}}$，$Y=aX+b$ 为单调函数，且值域为 $(-\infty,+\infty)$，

由 $y=ax+b$，有 $x=\dfrac{y-b}{a}$，$\dfrac{\mathrm{d}x}{\mathrm{d}y}=\dfrac{1}{a}$，

所以

$$f_Y(y)=f\left(\frac{y-b}{a}\right)\left|\frac{1}{a}\right|=\frac{1}{\sqrt{2\pi}\sigma}e^{-\frac{\left[\frac{y-b}{a}-\mu\right]^2}{2\sigma^2}}\left|\frac{1}{a}\right|$$

$$=\frac{1}{\sqrt{2\pi}\sigma|a|}e^{-\frac{[y-(b+a\mu)]^2}{2\sigma^2a^2}},\ -\infty<y<+\infty.$$

即有 $Y=aX+b\sim N(a\mu+b,(a\sigma)^2)$.

注意：(1) 正态随机变量 X 的线性函数 $aX+b$ 仍是正态随机变量；

(2) 特别当 $a=\dfrac{1}{\sigma}$，$b=-\dfrac{\mu}{\sigma}$ 时，$Y=aX+b=\dfrac{1}{\sigma}X-\dfrac{\mu}{\sigma}=\dfrac{X-\mu}{\sigma}\sim N(0,1)$.

习题 2.5

1. 设随机变量 X 的分布律如表 2-10 所示：

表 2-10

X	-2	-1	0	1	2
p_k	$\frac{1}{15}$	$\frac{3}{15}$	$\frac{4}{15}$	$\frac{1}{3}$	$\frac{2}{15}$

求 $Y = X^2$ 的分布律.

2. 已知 X 的概率分布如表 2-11 所示：

表 2-11

X	-2	-1	0	1	2	3
p	$2a$	$\frac{1}{10}$	$3a$	a	a	$2a$

试求：(1)a；(2)$Y = X^2 - 1$ 的概率分布.

3. 若随机变量 X 服从泊松分布，参数为 λ，试求下列分布：

(1) $Y = aX + b$；(2) $Z = X^2$.

4. 设随机变量 X 在(0,1) 服从均匀分布，求 $Y = \mathrm{e}^X$ 的概率密度.

5. 设随机变量 X 的概率密度 $f_X(x) = \mathrm{e}^{-x}, x \geqslant 0$，求 $Y = \mathrm{e}^X$ 的概率密度 $f_Y(y)$.

本 章 小 结

随机变量是样本点与某一类实数的对应值 X.

一、离散型随机变量的概率分布律

1. 离散型随机变量的概率分布的概念

设离散型随机变量 $X = x_i, i = 1,2,\cdots$，则离散型随机变量 X 的概率分布律 $P(X = x_i) = p_i, i = 1, 2,\cdots$，简称分布律.

分布律必须满足下列性质：

(1) 非负有界性：$0 \leqslant p_i \leqslant 1$；

(2) 完备性：$\sum_{i=1}^{+\infty} p_i = 1$.

2. 常见的离散型随机变量分布

(1) 两点分布 $X \sim (0,1)$

$$P(X = k) = p^k (1-p)^{1-k},\ k = 0,1, 0 < p < 1;$$

(2) 二项分布 $X \sim B(n,p)$

$$P\{X = k\} = \binom{n}{k} p^k q^{n-k} k = 0,1,2,\cdots,n;$$

(3) 几何分布

$$P(X = k) = pq^{k-1}, k = 1,2,\cdots;$$

(4) 泊松(Poisson) 分布 $X \sim P(\lambda)$：

$$P(X = k) = \frac{\lambda^k}{k!}\mathrm{e}^{-\lambda}, k = 0,1,2\cdots，其中\ \lambda > 0\ 是常数.$$

二、分布函数

1. 分布函数的概念

函数 $F(x) = P(X \leqslant x)$ 称为 X 的分布函数.

2. 分布函数性质

(1) 单调非降性：即对 $\forall x_1 < x_2 \in \mathbf{R}, F(x_1) \leqslant F(x_2)$；

(2) 规范性：$F(-\infty) = \lim\limits_{x\to-\infty} F(x) = 0, F(+\infty) = \lim\limits_{x\to+\infty} F(x) = 1$；

(3) 右连续性：对 $\forall x_0 \in \mathbf{R}$，有 $\lim\limits_{x\to x_0+} F(x) = F(x_0)$；

(4) 对于任意实数 $x_1, x_2 (x_1 < x_2)$，有

$$P\{x_1 < X \leqslant x_2\} = P\{X \leqslant x_2\} - P\{X \leqslant x_1\} = F(x_2) - F(x_1).$$

注意：对于任意一个函数，若满足上述四条性质的话，则它一定是某随机变量的分布函数.

三、连续性随机变量的分布

1. 连续型随机变量及分布

如果 X 的分布函数 $F(x) = \int_{-\infty}^{x} f(t)\mathrm{d}t$，且 $f(x) \geqslant 0$ 可积，$x \in \mathbf{R}$，则称 X 是连续型随机变量，其分布 $X \sim f(x)$，$f(x)$ 叫连续型随机变量的密度函数.

密度函数具有如下性质：

(1) 非负性：$f(x) \geqslant 0, x \in \mathbf{R}$；

(2) 规范性：$\int_{-\infty}^{+\infty} f(x)\mathrm{d}x = 1$；

(3) 若 $f(x)$ 在 x 处是连续的，则 $F(x) = f(x)$；

(4) $P\{x_1 < X < x_2\} = P\{x_1 \leqslant X \leqslant x_2\} = F(x_2) - F(x_1) = \int_{x_1}^{x_2} f(x)\mathrm{d}x$，

这表示若 X 是连续型随机变量，则对 $\forall a \in \mathbf{R}, P\{X = a\} = 0$.

2. 几种重要的连续型随机变量

(1) 均匀分布 $X \sim U(a,b)$

概率密度函数
$$f(x) = \begin{cases} \dfrac{1}{b-a}, & a < x < b, \\ 0, & \text{其他}. \end{cases}$$

分布函数

$$F(x) = \int_{-\infty}^{x} f(t)\mathrm{d}t = \begin{cases} 0, & x < a, \\ \int_{a}^{x} f(t)\mathrm{d}t, & a \leqslant x < b, \\ \int_{a}^{b} f(t)\mathrm{d}t, & x \geqslant b. \end{cases}$$

$$= \begin{cases} 0, & x < a, \\ \dfrac{x-a}{b-a}, & a \leqslant x < b, \\ 1, & x \geqslant b. \end{cases}$$

(2) 指数分布 $X \sim E(\lambda)$

概率密度函数
$$f(x) = \begin{cases} \lambda \mathrm{e}^{-\lambda x}, & x > 0, \\ 0, & x \leqslant 0. \end{cases}$$

分布函数
$$F(x) = \begin{cases} 1 - \mathrm{e}^{-\lambda x}, & x > 0, \\ 0, & x \leqslant 0. \end{cases}$$

(3) 正态分布 $X \sim (u, \sigma^2)$，$\sigma > 0$

概率密度函数

$$f(x) = \frac{1}{\sqrt{2\pi}\sigma} \mathrm{e}^{\frac{(x-\mu)^2}{2\sigma^2}}, \quad -\infty < x < +\infty.$$

分布函数 $$F(x)=\frac{1}{\sqrt{2\pi}\sigma}\int_{-\infty}^{x}\mathrm{e}^{-\frac{(t-\mu)^2}{2\sigma^2}}\mathrm{d}t.$$

四、随机变量的函数的分布

1. X 是离散型,$Y=g(X)$ 也是离散型

(1) 已知 $P\{X=x_i\}=p_i(i=1,2,\cdots)$,若函数 $y=g(x)$ 的一切可能值两两不等,则

$$P\{Y=g(x_i)\}=p_i,i=1,2,\cdots;$$

(2) 若对于某些 X 的可能值$\{x_{k_1},\cdots,x_{k_r}\}$,$y=g(x_{k_j})$ 等于同一值 y_k,则

$$P\{Y=y_k\}=P\{X=x_{k_1}\}+\cdots+P\{X=x_{k_r}\}=p_{k_1}+\cdots+p_{k_r}.$$

2. X 是连续型,$Y=g(X)$ 可能是连续型,也可能是离散型

(1) 若函数 $Y=g(X)$ 只有有限或可数个可能值,Y 是离散型,按离散型的分布处理;

(2) 若函数 $Y=g(X)$ 是连续函数,则 $Y=g(X)$ 就是连续型随机变量,一般先求 Y 的分布函数 $F_Y(y)$,再求导数 $F'_Y(y)$,即可得到 $Y=g(X)$ 的概率密度 $f_Y(y)$.

公式求法: 随机变量 X 具有概率密度 $f_X(x)$,$-\infty<x<+\infty$,又设函数 $y=g(x)$ 处处可导且有 $g'(x)>0$(或恒有 $g'(x)<0$),则 $Y=g(X)$ 是连续型随机变量,其概率密度为

$$f_Y(y)=\begin{cases}f_X(h(y))\,|h'(y)|, & 若\ \alpha<y<\beta,\\ 0, & 其他.\end{cases}$$

其中 $\alpha=\min(g(-\infty),g(+\infty))$,$\beta=\max(g(-\infty),g(+\infty))$,$h(y)$ 是 $g(x)$ 的反函数.

典型例题解析

例 1 设随机变量 X 的分布函数为

$$F(x)=\begin{cases}0, & x<-1,\\ \frac{1}{8}, & x=-1,\\ ax+b, & -1<x<1,\\ 1, & x\geqslant 1.\end{cases}$$

又知 $P\{-1<X<1\}=\frac{5}{8}$,试确定 a 与 b 的值.

解 $F(x)$ 在任何一点都是右连续的,于是有 $F(-1+0)=F(-1)$,即

$$-a+b=\frac{1}{8}. \tag{1}$$

又因

$$P\{X=1\}=P\{-1<X\leqslant 1\}-P\{-1<X<1\}=F(1)-F(-1)-\frac{5}{8}=\frac{1}{4},$$

于是有

$$F(1-0)=F(1)-P\{X=1\}=\frac{3}{4},$$

即 $$a+b=\frac{3}{4}. \tag{2}$$

联立(1) 与(2) 解得 $a=\frac{5}{16}$,$b=\frac{7}{16}$.

例 2 随机地向半圆 $0<y<\sqrt{2ax-x^2}$(a 为正常数) 内掷一点,点落在半圆内任何区域的概率与该区域的面积成正比,用 X 表示原点到该点连线与 x 轴正方向的夹角,求 X 的概率密度.

分析　由图 2-9 可以看出，X 取值在 $\left(0,\frac{\pi}{2}\right)$ 内，由于 X 是一个连续型随机变量，我们通过它的分布函数 $F(x)$ 求其概率密度 $f(x)$.

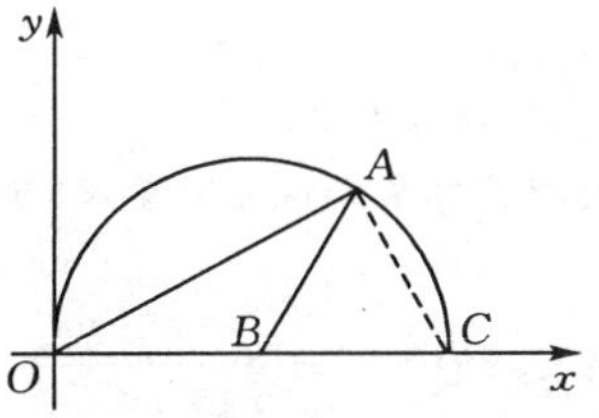

图 2-9

解　设比例系数为 λ，而点落在半圆这个区域的概率为 1，它应等于比例系数 λ 与半圆面积 $\frac{1}{2}\pi a^2$ 的乘积，即 $\frac{1}{2}\pi a^2\lambda=1$，$\lambda=\frac{2}{\pi a^2}$，因此，当 $0<x<\frac{\pi}{2}$ 时，事件 $|X\leqslant x|$ 的概率是两个面积之比，其中分母为半圆面积 $\frac{1}{2}\pi a^2$；分子面积 S 是三角形 BOA 与扇形 ABC 的面积之和，即 $S=\frac{a^2}{2}(2x+\sin 2x)$.

因此，当 $0<x<\frac{\pi}{2}$ 时，

$$F(x)=P\{X\leqslant x\}=\frac{S}{\frac{1}{2}\pi a^2}=\frac{1}{\pi}(2x+\sin 2x).$$

综上分析

$$F(x)=\begin{cases}0, & x<0,\\ \frac{1}{\pi}(2x+\sin 2x), & 0\leqslant x<\frac{\pi}{2},\\ 1, & x\geqslant\frac{\pi}{2}.\end{cases}$$

所求的 X 的概率密度为

$$f(x)=\begin{cases}\frac{2}{\pi}(1+\cos 2x), & 0<x<\frac{\pi}{2},\\ 0, & 其他.\end{cases}$$

例 3　设随机变量 X 服从参数 $\lambda=2$ 的指数分布，令 $Y=1-\mathrm{e}^{-2X}$，求随机变量 Y 的分布函数 $F_Y(y)$ 与概率密度 $f_Y(y)$.

解　用分布函数法先求出 Y 的分布函数.

当 $x>0$ 时，$0<y<1$，因此 $\{Y\leqslant 0\}$ 及 $\{Y\geqslant 1\}$ 的概率都是零.

当 $0<y<1$ 时，

$$\begin{aligned}F_Y(y)&=P\{Y\leqslant y\}=P\{1-\mathrm{e}^{-2X}\leqslant y\}=P\{\mathrm{e}^{-2X}\geqslant 1-y\}\\&=P\{X\leqslant-\frac{1}{2}\ln(1-y)\}=F_X\left[-\frac{1}{2}\ln(1-y)\right].\end{aligned}$$

由于 X 服从 $\lambda=2$ 的指数分布，其分布函数为

$$F_X(x)=\begin{cases}0, & x<0,\\ 1-\mathrm{e}^{-2x}, & x\geqslant 0.\end{cases}$$

因此

$$F_X\left[-\frac{1}{2}\ln(1-y)\right]=1-\mathrm{e}^{-2[-\frac{1}{2}\ln(1+y)]}=y.$$

综上讨论有

$$F_Y(y)=\begin{cases}0, & y<0,\\ y, & 0\leqslant y<1,\\ 1, & y\geqslant 1.\end{cases}\quad f_Y(y)=\begin{cases}1, & 0<y<1,\\ 0, & 其他.\end{cases}$$

例 4 调查某地考生的外语成绩 X 近似服从正态分布，平均成绩为 72 分，96 分以上占考生总数的 2.3%，试求：

(1) 考生的外语成绩在 60 分至 84 分之间的概率.

(2) 该地外语考试的及格率.

(3) 若已知第 3 名的成绩是 96 分，求不及格人数.

解 计算正态分布随机变量取值的概率需要知道分布参数，题中已给出 $u=72$，但 σ 未知，因此首先应该求出 σ 的值. 依题意：$P\{X>96\}=0.023$，即

$$0.023=1-P\{X\leqslant 96\}=1-\Phi(\frac{96-72}{\sigma}),\Phi(\frac{24}{\sigma})=0.977.$$

查表可得 $\frac{24}{\sigma}=2,\sigma=12.$

(1) $P\{60\leqslant X\leqslant 84\}=P\left\{\left|\frac{X-72}{12}\right|\leqslant 1\right\}=2\Phi(1)-1=0.6826.$

(2) $P\{X\geqslant 60\}=1-\Phi\left(\frac{60-72}{12}\right)=1-\Phi(-1)=\Phi(1)=0.8413=84.13\%.$

(3) 由(2)知不及格率为 15.87%，且由题设知，如果全班人数为 n，则 $n=\frac{2}{0.023}$.

故不及格人数为 $0.1587n=0.1587\times\frac{2}{0.023}\approx 14$(人).

例 5 假设一大型设备在任何长为 t 的时间间隔内发生故障的次数 $N(t)$ 服从参数为 λt 的泊松分布，试求：

(1) 相继两次故障之间时间间隔 T 的概率分布；

(2) 在设备已经无故障工作 8 小时的情况下，再无故障运行 8 小时的概率 q.

解 (1) 当 $t\leqslant 0$ 时，$F(t)=0$；

当 $t>0$ 时， $F(t)=P(T\leqslant t)=1-P(N(t)=0)=1-\mathrm{e}^{-\lambda t}$.

由计算可知，T 服从参数为 λ 的参数分布，其概率密度为

$$f(t)=\begin{cases}\lambda\mathrm{e}^{-\lambda t}, & t>0,\\ 0, & t\leqslant 0.\end{cases}$$

(2) $q=P(T>16\mid T>8)=\frac{P(T>16,T>8)}{P(T>8)}=\frac{\mathrm{e}^{-16\lambda}}{\mathrm{e}^{-8\lambda}}=\mathrm{e}^{-8\lambda}.$

综合练习题二

1. 一颗均匀骰子掷两次，用 X 表示两次中较大的点数，则 $P(X=4)=($　　$)$.

(A) $\frac{7}{36}$　　(B) $\frac{8}{36}$　　(C) $\frac{12}{36}$　　(D) $\frac{16}{36}$

2. 若随机变量 X 的概率函数为 $P(X=k)=\frac{\lambda^k}{c\cdot k!},\lambda>0,k=1,2,3,\cdots$，则 $c=($　　$)$.

(A) $\mathrm{e}^{-\lambda}$　　(B) e^{λ}　　(C) $\mathrm{e}^{-\lambda}-1$　　(D) $\mathrm{e}^{\lambda}-1$

3. 若随机变量 X 的概率密度 $f(x)=\begin{cases}8x, & x\in[0,A],\\ 0, & x\notin[0,A].\end{cases}$ 则 $A=($　　$)$.

(A) $\frac{1}{4}$　　(B) $\frac{1}{2}$　　(C) 1　　(D) 2

4. 在半径为 4 的圆内任意投掷一点，则此点到圆心的距离小于 2 的概率为________.

5. 如果 X 的概率密度函数为 $f(x)$，且 $f(-x)=f(x)$，那么可以证明：X 的分布函数 $F(x)$ 必然满足恒等式 $F(x)+F(-x)=$ ________.

6. 设随机变量 X 在区间 (a,b) 上服从均匀分布，那么，对任意小的正数 $e>0$ 及 $a<c<b$，必有概率 $P\{c<X<c+e\}=$ ________.

7. 一大楼有 5 个同类型的供水设备，调查表明在任一时刻 t，每个设备被使用的概率为 0.1，则在同一时刻

(1) 恰有 2 个设备被使用的概率是________；

(2) 至少有 3 个设备被使用的概率是________；

(3) 至多有 3 个设备被使用的概率是________；

(4) 至少有一个设备被使用的概率是________.

8. 证明：函数 $f(x)=\frac{1}{2}e^{-|x|}$，$-\infty<x<+\infty$ 是一个密度函数.

9. 设 $X\sim f(x)=\begin{cases}2x, & 0<x<1,\\ 0, & \text{其他}.\end{cases}$ 对 X 的三次独立重复观察中，事件 $\{X\leqslant 0.5\}$ 出现的次数为随机变量 Y，求 $P\{Y=2\}$.

10. 设连续型随机变量 X 的概率密度曲线如图 2-10 所示.

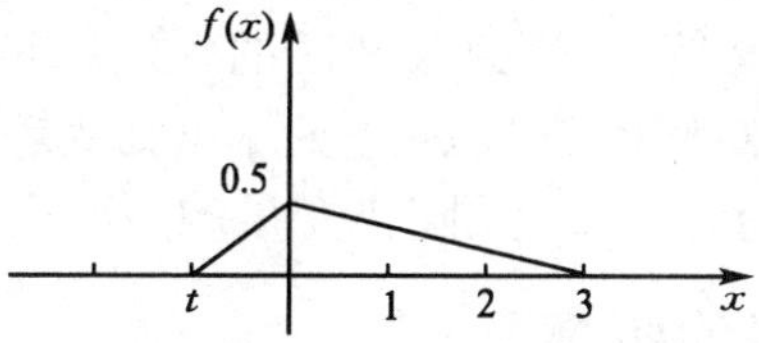

图 2-10

试求：(1) t 的值；(2) X 的概率密度；(3) $P(-2<X\leqslant 2)$.

11. 设 $X\sim N(0,1)$，求 $Y=2X^2+1$ 的概率密度.

12. 设随机变量 X 的概率密度为

$$f(x)=\begin{cases}A\cos x, & |x|<\frac{\pi}{2},\\ 0, & \text{其他}.\end{cases}$$

求(1) 常数 A；(2) 分布函数 $F(x)$；(3) $P\left\{0<X<\frac{\pi}{4}\right\}$.

13. 设随机变量 X 在 $(0,1)$ 服从均匀分布，求 $Y=-2\ln X$ 的概率密度.

14. 进行重复独立试验，设每次试验成功的概率为 p，失败的概率为 $q=1-p$，$0<p<1$.

(1) 将试验进行到出现一次成功为止，以 X 表示所需的失败试验次数，求 X 的分布律(此时称 X 服从以 p 为参数的几何分布)；

(2) 将试验进行到出现 r 次成功为止，以 Y 表示所需的试验次数，求 Y 的分布律(此时称 Y 服从以 r,p 为参数的巴斯卡分布).

15. 若某型号电子元件的使用寿命 $X\sim E\left(\frac{1}{10000}\right)$(单位：h)，(1) 写出概率密度 $f(x)$；(2) 求概率 $P(X\geqslant 15000)$；(3) 求这样的 5 个独立使用的元件在 15000h 后至多有两个能使用的概率.

第3章 二元随机变量及其分布

3 Zhang

3.1 二元随机变量及其联合分布

前面我们已经讨论了一元随机变量的情形，但在实际问题中，有些随机试验的结果需要同时用两个或两个以上的数来描述. 例如，研究射击时着弹点的位置，需要用它的横坐标 x 和纵坐标 y 这两个数来描述. 又例如，研究某地区的气候就是用气温 X_1、气压 X_2、温度 X_3、湿度 X_4 和风力 X_5 这五个数来确定，这些都是多元随机变量. 在这一章中，主要讨论**二元随机变量**，所得结论不难推导到 $n(n>2)$ 元随机变量的情况上去.

3.1.1 二元随机变量的概念

定义 3.1 **设随机试验 E 的样本空间 Ω 上任一个样本点 ω 如果能与唯一一个确定的数组 $(X_1,X_2,\cdots,X_n)$ 相对应，则 $X=(X_1,X_2,\cdots,X_n)$ 称为 n 元随机变量或 n 元随机向量，$X_i(i=1,2,\cdots,n)$ 称为 X 的第 i 个分量. 那么 (X,Y) 称为二元随机变量或二元随机向量.**

其直观意义如图 3-1 所示：

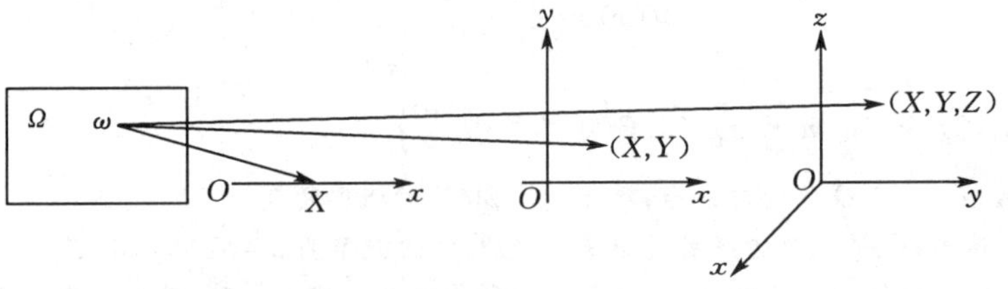

图 3-1

3.1.2 二元随机变量的分布函数

二元随机变量 (X,Y) 的性质不仅和 X,Y 有关，而且还依赖于这两个随机变量的相互关系. 因此，不仅要考虑其中每一个随机变量的概率分布，而且要把它们作为一个整体，考虑它们的联合概率分布.

1. 二元联合分布函数

一元随机变量有分布函数的概念，二元随机变量也有类似的定义.

定义 3.2 **设 (X,Y) 是二元随机变量，对于任意实数 (x,y)，二元函数**

$$F(x,y)=P(X\leqslant x\cap Y\leqslant y)=P(X\leqslant x,Y\leqslant y)$$

称为二元随机变量 (X,Y) 的分布函数，或称为随机变量 X 和 Y 的联合分布函数，其中

$$F_X(x)=P(X\leqslant x)=P(X\leqslant x,Y<+\infty)=F(x,+\infty),$$

$$F_Y(y) = P(Y \leqslant y) = P(X < +\infty, Y \leqslant y) = F(+\infty, y)$$

称为二元随机变量 (X,Y) 两个分量 X 与 Y 的边际分布函数.

显然,边际分布函数是由联合分布函数唯一确定的.

2. 二元联合分布函数的几何意义

分布函数 $F(x,y)$ 表示事件 $(X \leqslant x)$ 和事件 $(Y \leqslant y)$ 同时发生的概率,在几何上, $F(x,y)$ 表示平面上的随机点 (x,y) 落在以 (x,y) 为右上顶点的无穷矩形中的概率,如图 3-2 所示.

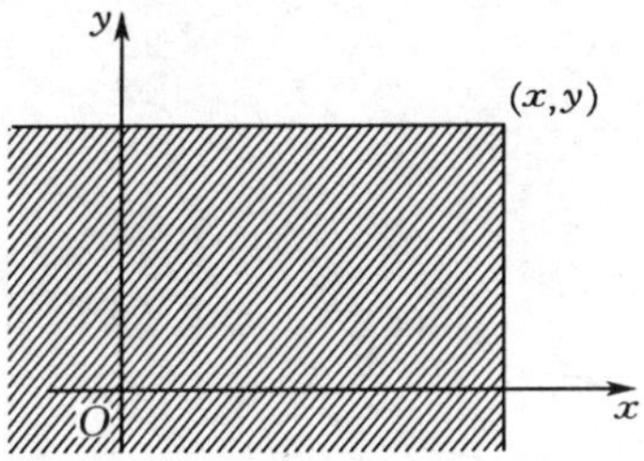

图 3-2

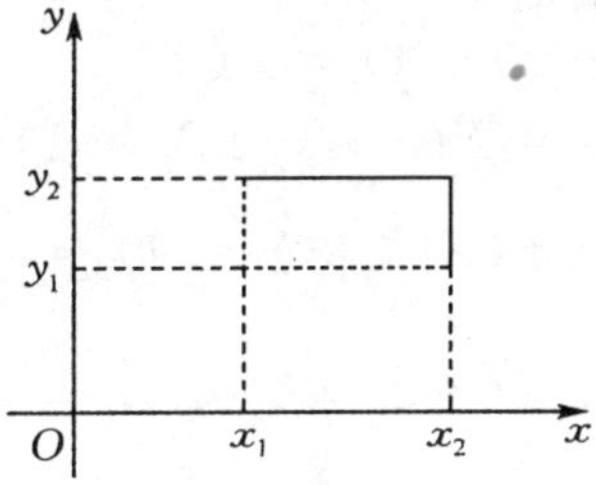

图 3-3

由几何意义可知,随机点 (X,Y) 落在矩形区域 $(x_1 < X \leqslant x_2, y_1 < Y \leqslant y_2)$ 内的概率为 $P(x_1 < X \leqslant x_2, y_1 < Y \leqslant y_2) = F(x_2,y_2) - F(x_1,y_2) - F(x_2,y_1) + F(x_1,y_1)$. 其图形如图 3-3 所示.

3. 二元联合分布函数的性质

(1) $F(x,y)$ 分别是 x 和 y 的单调不减函数,即对任意固定的 y,当 $x_2 > x_1$ 时,有

$$F(x_2,y) \geqslant F(x_1,y);$$

对任意固定的 x,当 $y_2 > y_1$ 时,有

$$F(x,y_2) \geqslant F(x,y_1);$$

(2) 对任意的 x 和 y,有 $0 \leqslant F(x,y) \leqslant 1$,且对任意固定的 y 有

$$F(-\infty,y) = 0;$$

对任意固定的 x 有

$$F(x,-\infty) = 0,\ F(-\infty,-\infty) = 0,\ F(+\infty,+\infty) = 1;$$

(3) $F(x,y)$ 分别关于 x 和 y 均右连续,即

$$F(x+0,y) = F(x,y),\ F(x,y+0) = F(x,y);$$

(4) 对任意固定的 $x_1 < x_2, y_1 < y_2$,

$$P(x_1 < X \leqslant x_2,\ y_1 < Y \leqslant y_2) = F(x_2,y_2) - F(x_1,y_2) - F(x_2,y_1) + F(x_1,y_1).$$

例 1　判断二元函数 $F(x,y) = \begin{cases} 1, x+y > -1, \\ 0, x+y \leqslant -1 \end{cases}$ 是否能成为某二元随机变量的分布函数.

解　显然 $F(x,y)$ 满足性质(1)、(2)、(3) 但不满足(4),因为,若令 $x_1 = -1, x_2 = 1, y_1 = -1, y_2 = 1$,则

$$F(1,1) - F(-1,1) - F(1,-1) + F(-1,-1) = 1 - 1 - 1 + 0 < 0,$$

所以,$F(x,y)$ 不能作为某二元随机变量的分布函数.

例 2　二元随机变量 (X,Y) 的分布律如表 3-1 所示:

表 3-1

$X \backslash Y$	0	1
0	$\frac{1}{8}$	$\frac{1}{4}$
1	$\frac{1}{2}$	$\frac{1}{8}$

求 $F(x,y)$ 在 $(-1,-1)$, $(-1,1)$, $(0,1)$, $(1,1)$ 的值.

解 $F(-1,-1)=P(X\leqslant -1,Y\leqslant -1)=0$,

$F(-1,1)=P(X\leqslant -1,Y\leqslant 1)=0$,

$$F(0,1)=P(X\leqslant 0,Y\leqslant 1)=\frac{1}{8}+\frac{1}{4}=\frac{3}{8},$$

$$F(1,1)=P(X\leqslant 1,Y\leqslant 1)=\frac{1}{8}+\frac{1}{4}+\frac{1}{2}+\frac{1}{8}=1.$$

习题 3.1

1. 判断下列各题是否正确:
   (1) 由 (X,Y) 的分布可以确定 X 和 Y 的边际分布(　　);
   (2) 由 X 和 Y 的边际分布可以确定 (X,Y) 的分布(　　).
2. 设二元随机变量 (X,Y) 的分布函数为 $F(x,y)$,求 (X,Y) 落在区域 D(如图 3-4 所示)的概率.

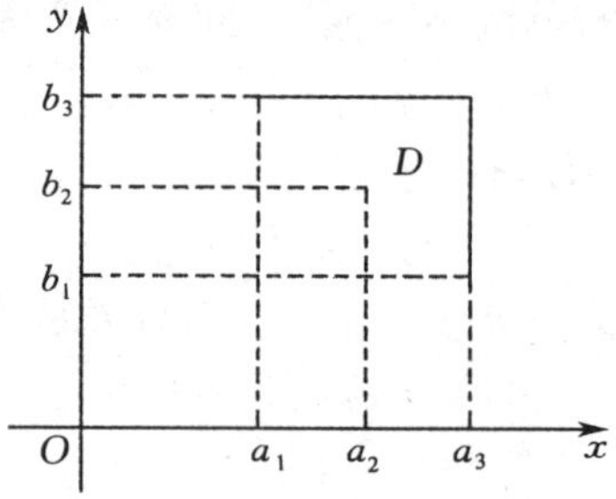

图 3-4

3. 设随机变量 (X,Y) 的分布函数为 $F(x,y)=A\left(\arctan\frac{x}{4}+B\right)\left(\arctan\frac{y}{5}+C\right)$,求 A,B,C 的值.

3.2 二元离散型随机变量的分布

3.2.1 二元离散型随机变量的概念及其联合分布

1. 概念

定义 3.3 若二元随机变量 (X,Y) 所有可能取值的数对 (x_i,y_j), $i,j=1,2,3,\cdots$ 是有限多个或可列无穷多个,则称 (X,Y) 为二元离散型随机变量.

2. 联合分布律

将 (X,Y) 的分布律用表格形式来表示,得 (X,Y) 的联合分布如表 3-2 所示:

表 3-2

$X \backslash Y$	y_1	y_2	…	y_j	…
x_1	p_{11}	p_{12}	…	p_{1j}	…
x_2	p_{21}	p_{22}	…	p_{2j}	…
⋮	…	…	…	…	…
x_i	p_{i1}	p_{i2}	…	p_{ij}	…

并称 p_{ij} 为(X,Y) 的**联合分布律**.

其中
$$\begin{cases} P(X=x_i,Y=y_j)=p_{ij},i,j=1,2,\cdots, \\ 0\leqslant p_{ij}\leqslant 1,\ i,j=1,2\cdots, \\ \sum\limits_{i=1}^{\infty}\sum\limits_{j=1}^{\infty}p_{ij}=1. \end{cases}$$

例 1　将两个球随机地放入编号为1,2,3的盒子中,令 X 为放入1号盒中的球数,Y 为放入 2 号盒中的球数,试求(X,Y) 的分布律,并计算 $P(X=Y)$,$P(X>Y)$ 及 $P(X+Y=2)$.

解　X 的所有可能取值为 0,1,2;Y 的所有可能取值为 0,1,2,则

$$P(X=0,Y=0)=\frac{1}{3^2}=\frac{1}{9},$$
$$P(X=0,Y=1)=\frac{2}{3^2}=\frac{2}{9},$$
$$P(X-0,Y-2)-\frac{1}{3^2}-\frac{1}{9},$$
$$P(X=1,Y=0)=\frac{2}{3^2}=\frac{2}{9},$$
$$P(X=1,Y=1)=\frac{2}{3^2}=\frac{2}{9},$$
$$P(X=1,Y=2)=0,$$
$$P(X=2,Y=0)=\frac{1}{3^2}=\frac{1}{9},$$
$$P(X=2,Y=1)=0,$$
$$P(X=2,Y=2)=0.$$

由此得(X,Y) 的分布律如表 3-3 所示:

表 3-3

$X \backslash Y$	0	1	2
0	$\frac{1}{9}$	$\frac{2}{9}$	$\frac{1}{9}$
1	$\frac{2}{9}$	$\frac{2}{9}$	0
2	$\frac{1}{9}$	0	0

由此还可以计算出

$$P(X=Y)=P_{00}+P_{11}+P_{22}=\frac{1}{3},$$

$$P(X>Y)=P_{10}+P_{20}+P_{21}=\frac{1}{3},$$

$$P(X+Y=2)=P_{02}+P_{11}+P_{20}=\frac{4}{9}.$$

3.2.2 二元离散型随机变量的边际分布

定义 3.4 设 (X,Y) 是二元随机变量,其分布律为

$$P_{ij}=P(X=x_i,Y=y_j),\ i,j=1,2,\cdots,$$

则分量 X 的分布律

$$P(X=x_i)=\sum_j P_{ij}=P_{i\cdot},i,=1,2,\cdots$$

称为 (X,Y) 关于 X 的边际分布律.

分量 Y 的分布律

$$P(Y=y_j)=\sum_i P_{ij}=P_{\cdot j},\ j=1,2,\cdots$$

称为 (X,Y) 关于 Y 的边际分布律.

离散型随机变量 (X,Y) 的边际分布律有以下性质:

(1) $0\leqslant P_{i\cdot}\leqslant 1,0\leqslant P_{\cdot j}\leqslant 1$;

(2) $\sum_i P_{i\cdot}=1,\sum_j P_{\cdot j}=1$.

例 2 现有 1,2,3 这三个整数,X 表示从这三个数字中随机抽取的一个整数,Y 表示从 $1\sim X$ 中随机抽取的一个整数,试求 (X,Y) 的边际分布.

解 先求 (X,Y) 的分布律,X 与 Y 的取值都是 1,2,3,且 $Y\leqslant X$,

当 $i<j$ 时,$P(X=i,Y=j)=0$,

当 $i\geqslant j$ 时,$P(X=i,Y=j)=\frac{1}{3}\cdot\frac{1}{i}$, $i=1,2,3$

再由 $\sum_j P_{ij}=P_{i\cdot}$ 及 $\sum_i P_{ij}=P_{\cdot j}$ 可得 (X,Y) 的分布律与 (X,Y) 关于 X,Y 的边际分布律如表 3-4 所示:

表 3-4

X \ Y	1	2	3	$P_{i\cdot}$
1	$\frac{1}{3}$	0	0	$\frac{1}{3}$
2	$\frac{1}{6}$	$\frac{1}{6}$	0	$\frac{1}{3}$
3	$\frac{1}{9}$	$\frac{1}{9}$	$\frac{1}{9}$	$\frac{1}{3}$
$P_{\cdot j}$	$\frac{11}{18}$	$\frac{5}{18}$	$\frac{2}{18}$	1

3.2.3　二元离散型随机变量的条件分布

定义 3.5　设(X,Y)为二元离散型随机变量，对于固定的 j，若 $P(Y=y_j)>0$，则称

$$P(X=x_i|Y=y_j)=\frac{P(X=x_i,Y=y_j)}{P(Y=y_j)}=\frac{p_{ij}}{p_{\cdot j}},i=1,2,\cdots$$

为在 $Y=y_i$ 条件下随机变量 X 的条件分布律.

同样，称 $P(Y=y_j|X=x_i)=\dfrac{P(X=x_i,Y=y_j)}{P(X=x_i)}=\dfrac{p_{ij}}{p_{i\cdot}},j=1,2,\cdots$

为在 $X=x_i$ 条件下随机变量 Y 的条件分布律.

例 3　已知(X,Y)的联合分布律如表 3-5 所示：

表 3-5

X \ Y	0	1	2	$P_{i\cdot}$
0	0	$\frac{2}{15}$	$\frac{3}{15}$	$\frac{1}{3}$
1	$\frac{1}{15}$	$\frac{6}{15}$	$\frac{3}{15}$	$\frac{2}{3}$
$P_{\cdot j}$	$\frac{1}{15}$	$\frac{8}{15}$	$\frac{6}{15}$	1

求：(1) 当 $X=0$ 时 Y 的条件分布律；

(2) 当 $Y=0$ 时 X 的条件分布律.

解　(1) 由联合分布律可知条件分布律，得

$$P(Y=0|X=0)=\frac{P(X=0,Y=0)}{P(X=0)}=0,$$

$$P(Y=1|X=0)=\frac{P(X=0,Y=1)}{P(X=0)}=\frac{2}{5},$$

$$P(Y=2|X=0)=\frac{P(X=0,Y=2)}{P(X=0)}=\frac{3}{5}.$$

即在 $X=0$ 的条件下，Y 的分布律如表 3-6 所示：

表 3-6

Y	0	1	2
$P(Y\|X=0)$	0	$\frac{2}{5}$	$\frac{3}{5}$

类似地，也可求出当 $X=1$ 时 Y 的条件分布律.

(2) 同理，可求得在 $Y=0$ 条件下 X 的条件分布律如表 3-7 所示：

表 3-7

X	0	1
$P(X\|Y=0)$	0	1

习题 3.2

1. 盒子里有 5 只球,其中 3 只为白球,2 只为红球,从盒子中任取 3 只球,以 X 表示取到的白球的只数,Y 表示取到的红球的只数,求 X 和 Y 的联合分布律和边际分布律,并求在 $X=1$ 条件下 Y 的条件分布律及 $Y=1$ 时 X 的条件分布律.
2. 已知(X,Y) 的分布律如表 3-8 所示:

表 3-8

X \ Y	1	2	3
0	0	$\frac{1}{3}$	$\frac{1}{4}$
1	$\frac{a}{6}$	a^2	$\frac{1}{4}$

求常数 a.

3. 将一枚硬币投掷3次,以 X 表示前两次中正面出现的次数,Y 表示 3 次中正面出现的次数,求(X,Y) 的分布律以及边际分布律,并求 $X=1$ 时 Y 的条件分布律及 $Y=1$ 时 X 的条件分布律.

3.3 二元连续型随机变量及其分布

3.3.1 二元连续型随机变量的概念及其分布函数

定义 3.6 设随机变量(X,Y) 的分布函数为 $F(x,y)$,如果存在非负可积函数 $f(x,y)$,使得对任意的实数 x,y,有

$$F(x,y)=\int_{-\infty}^{x}\int_{-\infty}^{y}f(u,v)\mathrm{d}u\mathrm{d}v,$$

则称(X,Y)为二元连续型随机变量,称 $f(x,y)$ 为(X,Y) 的联合概率密度或 X 和 Y 的概率密度,记作$(X,Y)\sim f(x,y)$.

联合概率密度 $f(x,y)$ 具有如下性质:

(1) $f(x,y)\geqslant 0,\quad -\infty<x,y<+\infty$;

(2) $\int_{-\infty}^{+\infty}\int_{-\infty}^{+\infty}f(x,y)\mathrm{d}x\mathrm{d}y=F(+\infty,+\infty)=1$,

$F(x,-\infty)=0, F(-\infty,y)=0, F(-\infty,-\infty)=0$;

(3) 若 $f(x,y)$ 在(x,y) 处连续,则有$\frac{\partial^2 F(x,y)}{\partial x\partial y}=f(x,y)$;

(4) 随机变量(X,Y) 落入平面区域 G 内的概率为 $P\{(X,Y)\in G\}=\iint\limits_{G}f(x,y)\mathrm{d}x\mathrm{d}y$.

在几何上,$z=f(x,y)$ 表示空间的一个曲面,$P\{(X,Y)\in G\}$ 的值等于以 G 为底,以曲面 $z=f(x,y)$ 为顶的曲顶柱体的体积.

例 1 设二元随机变量(X,Y) 的概率密度为

$$f(x,y)=\begin{cases}Ce^{-(3x+4y)}, & x>0,y>0,\\ 0, & \text{其他}.\end{cases}$$

求：(1) 常数 C；

(2) (X,Y) 的分布函数；

(3) $P(0<x<1,0<y<2)$.

解　(1) 由概率密度函数的性质，有

$$1=\int_{-\infty}^{+\infty}\int_{-\infty}^{+\infty}f(x,y)\mathrm{d}x\mathrm{d}y=C\int_{0}^{+\infty}\mathrm{e}^{-3x}\mathrm{d}x\int_{0}^{+\infty}\mathrm{e}^{-4y}\mathrm{d}y=\frac{C}{12},$$

得 $C=12$；

(2) 当 $x\leqslant 0$ 或 $y\leqslant 0$ 时，$F(x,y)=0$；

当 $x>0$ 且 $y>0$ 时，

$$F(x,y)=\int_{-\infty}^{x}\int_{-\infty}^{y}f(u,v)\mathrm{d}u\mathrm{d}v=12\int_{0}^{x}\int_{0}^{y}\mathrm{e}^{-(3u+4v)}\mathrm{d}u\mathrm{d}v=(1-\mathrm{e}^{-3x})(1-\mathrm{e}^{-4y}),$$

即
$$F(x,y)=\begin{cases}(1-\mathrm{e}^{-3x})(1-\mathrm{e}^{-4y}), & x>0,y>0,\\ 0, & \text{其他；}\end{cases}$$

(3)
$$P(0<x<1,0<y<2)=\iint\limits_{\substack{0<x<1\\0<y<2}}f(x,y)\mathrm{d}x\mathrm{d}y=12\int_{0}^{1}\int_{0}^{2}\mathrm{e}^{-(3x+4y)}\mathrm{d}x\mathrm{d}y$$
$$=(1-\mathrm{e}^{-3})(1-\mathrm{e}^{-8}).$$

3.3.2　边际分布函数

定义 3.7　**设** (X,Y) **是二元连续型随机变量，其概率密度为** $f(x,y)$，**边际分布函数分别是** $F(x,+\infty)=\int_{-\infty}^{x}(\int_{-\infty}^{+\infty}f(u,v)\mathrm{d}v)\mathrm{d}u$ **和** $F(+\infty,y)=\int_{-\infty}^{y}(\int_{-\infty}^{+\infty}f(u,v)\mathrm{d}u)\mathrm{d}v$，**则分量** X **和** Y **的概率密度函数** $f_X(x)$ **和** $f_Y(y)$ **称为** (X,Y) **关于** X(**或** Y) **的边际概率密度. 且**

$$f_X(x)=\int_{-\infty}^{+\infty}f(x,y)\mathrm{d}y,\quad -\infty<x<+\infty,$$

$$f_Y(y)=\int_{-\infty}^{+\infty}f(x,y)\mathrm{d}x,\quad -\infty<y<+\infty.$$

例 2　设随机变量 X 和 Y 具有联合概率密度函数

$$f(x,y)=\begin{cases}6, x^2\leqslant y\leqslant x, 0\leqslant x\leqslant 1,\\ 0, \text{其他.}\end{cases}$$

求 $f_X(x)$，$f_Y(y)$.

解　当 $x<0$ 或 $x>1$ 时，$f_X(x)=0$，

当 $0\leqslant x\leqslant 1$ 时，有

$$f_X(x)=\int_{-\infty}^{+\infty}f(x,y)\mathrm{d}y=\int_{x^2}^{x}6\mathrm{d}y=6(x-x^2),$$

综上所述，X 的边际概率密度函数为

$$f_X(x)=\begin{cases}6(x-x^2), & 0\leqslant x\leqslant 1,\\ 0, & \text{其他.}\end{cases}$$

同理可得

$$f_Y(y)=\begin{cases}6(\sqrt{y}-y), & 0\leqslant y\leqslant 1,\\ 0, & \text{其他.}\end{cases}$$

3.3.3 二元均匀分布及正态分布

下面给出两种常用的二元连续型随机变量的分布,二元均匀分布和二元正态分布.

1. 均匀分布

定义 3.8 设 G 是平面上的有界区域,其面积为 S,若二元随机变量 (X,Y) 具有概率密度函数

$$f(x,y)=\begin{cases}\dfrac{1}{S}, & (x,y)\in G,\\ 0, & \text{其他}.\end{cases}$$

则称 (X,Y) 在 G 上服从均匀分布,记为 $(X,Y)\sim U_G$.

二元均匀分布有以下两种特殊情况:

(1) G 为矩形区域:$a\leqslant x\leqslant b,c\leqslant y\leqslant d$,有

$$f(x,y)=\begin{cases}\dfrac{1}{(b-a)(d-c)}, & a\leqslant x\leqslant b,c\leqslant y\leqslant d,\\ 0, & \text{其他}.\end{cases}$$

$$f_X(x)=\begin{cases}\dfrac{1}{b-a}, & a\leqslant x\leqslant b,\\ 0, & \text{其他}.\end{cases}$$

$$f_Y(x)=\begin{cases}\dfrac{1}{d-c}, & c\leqslant y\leqslant d,\\ 0, & \text{其他}.\end{cases}$$

(2) G 为圆形区域:$x^2+y^2\leqslant R^2$,有

$$f(x,y)=\begin{cases}\dfrac{1}{\pi R^2}, & x^2+y^2\leqslant R^2,\\ 0, & \text{其他}.\end{cases}$$

$$f_X(x)=\begin{cases}\dfrac{2}{\pi R^2}\sqrt{R^2-x^2}, & -R<x<R,\\ 0, & \text{其他}.\end{cases}$$

例 3 设二元随机变量 (X,Y) 在圆域 $x^2+y^2\leqslant 4$ 上服从均匀分布,求 (X,Y) 的概率密度和关于 X 及关于 Y 的边际概率密度.

解 圆域 $x^2+y^2\leqslant 4$ 的面积 $S=4\pi$,故 (X,Y) 的概率密度为

$$f(x,y)=\begin{cases}\dfrac{1}{4\pi}, & x^2+y^2\leqslant 4,\\ 0, & \text{其他}.\end{cases}$$

边际密度为

$$f_X(x)=\int_{-\infty}^{+\infty}f(x,y)\mathrm{d}y=\begin{cases}\displaystyle\int_{-\sqrt{4-x^2}}^{\sqrt{4-x^2}}\frac{1}{4\pi}\mathrm{d}y=\frac{1}{2\pi}\sqrt{4-x^2}, & -2<x<2,\\ 0, & \text{其他}.\end{cases}$$

$$f_Y(y)=\begin{cases}\dfrac{2}{\pi 2^2}\sqrt{2^2-y^2}, & -2<y<2,\\ 0, & \text{其他}.\end{cases}$$

2. 正态分布

定义 3.9　设二元随机变量具有概率密度

$$f(x,y)=\frac{1}{2\pi\sigma_1\sigma_2\sqrt{1-\rho^2}}\mathrm{e}^{-\frac{1}{2(1-\rho^2)}\left[\frac{(x-u_1)^2}{\sigma_1{}^2}-2\rho\frac{(x-u_1)(y-u_2)}{\sigma_1\sigma_2}+\frac{(y-u_2)^2}{\sigma_2{}^2}\right]},-\infty<x<+\infty,-\infty<y<+\infty,$$

其中 $u_1,u_2,\sigma_1^2,\sigma_2^2$ 均为常数，且 $\sigma_1>0,\sigma_2>0,-1<\rho<1$，则称 (X,Y) 服从参数为 u_1，$u_2,\sigma_1^2,\sigma_2^2,\rho$ 的二元正态分布，记为：$(X,Y)\sim N(u_1,u_2,\sigma_1^2,\sigma_2^2,\rho)$.

3.3.4　条件分布

对于连续型随机变量 (X,Y)，因为 $P(X=x)=0,P(Y=y)=0$，所以不能用条件概率公式来定义条件分布函数.

定义 3.10　设二元连续型随机变量 (X,Y) 的分布函数为 $F(x,y)$，概率密度为 $f(x,y)$，边缘概率密度为 $f_X(x),f_Y(y)$，则对于一切 $f_Y(y)>0$ 的 y，给定在 $Y=y$ 的条件下 X 的条件分布函数和条件概率密度函数分别为

$$F_{X|Y}(x\mid y)=P(X\leqslant x|Y=y)=\int_{-\infty}^{x}\frac{f(u,y)}{f_Y(y)}\mathrm{d}u;$$

$$f_{X|Y}(x\mid y)=\frac{f(x,y)}{f_Y(y)}.$$

同理，对一切使得 $f_X(x)>0$ 的 x，给定在 $X=x$ 条件下 y 的条件分布函数和条件概率密度分别为

$$F_{Y|X}(y\mid x)=P(Y\leqslant y\mid X=x)=\int_{-\infty}^{y}\frac{f(x,v)}{f_X(x)}\mathrm{d}v;$$

$$f_{Y|X}(y\mid x)=\frac{f(x,y)}{f_X(x)}.$$

例 4　设二元连续型随机变量 (X,Y) 的概率密度为

$$f(x,y)=\begin{cases}8xy, & 0\leqslant x\leqslant 1,0\leqslant y\leqslant x,\\0, & 其他.\end{cases}$$

求 $f_{X|Y}(x|y),f_{Y|X}(y|x)$.

解　先求边际概率密度

$$f_X(x)=\int_{-\infty}^{+\infty}f(x,y)\mathrm{d}y=\begin{cases}\int_0^x 8xy\,\mathrm{d}y=4x^3, & 0\leqslant x\leqslant 1,\\0, & 其他.\end{cases}$$

$$f_Y(y)=\int_{-\infty}^{+\infty}f(x,y)\mathrm{d}x=\begin{cases}\int_y^1 8xy\,\mathrm{d}x=4y(1-y^2), & 0\leqslant y\leqslant 1,\\0, & 其他.\end{cases}$$

再求条件概率密度

$$f_{X|Y}(x|y)=\frac{f(x,y)}{f_Y(y)}=\begin{cases}\frac{2x}{1-y^2}, & 0\leqslant x\leqslant 1,0\leqslant y\leqslant x,\\0, & 其他.\end{cases}$$

$$f_{Y|X}(y|x)=\frac{f(x,y)}{f_X(x)}=\begin{cases}\frac{2y}{x^2}, & 0\leqslant x\leqslant 1,0\leqslant y\leqslant x,\\0, & 其他.\end{cases}$$

综上所述,关于二元随机变量的一些概念,容易推广到 n 元随机变量的情况,例如,对于任意 n 个实数 $x_1,x_2,\cdots,x_n$,n 元函数

$$F(x_1,x_2,\cdots,x_n)=P(X_1\leqslant x_1,X_2\leqslant x_2,\cdots,X_n\leqslant x_n)$$

称为 **n 元随机变量 $(x_1,x_2,\cdots,x_n)$ 的分布函数**,它有类似于二元随机变量的分布函数的性质.

3.4 随机变量的独立性

我们知道,随机事件的独立性在概率的计算中起着很重要的作用,现在把两个事件独立的概念推广到两个随机变量相互独立,这是一个十分重要的概念.

定义 3.11 设二元随机变量 (X,Y) 的分布函数为 $F(x,y)$,X 和 Y 的边际分布函数分别为 $F_X(x)$ 和 $F_Y(y)$,对于任意实数 x,y,若事件 $(X\leqslant x)$ 和 $(Y\leqslant y)$ 相互独立,即

$$P(X\leqslant x,Y\leqslant y)=P(X\leqslant x)P(Y\leqslant y)$$

或
$$F(x,y)=F_X(x)F_Y(y),$$

则称随机变量 X 与 Y 相互独立.

定理 3.1 若 (X,Y) 是二元离散型随机变量,其联合分布律为 $P_{ij}=P(X=x_i,Y=y_j)$,边际分布律分别为 $P_{i\cdot}=P(X=x_i)$ 和 $P_{\cdot j}=P(Y=y_j)$,则对 (X,Y) 的所有可能取值 (x_i,y_j),有 X 与 Y 独立的充要条件是

$$P_{ij}=P_{i\cdot}P_{\cdot j},i,j=1,2,\cdots.$$

若 (X,Y) 是二元连续型随机变量,则 X 与 Y 独立的充要条件是 $f(x,y)=f_X(x)\cdot f_Y(y)$ 对 (x,y) 几乎处处成立.

其中 $f(x,y)$ 为 (X,Y) 的联合概率密度,$f_X(x)$,$f_Y(y)$ 分别是关于 X,Y 的边际概率密度.

证明从略.

例 1 若二元随机变量 (X,Y) 具有联合分布律如表 3-9 所示:

表 3-9

X \ Y	0	1	$P_{i\cdot}$
0	$\frac{16}{81}$	$\frac{20}{81}$	$\frac{4}{9}$
1	$\frac{20}{81}$	$\frac{25}{81}$	$\frac{5}{9}$
$P_{\cdot j}$	$\frac{4}{9}$	$\frac{5}{9}$	1

试判断 X,Y 是否相互独立.

解 $P(X=0,Y=0)=\dfrac{16}{81}=P(X=0)P(Y=0)$,

$$P(X=0,Y=1)=\frac{20}{81}=P(X=0)P(Y=1),$$

$$P(X=1,Y=0)=\frac{20}{81}=P(X=1)P(Y=0),$$

$$P(X=1,Y=1)=\frac{25}{81}=P(X=1)P(Y=1),$$

因此，X 与 Y 相互独立.

例 2　试判断 3.3 节例 4 中 X 与 Y 是否相互独立.

解　为判断连续型随机变量 X 与 Y 是否相互独立，只需看 X 和 Y 边缘概率密度函数的乘积是否等于 X 与 Y 的联合概率密度. 由例 4 知 X 与 Y 的边缘概率密度分别为

$$f_X(x)=\begin{cases}4x^3,\ 0\leqslant x\leqslant 1,\\ 0,\quad 其他.\end{cases}$$

$$f_Y(y)=\begin{cases}4y(1-y^2),\ 0\leqslant y\leqslant 1,\\ 0,\quad 其他.\end{cases}$$

而 (X,Y) 的概率密度为

$$f(x,y)=\begin{cases}8xy,\ 0\leqslant x\leqslant 1,0\leqslant y\leqslant x,\\ 0,\quad 其他.\end{cases}$$

由于当 $0\leqslant x\leqslant 1,0\leqslant y\leqslant 1$ 时，

$$f(x,y)\neq f_X(x)\cdot f_Y(y),$$

所以 X 与 Y 不相互独立.

例 3　设 $(X,Y)\sim N(u_1,u_2,\sigma_1^2,\sigma_2^2,\rho)$，试考虑 X 与 Y 的独立性.

解　X 与 Y 的联合概率密度为

$$f(x,y)=\frac{1}{2\pi\sigma_1\sigma_2\sqrt{1-\rho^2}}e^{\frac{-1}{2(1-\rho^2)}\left[\frac{(y-u_2)^2}{\sigma_2^2}-2\rho\frac{(x-u_1)}{\sigma_1}\frac{(y-u_2)}{\sigma_2}+\frac{(x-u_1)^2}{\sigma_1^2}\right]}.$$

其边缘概率密度分别为(具体求法见第 4 章 4.3 节例 3)

$$f_X(x)=\frac{1}{\sqrt{2\pi}\sigma_1}e^{-\frac{(x-u_1)^2}{2\sigma_1^2}},-\infty<x<+\infty;$$

$$f_Y(y)=\frac{1}{\sqrt{2\pi}\sigma_2}e^{-\frac{(y-u_2)^2}{2\sigma_2^2}},-\infty<y<+\infty.$$

于是　$$f_X(x)f_Y(y)=\frac{1}{2\pi\sigma_1\sigma_2}e^{-\frac{1}{2}\left[\frac{(x-u_1)^2}{\sigma_1^2}+\frac{(y-u_2)^2}{\sigma_2^2}\right]}.$$

比较 $f(x,y)$ 与 $f_X(x)f_Y(y)$ 可知，若 $\rho=0$，则对任意 x,y，有 $f(x,y)=f_X(x)f_Y(y)$，即 X 与 Y 相互独立. 反之，若 X 与 Y 相互独立，则对所有的 x,y，有 $f(x,y)=f_X(x)f_Y(y)$. 特别地，令 $x=u_1,y=u_2$ 得到

$$\frac{1}{2\pi\sigma_1\sigma_2\sqrt{1-\rho^2}}=\frac{1}{2\pi\sigma_1\sigma_2},$$

从而 $\rho=0$.

综合上述，对于二元正态随机变量 (X,Y)，X 和 Y 相互独立的充要条件是参数 $\rho=0$.

习题 3.3、习题 3.4

1. 袋中有 4 个白球及 5 个红球，现从中随机抽取两次，每次取一个，定义随机变量 X,Y 如下：

$$X=\begin{cases}0,第一次摸出白球,\\ 1,第一次摸出红球;\end{cases}\quad Y=\begin{cases}0,第二次摸出白球,\\ 1,第二次摸出红球.\end{cases}$$

试判断在有放回抽样情况下,X 与 Y 是否相互独立.

2. 设随机变量 X 与 Y 相互独立,下表列出了二元随机变量 (X,Y) 的联合分布律以及边际分布律中的部分数值,如表 3-10 所示,试将其余数值填入表中空白处.

表 3-10

$X \backslash Y$	1	2	3	$P_{i\cdot}$
0			0.18	
1		0.14		
$P_{\cdot j}$		0.2		

3. 设 $(X,Y) \sim N(0,0,1,1,\rho)$,求条件概率密度 $f_{X|Y}(x|y)$,$f_{Y|X}(y|x)$.

4. 一负责人到办公室的时间均匀分布在 8 ~ 12 小时,他的秘书到达办公室的时间均匀分布在 7 ~ 9 小时,设他们两个人到达时间相互独立,求他们到达办公室时间相差不到 5 分钟的概率.

5. 设随机变量 $X \sim U(0,1)$,当观察到 $X = x(0 < x < 1)$ 时,$Y \sim U(x,1)$,求 Y 的概率密度.

3.5 二元随机变量函数的分布

我们在前面已经知道一元随机变量函数的分布,但我们在实际问题中,有时需要讨论两个随机变量函数的分布问题,即已知二元随机变量 (X,Y) 的分布律或概率密度,求 $Z = g(X,Y)$ 的分布律或概率密度问题.

3.5.1 二元离散型随机变量函数的分布

设 (X,Y) 为二元离散型随机变量,则函数 $Z = g(X,Y)$ 为一元离散型随机变量. 从以下两例可知离散型随机变量的分布律是不难获得的.

例 1 设 (X,Y) 的联合分布律如表 3-11 所示:

表 3-11

$X \backslash Y$	-1	1	2
-1	$\frac{5}{20}$	$\frac{2}{20}$	$\frac{6}{20}$
2	$\frac{3}{20}$	$\frac{1}{20}$	$\frac{3}{20}$

试分别求:(1) $Z_1 = X + Y$, (2) $Z_2 = XY$ 的分布律.

解 将 (X,Y) 以及 (X,Y) 的两个函数的取值与对应的概率列表,如表 3-12 所示:

表 3-12

$P(X = x_i, Y = y_j)$	$\frac{5}{20}$	$\frac{2}{20}$	$\frac{6}{20}$	$\frac{3}{20}$	$\frac{1}{20}$	$\frac{3}{20}$
(X,Y)	$(-1,-1)$	$(-1,1)$	$(-1,2)$	$(2,-1)$	$(2,1)$	$(2,2)$
$Z_1 = X + Y$	-2	0	1	1	3	4
$Z_2 = XY$	1	-1	-2	-2	2	4

整理后得 Z_1,Z_2 的分布律如表 3-13 和表 3-14 所示：

表 3-13

Z_1	-2	0	1	3	4
p	$\frac{5}{20}$	$\frac{2}{20}$	$\frac{9}{20}$	$\frac{1}{20}$	$\frac{3}{20}$

表 3-14

Z_2	-2	-1	1	2	4
p	$\frac{9}{20}$	$\frac{2}{20}$	$\frac{5}{20}$	$\frac{1}{20}$	$\frac{3}{20}$

例 2　设 X,Y 相互独立，且分别服从参数为 λ_1 与 λ_2 泊松分布，求 $Z=X+Y$ 的分布.

解　由题意 $P(X=i)=\frac{\lambda_1^i e^{-\lambda_1}}{i!},\ i=0,1,2,\cdots;$

$$P(Y=j)=\frac{\lambda_2^j e^{-\lambda_2}}{j!},\ j=0,1,2,\cdots.$$

Z 的所有可能取值为 $0,1,2,\cdots$，Z 的分布律为

$$\begin{aligned}P(Z=k)&=P(X+Y=k)\\&=\sum_{i=0}^{k}P(X=i)P(Y=k-i)\\&=\sum_{i=0}^{k}\frac{\lambda_1^i e^{-\lambda_1}}{i!}\frac{\lambda_2^{k-i}e^{-\lambda_2}}{(k-i)!}=e^{-(\lambda_1+\lambda_2)}\sum_{i=0}^{k}\frac{\lambda_1^i\lambda_2^{k-i}}{i!(k-i)!}\\&=\frac{e^{-(\lambda_1+\lambda_2)}}{k!}\sum_{i=0}^{k}\frac{k!}{i!(k-i)!}\lambda_1^i\lambda_2^{k-i}=\frac{e^{-(\lambda_1+\lambda_2)}}{k!}(\lambda_1+\lambda_2)^k,\ k=0,1,2,\cdots,\end{aligned}$$

即 $Z=X+Y\sim P(\lambda_1+\lambda_2)$.

3.5.2　二元连续型随机变量函数的分布

1. $Z=X+Y$ 的分布

设 (X,Y) 的概率密度为 $f(x,y)$，则 $Z=X+Y$ 的分布函数为

$$\begin{aligned}F_Z(z)=P(Z\leqslant z)&=\iint_{x+y\leqslant z}f(x,y)\mathrm{d}x\mathrm{d}y\\&=\int_{-\infty}^{+\infty}\left[\int_{-\infty}^{z-y}f(x,y)\mathrm{d}x\right]\mathrm{d}y\\&=\int_{-\infty}^{+\infty}\left[\int_{-\infty}^{z-x}f(x,y)\mathrm{d}y\right]\mathrm{d}x.\end{aligned}$$

作变换 $y=u-x$，$\mathrm{d}y=\mathrm{d}u$；当 $y=z-x$ 时，$u=z$ 再代入上式有

$$\begin{aligned}\int_{-\infty}^{+\infty}\left[\int_{-\infty}^{z-x}f(x,y)\mathrm{d}y\right]\mathrm{d}x&=\int_{-\infty}^{+\infty}\left[\int_{-\infty}^{z}f(x,u-x)\mathrm{d}u\right]\mathrm{d}x\\&=\int_{-\infty}^{z}\left(\int_{-\infty}^{+\infty}f(x,u-x)\mathrm{d}x\right)\mathrm{d}u,\end{aligned}$$

得 $Z=X+Y$ 的概率密度

$$f_Z(z)=\int_{-\infty}^{+\infty}f(x,z-x)\mathrm{d}x=\int_{-\infty}^{+\infty}f(z-y,y)\mathrm{d}y,$$

特别当 X 与 Y 相互独立时,$Z=X+Y$ 的概率密度为

$$f_Z(z)=\int_{-\infty}^{+\infty}f_X(x)f_Y(z-x)\mathrm{d}x=\int_{-\infty}^{+\infty}f_X(z-y)f_Y(y)\mathrm{d}y.$$

例 3 设X与Y是两个相互独立的随机变量,X在$[0,1]$上服从均匀分布,Y服从参数为1的指数分布,求 $Z=X+Y$ 的概率密度.

解 由题意,有

$$f_X(x)=\begin{cases}1, & 0\leqslant x\leqslant 1,\\ 0, & \text{其他};\end{cases}\quad f_Y(y)=\begin{cases}\mathrm{e}^{-y}, & y>0,\\ 0, & \text{其他}.\end{cases}$$

由于 X 与 Y 相互独立,所以(X,Y) 的概率密度为

$$f(x,y)=f_X(x)f_Y(y)=\begin{cases}\mathrm{e}^{-y}, & 0\leqslant x\leqslant 1,y>0,\\ 0, & \text{其他}.\end{cases}$$

当 $0<z<1$ 时,$0\leqslant x<1,z-x>0$,则

$$f_Z(z)=\int_{-\infty}^{+\infty}f_X(x)f_Y(z-x)\mathrm{d}x=\int_0^z\mathrm{e}^{-(z-x)}\mathrm{d}x=1-\mathrm{e}^{-z}.$$

当 $z\geqslant 1$ 时,$0\leqslant x\leqslant 1,z-x>0$,则

$$f_Z(z)=\int_0^1\mathrm{e}^{-(z-x)}\mathrm{d}x=\mathrm{e}^{-z}(\mathrm{e}-1).$$

当 $z\leqslant 0$ 时,$f_Z(z)=0$.

综合得
$$f_Z(z)=\begin{cases}1-\mathrm{e}^{-z}, & 0<z<1,\\ \mathrm{e}^{-z}(\mathrm{e}-1), & z\geqslant 1,\\ 0, & \text{其他}.\end{cases}$$

例 4 设 X 与 Y 为相互独立的随机变量,且都服从 $N(0,1)$ 分布,求 $Z=X+Y$ 的概率密度.

解 由题意知

$$f_X(x)=\frac{1}{\sqrt{2\pi}}\mathrm{e}^{-\frac{x^2}{2}},-\infty<x<+\infty,$$

$$f_Y(y)=\frac{1}{\sqrt{2\pi}}\mathrm{e}^{-\frac{y^2}{2}},-\infty<y<+\infty,$$

$$\begin{aligned}f_Z(z)&=\int_{-\infty}^{+\infty}f_X(z-y)f_Y(y)\mathrm{d}y\\&=\frac{1}{2\pi}\int_{-\infty}^{+\infty}\mathrm{e}^{-\frac{(z-y)^2}{2}}\mathrm{e}^{-\frac{y^2}{2}}\mathrm{d}y\\&=\frac{1}{2\pi}\mathrm{e}^{-\frac{z^2}{4}}\int_{-\infty}^{+\infty}\mathrm{e}^{-(y-\frac{z}{2})^2}\mathrm{d}y\\&=\frac{1}{2\sqrt{\pi}}\mathrm{e}^{-\frac{z^2}{4}},\end{aligned}$$

即 $Z\sim N(0,2)$.

这说明,两个独立的标准正态分布的和的分布仍服从正态分布,且参数是对应参数之

和，事实上，可以证明更一般的结论：

设 X 和 Y 相互独立，且 $X \sim N(u_1,\sigma_1^2)$，$Y \sim N(u_2,\sigma_2^2)$，则

$$Z = X + Y \sim N(u_1 + u_2, \sigma_1^2 + \sigma_2^2).$$

还可以推广到 n 元独立的正态随机变量 $X_i \sim N(u_i,\sigma_i^2)$，$i = 1,2,\cdots,n$. 则

$$Z = a_1X_1 + a_2X_2 + \cdots + a_nX_n \sim N(\sum_{i=1}^{n} a_iu_i, \sum_{i=1}^{n} a_i^2\sigma_i^2).$$

2. $M = \max(X,Y)$ 及 $N = \min(X,Y)$ 的分布

设 X,Y 相互独立，它们的分布函数分别为 $F_X(x)$，$F_Y(y)$，由于

$$\{\max(X,Y) \leqslant z\} = \{X \leqslant z, Y \leqslant z\},$$

所以

$$\begin{aligned} F_M(z) = P(M \leqslant z) &= P(\max(X,Y) \leqslant z) \\ &= P(X \leqslant z, Y \leqslant z) \\ &= F_X(z)F_Y(z). \end{aligned}$$

同理

$$\begin{aligned} F_N(z) = P(N \leqslant z) &= 1 - P(\min(X,Y) > z) \\ &= 1 - P(X > z, Y > z) \\ &= 1 - P(X > z)P(Y > z) \\ &= 1 - [1 - F_X(z)][1 - F_Y(z)]. \end{aligned}$$

一般的，设 $X_1,X_2,\cdots,X_n$ 是 n 个相互独立的随机变量，它们的分布函数分别为 $F_{X_i}(x_i)(i = 1,2,\cdots,n)$，则 $M = \max(X_1,X_2,\cdots,X_n)$ 及 $N = \min(X_1,X_2,\cdots,X_n)$ 的分布函数分别为

$$F_M(z) = F_{X_1}(z) \cdot F_{X_2}(z) \cdot \cdots \cdot F_{X_n}(z),$$

$$F_N(z) = 1 - [1 - F_{X_1}(z)] \cdot [1 - F_{X_2}(z)] \cdot \cdots \cdot [1 - F_{X_n}(z)].$$

例 5　设 X,Y 相互独立，且都服从参数为 1 的指数分布，求 $Z = \max(X,Y)$ 的概率密度.

解　设 X,Y 的分布函数都为

$$F(x) = \begin{cases} 1 - e^{-x}, & x \geqslant 0, \\ 0, & x < 0. \end{cases}$$

由于 Z 的分布函数为

$$\begin{aligned} F_Z(z) = P(Z \leqslant z) &= P(\max(X,Y) \leqslant z) \\ &= P(X \leqslant z, Y \leqslant z) = P(X \leqslant z)P(Y \leqslant z) \\ &= F_X(z)F_Y(z) = [F(z)]^2, \end{aligned}$$

所以，Z 的概率密度为

$$f_Z(z) = F_Z'(z) = 2F(z)F'(z) = \begin{cases} 2e^{-z}(1 - e^{-z}), & z \geqslant 0, \\ 0, & z < 0. \end{cases}$$

习题 3.5

1. 设 (X,Y) 的分布函数为下表 3-15 所示：

表 3-15

X \ Y	-20	-10	0
0	0.10	0.25	0.15
-10	0.15	0.20	0.15

求:(1) $Z=X+Y$ 的分布律;

(2) $N=\min(X,Y)$ 的分布律.

2. 设 X 和 Y 是相互独立的随机变量,且有相同的几何分布:

$$P(X=k)=pq^{k-1},\quad k=1,2,\cdots,n,\cdots;\ q=1-p.$$

求 $M=\max(X,Y)$ 的分布律.

3. 设 X 与 Y 相互独立,$X\sim B(n_1,p)$,$Y\sim B(n_2,p)$,求 $Z=X+Y$ 的分布律.

4. 设 X 与 Y 为独立分布的离散型随机变量,其概率分布为

$$P(X=i)=P(Y=i)=\frac{1}{2^i},\ i=1,2,\cdots,$$

求 $Z=X+Y$ 的概率分布.

5. 设 X,Y 相互独立,其概率密度分别为

$$f_X(x)=\begin{cases}e^{-x}, & x>0,\\ 0, & x\leqslant 0;\end{cases}\qquad f_Y(y)=\begin{cases}2e^{-2y}, & y>0,\\ 0, & y\leqslant 0.\end{cases}$$

求 $Z=X+Y$ 的概率密度.

6. 设 X 与 Y 为相互独立且都服从$[0,1]$上的均匀分布,求 $Z=X+Y$ 的概率密度.

7. 设 X 与 Y 相互独立,其概率密度分别为

$$f_X(x)=\begin{cases}\dfrac{e^{-x}}{1-e^{-1}}, & 0<x<1,\\ 0, & 其他;\end{cases}\qquad f_Y(x)=\begin{cases}e^{-y}, & y>0,\\ 0, & 其他.\end{cases}$$

求 $M=\max(X,Y)$ 的分布函数.

本章小结

一、知识网络图

- 二元随机变量
  - 分类
    - 离散型
    - 连续型
      - 均匀分布
      - 正态分布
  - 独立性
  - 分布
    - 联合分布
    - 边际分布
    - 条件分布
    - 分布函数
    - 函数分布

二、重要知识点

1. 二元随机变量的概念及分类;

存在样本点 ω 与实数对 (x,y) 的某一映射，该数对 (x,y) 的集合是随机变量 (X,Y).

$$\begin{cases}\text{离散型}:(x_i,y_j),\ i,j=1,2,\cdots;\\ \text{连续型}:F(x,y)=\int_{-\infty}^{y}\int_{-\infty}^{x}f(x,y)\mathrm{d}x\mathrm{d}y,\ (X,Y)\sim f(x,y)\geqslant 0.\end{cases}$$

2. 二元离散型随机变量联合概率分布 $P(X=x_i,Y=y_j)=p_{ij}$，联合分布性质.

3. 二元随机变量联合分布函数 $F(x,y)=P(X\leqslant x,Y\leqslant y)$ 及其性质.

4. 二元连续型随机变量联合概率密度函数 $f(x,y)$ 及其性质.

5. 二元随机变量的边缘分布

$$\begin{cases}\text{离散型}:P(X=x_i)=p_{i\cdot},i=1,2,\cdots;\ P(Y=y_j)=p_{\cdot j},\ j=1,2,\cdots;\\ \text{连续型}:X\sim f_X(x)=\int_{-\infty}^{-\infty}f(x,y)\mathrm{d}y;\ Y\sim f_Y(y)=\int_{-\infty}^{-\infty}f(x,y)\mathrm{d}x.\end{cases}$$

6. 条件分布

$$\begin{cases}\text{离散型}:P(X=x_i\mid Y=y_j)=\dfrac{p_{ij}}{p_{\cdot j}},\ i=1,2,\cdots;\ P(Y=y_j\mid X=x_i)=\dfrac{p_{ij}}{p_{i\cdot}},\ j=1,2,\cdots;\\ \text{连续型随机变量条件密度}\ f_{X|Y}(x\mid y)=\dfrac{f(x,y)}{f_Y(y)},\ f_{Y|X}(y\mid x)=\dfrac{f(x,y)}{f_X(x)}.\end{cases}$$

7. 二元随机变量的独立性

$$\begin{cases}\text{离散型}:X\text{ 与 }Y\text{ 独立}\Leftrightarrow F(x,y)=F_X(x)F_Y(y)\Leftrightarrow p_{ij}=p_{i\cdot}p_{\cdot j},\ i,j=1,2,\cdots;\\ \text{连续型}:X\text{ 与 }Y\text{ 独立}\Leftrightarrow F(x,y)=F_X(x)F_Y(y)\Leftrightarrow f(x,y)=f_X(x)f_Y(y)\text{ 几乎处处成立.}\end{cases}$$

8. 二元随机变量函数的分布

二元离散型随机变量的函数还是离散型，二元连续型随机变量的函数是一元随机变量.

当 $z=g(x,y)$ 是连续函数，$Z=g(X,Y)$ 就是连续型随机变量.

典型例题解析

例 1　设袋中有 16 个小球，其中有 10 个白球，6 个黑球，现从中任取两次，每次取 1 个球，取后不放回.
令

$$x=\begin{cases}1,\text{若第一次取到黑球},\\0,\text{若第一次取到白球};\end{cases}\quad y=\begin{cases}1,\text{若第二次取到黑球},\\0,\text{若第二次取到白球}.\end{cases}$$

求：(1) (x,y) 的联合分布律和 x、y 的边际分布律；

(2) $P(x\leqslant 1\mid y=0)$，$P(x=0\mid y\leqslant 1)$.

解　(1) (x,y) 的所有可能取的数对是 $(0,0)$，$(0,1)$，$(1,0)$，$(1,1)$. 可求得

$$P(x=0,y=0)=\frac{10\times 9}{16\times 15}=\frac{3}{8},P(x=0)=\frac{3}{8}+\frac{1}{4}=\frac{5}{8};$$

$$P(x=0,y=1)=\frac{10\times 6}{16\times 15}=\frac{1}{4},P(x=1)=\frac{1}{4}+\frac{1}{8}=\frac{3}{8};$$

$$P(x=1,y=0)=\frac{6\times 10}{16\times 15}=\frac{1}{4},P(y=0)=\frac{3}{8}+\frac{1}{4}=\frac{5}{8};$$

$$P(x=1,y=1)=\frac{6\times 5}{16\times 15}=\frac{1}{8},P(y=1)=\frac{1}{4}+\frac{1}{8}=\frac{3}{8};$$

(x,y) 的联合分布和边际分布如表 3-16 所示：

表 3-16

$y \backslash x$	0	1	$P_{i\cdot}$
0	$\frac{3}{8}$	$\frac{1}{4}$	$\frac{5}{8}$
1	$\frac{1}{4}$	$\frac{1}{8}$	$\frac{3}{8}$
$P_{\cdot j}$	$\frac{5}{8}$	$\frac{3}{8}$	1

$$
\begin{aligned}
(2)P(x \leqslant 1 \mid y=0) &= P(x=0 \text{ 或 } x=1 \mid y=0) \\
&= P(x=0 \mid y=0)+P(x=1 \mid y=0) \\
&= \frac{P(x=0,y=0)}{P(y=0)}+\frac{P(x=1,y=0)}{P(y=0)} \\
&= \frac{\frac{3}{8}}{\frac{5}{8}}+\frac{\frac{1}{4}}{\frac{5}{8}}=1;
\end{aligned}
$$

$$
\begin{aligned}
P(x=0 \mid y \leqslant 1) &= P(x=0 \mid y=0 \text{ 或 } y=1) \\
&= \frac{P(x=0,y=0 \text{ 或 } y=1)}{P(y=0 \text{ 或 } y=1)} \\
&= \frac{P(x=0,y=0)+P(x=0,y=1)}{P(y=0)+P(y=1)} \\
&= \frac{\frac{3}{8}+\frac{1}{4}}{1}=\frac{5}{8}.
\end{aligned}
$$

例 2 设二元随机变量(x,y)的概率密度为

$$
f(x,y)=\begin{cases} c\mathrm{e}^{-(3x+4y)}, & x>0,y>0; \\ 0, & \text{其他}. \end{cases}
$$

求:(1) 常数 c;(2) (x,y) 的分布函数 $F(x,y)$;(3) $P(0<x<1,0<y<2)$.

解 (1) 由概率密度函数的性质,有

$$
1=\int_{-\infty}^{+\infty}\int_{-\infty}^{+\infty} f(x,y)\mathrm{d}x\mathrm{d}y=c\int_0^{+\infty}\mathrm{e}^{-3x}\mathrm{d}x\int_0^{+\infty}\mathrm{e}^{-4y}\mathrm{d}y=\frac{c}{12},
$$

得 $c=12$.

(2) 当 $x \leqslant 0$ 或 $y \leqslant 0$ 时,$F(x,y)=0$;

当 $x>0,y>0$ 时,

$$
\begin{aligned}
F(x,y) &= \int_{-\infty}^{x}\int_{-\infty}^{y} f(u,v)\mathrm{d}u\mathrm{d}v \\
&= 12\int_0^x\int_0^y \mathrm{e}^{-(3u+4v)}\mathrm{d}u\mathrm{d}v \\
&= 12\int_0^x \mathrm{e}^{-3u}\mathrm{d}u\int_0^y \mathrm{e}^{-4v}\mathrm{d}v \\
&= (1-\mathrm{e}^{-3x})(1-\mathrm{e}^{-4y}).
\end{aligned}
$$

故 $F(x,y)=\begin{cases} 0, & \text{其他}, \\ (1-\mathrm{e}^{-3x})(1-\mathrm{e}^{-4y}), & x>0,y>0. \end{cases}$

(3) $P(0<x<1,\ 0<y<2)=12\int_0^1\int_0^2 \mathrm{e}^{-(3x+4y)}\mathrm{d}x\mathrm{d}y=(1-\mathrm{e}^{-3})(1-\mathrm{e}^{-8})$.

例 3　设(x,y)服从单位圆$\{(x,y)\mid x^2+y^2\leqslant 1\}$上的均匀分布，求条件概率密度函数和条件概率$P\left(x>\frac{1}{2}\mid y=0\right)$，并判断$X$与$Y$是否独立.

解　由于(X,Y)服从均匀分布，易知

$$f(x,y)=\begin{cases}\dfrac{1}{\pi}, x^2+y^2\leqslant 1,\\ 0,\quad 其他.\end{cases}$$

由$f_X(x)=\int_{-\infty}^{+\infty}f(x,y)\mathrm{d}y$求得

$$f_X(x)=\begin{cases}\dfrac{2\sqrt{1-x^2}}{\pi}, -1\leqslant x\leqslant 1,\\ 0,\qquad 其他.\end{cases}$$

同理可得

$$f_Y(y)=\begin{cases}\dfrac{2\sqrt{1-y^2}}{\pi}, -1\leqslant y\leqslant 1,\\ 0,\qquad 其他.\end{cases}$$

当$-1<y<1$时，给定$Y=y$条件下，X的条件概率密度函数为

$$f_{X|Y}(x\mid y)=\frac{f(x,y)}{f_Y(y)}=\begin{cases}\dfrac{1}{2\sqrt{1-x^2}}, -\sqrt{1-y^2}\leqslant x\leqslant\sqrt{1-y^2},\\ 0,\qquad 其他.\end{cases}$$

同理$-1<x<1$时，给定$X=x$条件下，Y的条件概率密度函数为

$$f_{Y|X}(y\mid x)=\frac{f(x,y)}{f_X(x)}=\begin{cases}\dfrac{1}{2\sqrt{1-x^2}}, -\sqrt{1-x^2}\leqslant y\leqslant\sqrt{1-x^2},\\ 0,\qquad 其他.\end{cases}$$

当$y=0$时，$f_{X|Y}(x\mid 0)=\begin{cases}\dfrac{1}{2},\quad 1\leqslant x\leqslant 1,\\ 0,\quad 其他.\end{cases}$

$$\begin{aligned}P\left(X>\frac{1}{2}\mid Y=0\right)&=1-P\left(X\leqslant\frac{1}{2}\mid Y=0\right)=1-F_{X|Y}\left(\frac{1}{2}\middle|0\right)\\&=1-\int_{-\infty}^{\frac{1}{2}}f_{X|Y}(u\mid 0)\mathrm{d}u=1-\int_{-1}^{\frac{1}{2}}\frac{1}{2}\mathrm{d}u=\frac{1}{4},\end{aligned}$$

在圆$\{(x,y)\mid x^2+y^2\leqslant 1\}$上，$f(x,y)\neq f_X(x)f_Y(y)$，故$X$与$Y$不互相独立.

例 4　设(X,Y)的联合概率密度为

$$f(x,y)=\begin{cases}\dfrac{1}{2}(x+y)\mathrm{e}^{-(x+y)},\quad x\geqslant 0,y\geqslant 0,\\ 0,\qquad 其他.\end{cases}$$

求$Z=X+Y$的概率密度函数.

解　由公式$f_Z(z)=\int_{-\infty}^{+\infty}f(z-y,y)\mathrm{d}y$可知，这个积分是对函数$f(z-y,y)$中的$y$积分，所以$f(z-y,y)$的表达式为

$$\begin{aligned}f(z-y,y)&=\begin{cases}\dfrac{1}{2}[(z-y)+y]\mathrm{e}^{-[(z-y)+y]}, z-y\geqslant 0,y\geqslant 0,\\ 0,\qquad 其他.\end{cases}\\&=\begin{cases}\dfrac{1}{2}z\mathrm{e}^{-z},\quad 0\leqslant y\leqslant z,\\ 0,\qquad 其他.\end{cases}\end{aligned}$$

于是 $f_Z(z)=\int_{-\infty}^{+\infty}f(z-y,y)\mathrm{d}y=\begin{cases}\int_0^z \frac{1}{2}z\mathrm{e}^{-z}\mathrm{d}y, & z\geqslant 0,\\ 0, & \text{其他}.\end{cases}$

$$=\begin{cases}\frac{1}{2}z^2\mathrm{e}^{-z}, & z\geqslant 0,\\ 0 & \text{其他}.\end{cases}$$

综合练习题三

1. 一只口袋中装有4只球,球上分别装有数字1,2,2,3,从此袋中任取一只球,取后不放回,再从袋中任取一只球,分别以X和Y表示第一次和第二次取到的球上的数字,求X和Y的联合分布律与关于X和Y的边际分布.

2. 盒子里装有3只黑球,2只红球,2只白球,在其中任取4只球,以X表示取到黑球的只数,以Y表示取到红球的只数,求X和Y的联合分布律及边际分布律.

3. 设二元随机变量(X,Y)的联合分布密度为

$$f(x,y)=\begin{cases}\sin x\sin y, & 0\leqslant x\leqslant\frac{\pi}{2},0\leqslant y\leqslant\frac{\pi}{2},\\ 0, & \text{其他}.\end{cases}$$

求二元随机变量(X,Y)在长方形区域$0<x\leqslant\frac{\pi}{4},\frac{\pi}{6}<y\leqslant\frac{\pi}{3}$内的概率.

4. 设随机变量(X,Y)的联合概率密度函数为

$$f(x,y)=\begin{cases}A(x^2+y^2), & 0<x\leqslant 2,1\leqslant y\leqslant 4,\\ 0, & \text{其他}.\end{cases}$$

求:(1) 常数A; (2) 边际概率密度.

5. 设随机变量(X,Y)的概率密度为

$$f(x,y)=\begin{cases}k(6-x-y), & 0<x<2,2<y<4,\\ 0, & \text{其他}.\end{cases}$$

求:(1) 常数k; (2)$P(X<1,Y<3)$; (3)$P(X+Y\leqslant 4)$.

6. 设(X,Y)的概率密度为

$$f(x,y)=\begin{cases}Cx^2y, & x^2\leqslant y\leqslant 1,\\ 0, & \text{其他}.\end{cases}$$

求:(1) 常数C; (2) 边际概率密度.

7. 设随机变量(X,Y)在平面区域D上服从均匀分布,其中D是由直线$y=x$和$y=x^2$所围成的平面区域,求(X,Y)的边际概率密度.

8. 设(X,Y)的边际概率密度为

$$f(x,y)=\begin{cases}1, & |y|<x,0<x<1,\\ 0, & \text{其他}.\end{cases}$$

求条件概率密度$f_{Y|X}(y|x),f_{X|Y}(x|y)$.

9. 一只袋内有4只球,分别标以号码1,2,3,4.先从口袋内随机地取球,不放回,再取一球,记第一、二次取出球的号码分别为X、Y.试写出$X=2$条件下Y的条件分布律.

10. 设随机变量X和Y相互独立,下表给出了二元随机变量(X,Y)的联合分布律及关于X和关于Y的边缘分布律中的部分数值,试将其余数值填入表3-17中的空白处.

表 3-17

$X \backslash Y$	y_1	y_2	y_3	$P(X=x_i)=P_{i\cdot}$
x_1		$\frac{1}{8}$		
x_2	$\frac{1}{8}$			
$P(y=y_j)=P_{\cdot j}$	$\frac{1}{6}$			1

11. 设二元离散型随机变量(X,Y)的分布如表 3-18 所示.

表 3-18

$X \backslash Y$	1	2	3
0	$\frac{3}{16}$	$\frac{3}{8}$	a
1	b	$\frac{1}{8}$	$\frac{1}{16}$

a 与 b 为何值时,X 与 Y 相互独立?

12. 设 X 与 Y 相互独立,概率密度分别为

$$f_Y(x)=\begin{cases}e^{-x}, & x>0,\\ 0, & x\leqslant 0;\end{cases}\qquad f_Y(y)=\begin{cases}e^{-y}, & y>0,\\ 0, & y\leqslant 0.\end{cases}$$

求:(1)(X,Y)的概率密度;　(2)$P(X\leqslant 1\mid y>0)$.

13. 设(X,Y)的概率密度为

$$f(x,y)=\begin{cases}3x, 0<x<1, & 0<y<x,\\ 0, & \text{其他}.\end{cases}$$

求:(1)X 与 Y 的边际概率密度;(2) 条件概率密度;(3)X 与 Y 是否相互独立.

14. 在第 12 题中,求 $Z=X+Y$ 的概率密度.

15. 设(X,Y)的概率密度为

$$f(x,y)=\begin{cases}\frac{1}{2}(x+y)e^{-(x+y)}, & x>0, y>0,\\ 0, & \text{其他}.\end{cases}$$

(1) 问 X 与 Y 是否相互独立;

(2) 求 $Z=X+Y$ 的概率密度.

16. 设(X,Y)的概率分布如表 3-19 所示:

表 3-19

$X \backslash Y$	-1	1	2
-1	$\frac{5}{20}$	$\frac{2}{20}$	$\frac{6}{20}$
2	$\frac{3}{20}$	$\frac{3}{20}$	$\frac{1}{20}$

求:(1) $P(Y=1\mid X=-1)$;

(2) $Z_1=X+Y$ 的分布律;

(3) $Z_2=\max(X,Y)$ 的分布律.

17. 设(X,Y) 的概率密度为

$$f(x,y)=\begin{cases}b\mathrm{e}^{-(x+y)}, & 0<x<1,0<y<+\infty,\\ 0, & \text{其他}.\end{cases}$$

(1) 试确定常数 b;

(2) 求边际概率密度 $f_X(x)$, $f_Y(y)$;

(3) 求 $M=\max(X,Y)$ 的分布函数.

18. 对电子装置的输出测量 5 次,得到观察值 X_1,X_2,X_3,X_4,X_5. 设它们是相互独立的随机变量,且都服从同一分布,其分布函数为

$$F(z)=\begin{cases}1-\mathrm{e}^{-\frac{z^2}{8}}, & z\geqslant 0,\\ 0, & \text{其他}.\end{cases}$$

求 $P(\max(X_1,X_2,X_3,X_4,X_5)>4)$.

第 4 章

随机变量的数字特征

Zhang 4

利用随机变量表示事件，再对事件的概率进行计算是随机变量的作用之一；随机变量的另一个应用是其数字特征，常见的如数学期望、方差、矩、协方差和相关系数等. 这是解决现实问题中经常使用的一些分析工具.

4.1 随机变量的数学期望

4.1.1 离散型随机变量的数学期望

例 1 一批水果中的一级品有 400kg，二级品有 500kg，三级品有 100kg，这些水果的平均等级是多少?

解 设这些水果的等级是 X，取值为 1，2，3，其分布如表 4-1 所示：

表 4-1

X	1	2	3
p	0.4	0.5	0.1

由于求平均值的方法有很多种，我们采用下面的加权平均方法：

$$\frac{1\times 400+2\times 500+3\times 100}{1000}=1\times 0.4+2\times 0.5+3\times 0.1=1.7.$$

这种用加权平均法求出的水果等级的平均值是 1.7.

一般的，对任意离散型随机变量，我们有如下定义：

定义 4.1 设 X 为离散型随机变量，分布律如表 4-2 所示：

表 4-2

X	x_1	x_2	$\cdots$	x_n	$\cdots$
p	p_1	p_2	$\cdots$	p_n	$\cdots$

如果和式 $\sum\limits_{i=1}^{\infty}x_ip_i$ 绝对收敛，则称其为 X 的数学期望，简称期望，记作 EX 或 $E(X)$.

X 的数学期望也就是 X 的一种平均值.

显然

$$EX=\sum_{i=1}^{\infty}x_ip_i. \tag{4-1}$$

当 $x_ip_i\geqslant 0$ 时，只要 $\sum\limits_{i=1}^{\infty}x_ip_i$ 收敛，EX 就一定存在.

例 2 若 $X \sim (0\text{-}1)$,求 EX.

解 其分布律如表 4-3 所示:

表 4-3

X	0	1
p	q	p

因 $0 < p < 1, q = 1 - p$,那么 $EX = 0 \cdot q + 1 \cdot p = p$,即 $EX = p$.

例 3 若 X 服从几何分布,求 EX.

解 X 的分布律如表 4-4 所示:

表 4-4

X	1	2	…	k	…
p	p	qp	…	$q^{k-1}p$	…

因为 $0 < p < 1, q = 1 - p$,那么

$$p + 2qp + \cdots + kq^{k-1}p + \cdots = \sum_{i=1}^{\infty} kq^{k-1}p = p\sum_{i=1}^{\infty}(q^k)' = p(\sum_{i=1}^{\infty}q^k)'$$
$$= p(\frac{q}{1-q})' = p\frac{1-q+q}{(1-q)^2} = \frac{p}{p^2} = \frac{1}{p},$$

即 $EX = \frac{1}{p}$.

例 4 若 $X \sim P(\lambda)$,求 EX.

解 因为 $P(X = k) = \frac{\lambda^k}{k!}e^{-\lambda}, \lambda > 0, k = 0,1,2,\cdots$.

$$\sum_{k=0}^{\infty} k\frac{\lambda^k}{k!}e^{-\lambda} = \sum_{k=1}^{\infty}\frac{\lambda e^{-\lambda}\lambda^{k-1}}{(k-1)!} = \lambda e^{-\lambda}\sum_{k=0}^{\infty}\frac{\lambda^{k-1}}{(k-1)!}$$
$$= \lambda e^{-\lambda}e^{\lambda} = \lambda,$$

故 $EX = \lambda$.

例 5 若 $X \sim B(n,p)$,求 EX.

解 $P(X = k) = C_n^k p^k q^{n-k}, k = 0,1,2,\cdots,n$.

$$\sum_{k=0}^{n} kC_n^k p^k q^{n-k} = \sum_{k=1}^{n} k \cdot \frac{n(n-1)\cdots(n-k+1)}{k!}p^k q^{n-k}$$
$$= np\sum_{k=1}^{\infty}\frac{(n-1)\cdots[(n-1)-(k-1)+1]}{(k-1)!}p^{k-1}q^{(n-1)-(k-1)}$$
$$= np\,(p+q)^{n-1} = np,$$

即 $EX = np$.

例 6 若 X 的分布 $P[X = (-1)^k 2^k] = \frac{1}{2^k}, k = 1,2,\cdots$,求 EX.

解 因为 $\sum\limits_{k=1}^{\infty}(-1)^k\frac{2^k}{2^k}$ 发散,故 EX 不存在.

4.1.2 连续型随机变量的数学期望

设 $f(x)$ 是随机变量 X 的密度函数,X 在区间 (a,b) 上取值. 在 (a,b) 中插入 $n-1$ 个分

点 $x_1 < x_2 < \cdots < x_{n-1}$，将$(a,b)$分成 n 个小区间. 在每个小区间$[x_{i-1},x_i]$上，$P(x_i < X \leqslant x_{i-1}) \approx f(x_i)(x_i - x_{i-1}) = f(x_i)\Delta x_i$，在该区间 X 的平均值也近似为 $x_i f(x_i)\Delta x_i$.

X 在整个区间(a,b)上的平均值近似为 $\sum\limits_{i=1}^{n} x_i f(x_i)\Delta x_i$，那么，根据定积分的定义，$X$ 的平均值应该为 $\int_a^b x f(x)\mathrm{d}x$.

定义 4.2　设 $X \sim f(x)$，若 $\int_{-\infty}^{+\infty} x f(x)\mathrm{d}x$ 绝对收敛，则称其为 X 的数学期望或平均值. 记作 EX 或 $E(X)$，且

$$EX = E(X) = \int_{-\infty}^{+\infty} x f(x)\mathrm{d}x. \tag{4-2}$$

例 7　$X \sim U(a,b)$，求 EX.

解　$X \sim f(x) = \begin{cases} \dfrac{1}{b-a}, & a \leqslant x \leqslant b, \\ 0, & \text{其他}. \end{cases}$

$$\int_{-\infty}^{+\infty} x f(x)\mathrm{d}x = \int_a^b x \frac{1}{b-a}\mathrm{d}x = \frac{x^2}{2(b-a)}\bigg|_a^b = \frac{a+b}{2},$$

此数正好是$[a,b]$的中点，即 $EX = \dfrac{a+b}{2}$.

例 8　若 $X \sim E(\lambda)$，求 EX.

解　$X \sim f(x) = \begin{cases} \lambda \mathrm{e}^{-\lambda x}, & x \geqslant 0, \\ 0, & x < 0. \end{cases}$

$$\int_{-\infty}^{+\infty} x f(x)\mathrm{d}x = \int_0^{+\infty} x\lambda \mathrm{e}^{-\lambda x}\mathrm{d}x = \lambda\left[\frac{x\mathrm{e}^{-\lambda x}}{-\lambda}\bigg|_0^{+\infty} + \int_0^{+\infty} \frac{\mathrm{e}^{-\lambda x}}{\lambda}\mathrm{d}x\right]$$

$$= -\frac{\mathrm{e}^{-\lambda x}}{\lambda}\bigg|_0^{+\infty} = \frac{1}{\lambda}.$$

即 $EX = \dfrac{1}{\lambda}$.

例 9　若 $X \sim N(0,1)$，$Y \sim N(\mu,\sigma^2)$，分别求：(1) EX；(2) EY.

解　(1) 因为 $X \sim \varphi(x) = \dfrac{1}{\sqrt{2\pi}}\mathrm{e}^{-\frac{x^2}{2}}$，

所以

$$EX = \int_{-\infty}^{+\infty} x\varphi(x)\mathrm{d}x = \int_{-\infty}^{+\infty} \frac{x\mathrm{e}^{-\frac{x^2}{2}}}{\sqrt{2\pi}}\mathrm{d}x$$

$$= \int_{-\infty}^{0} \frac{x\mathrm{e}^{-\frac{x^2}{2}}}{\sqrt{2\pi}}\mathrm{d}x + \int_0^{+\infty} \frac{x\mathrm{e}^{-\frac{x^2}{2}}}{\sqrt{2\pi}}\mathrm{d}x.$$

设 $z = \dfrac{x^2}{2}$，$\mathrm{d}z = x\mathrm{d}x$，则上式可化为

$$EX = \int_{-\infty}^{0} \frac{\mathrm{e}^{-z}}{\sqrt{2\pi}}\mathrm{d}z + \int_0^{+\infty} \frac{\mathrm{e}^{-z}}{\sqrt{2\pi}}\mathrm{d}z = -\frac{1}{\sqrt{2\pi}} + \frac{1}{\sqrt{2\pi}} = 0,$$

即 $EX = 0$.

(2) 因为 $Y \sim f(y)=\frac{1}{\sqrt{2\pi}}e^{-\frac{(y-\mu)^2}{2\sigma^2}}$,

所以 $$EY=\int_{-\infty}^{+\infty}yf(y)\mathrm{d}y=\int_{-\infty}^{+\infty}y\frac{1}{\sqrt{2\pi}}e^{-\frac{(y-\mu)^2}{2\sigma^2}}\mathrm{d}y.$$

作变换 $x=\frac{y-\mu}{\sigma}, \mathrm{d}x=\frac{\mathrm{d}y}{\sigma}$,则上式化为

$$EY=\int_{-\infty}^{+\infty}(x\sigma+\mu)\frac{e^{-\frac{x^2}{2}}}{\sqrt{2\pi}}\mathrm{d}x=\sigma\int_{-\infty}^{+\infty}\frac{xe^{-\frac{x^2}{2}}}{\sqrt{2\pi}}\mathrm{d}x+\mu\int_{-\infty}^{+\infty}\frac{e^{-\frac{x^2}{2}}}{\sqrt{2\pi}}\mathrm{d}x=\sigma\cdot 0+\mu\cdot 1=\mu,$$

即 $EY=\mu$.

例 10 设 $X\sim f(x)=\frac{1}{\pi(1+x^2)}, x\in \mathbf{R}$,试证 EX 的期望不存在.

解 因为 $$\int_{-\infty}^{+\infty}|xf(x)|\mathrm{d}x=\int_{-\infty}^{+\infty}|x|f(x)\mathrm{d}x=\int_{-\infty}^{+\infty}|x|\frac{1}{\pi(1+x^2)}\mathrm{d}x$$
$$=\int_{-\infty}^{0}\frac{-x}{\pi(1+x^2)}\mathrm{d}x+\int_{0}^{+\infty}\frac{x}{\pi(1+x^2)}\mathrm{d}x,$$

而 $\int_0^{+\infty}\frac{x}{\pi(1+x^2)}\mathrm{d}x=\frac{1}{\pi^2}\ln(1+x^2)\Big|_0^{+\infty}=+\infty$,

所以 $\int_{-\infty}^{+\infty}|xf(x)|\mathrm{d}x$ 发散.

故 EX 不存在.

4.1.3 随机变量函数的数学期望

由第 2、3 章我们知道,当随机变量 X 或者 (X,Y) 的函数 $Y=g(X)$ 或 $Z=g(X,Y)$ 是连续函数时,则 Y 和 Z 依然是相同类型的随机变量,也有其分布. 下面我们从不同情况看随机变量的函数的数学期望的求法.

定理 4.1 **设 $y=g(x)$ 是连续函数,$z=g(x,y)$ 是二元连续函数.**

(1) 当 X 是离散型随机变量,其分布 $P(X=x_i)=p_i(i=1,2,\cdots)$ 时,则 $Y=g(X)$ 也是离散型随机变量,只要 $\sum_{i=1}^{\infty}g(x_i)p_i$ 绝对收敛,则

$$EY=\sum_{i=1}^{\infty}g(x_i)p_i. \tag{4-3}$$

(2) 当 $X\sim f(x)$ 时,那么 $Y=g(X)$ 也是连续型. 只要 $\int_{-\infty}^{+\infty}g(x)f(x)\mathrm{d}x$ 绝对收敛,则有

$$EY=\int_{-\infty}^{+\infty}g(x)f(x)\mathrm{d}x. \tag{4-4}$$

(3) 当 (X,Y) 是离散型随机变量,其分布 $P(X=x_i,Y=y_j)=p_{ij}(i,j=1,2,\cdots)$ 时,那么 $Z=g(X,Y)$ 也是离散型. 只要 $\sum_{i=1}^{\infty}\sum_{j=1}^{\infty}g(x_i,y_j)p_{ij}$ 绝对收敛,则有

$$EZ=\sum_{i=1}^{\infty}\sum_{j=1}^{\infty}g(x_i,y_j)p_{ij}. \tag{4-5}$$

(4) 当$(X,Y)\sim f(x,y)$时，那么$Z=g(X,Y)$也是连续型，只要

$$\int_{-\infty}^{+\infty}\int_{-\infty}^{+\infty}g(x,y)f(x,y)\mathrm{d}x\mathrm{d}y$$

绝对收敛，则

$$EZ=\int_{-\infty}^{+\infty}\int_{-\infty}^{+\infty}g(x,y)f(x,y)\mathrm{d}x\mathrm{d}y. \tag{4-6}$$

该定理的证明可参看相关书籍.

同样若$(X,Y)\sim f(x,y)$，则

$$EX=\int_{-\infty}^{+\infty}\int_{-\infty}^{+\infty}xf(x,y)\mathrm{d}y\mathrm{d}x=\int_{-\infty}^{+\infty}x\left(\int_{-\infty}^{+\infty}f(x,y)\mathrm{d}y\right)\mathrm{d}x=\int_{-\infty}^{+\infty}xf_X(x)\mathrm{d}x,$$

$$EY=\int_{-\infty}^{+\infty}\int_{-\infty}^{+\infty}yf(x,y)\mathrm{d}x\mathrm{d}y=\int_{-\infty}^{+\infty}y\left(\int_{-\infty}^{+\infty}f(x,y)\mathrm{d}x\right)\mathrm{d}y=\int_{-\infty}^{+\infty}yf_Y(y)\mathrm{d}y. \tag{4-7}$$

例 11　若X的分布如表 4-5 所示：

表 4-5

X	-2	-1	0	1	2	3
p	$\frac{1}{9}$	$\frac{1}{6}$	$\frac{1}{6}$	$\frac{1}{9}$	$\frac{1}{3}$	$\frac{1}{9}$

求$E(2X-1)$和EX^2.

解　函数$Y=2X-1$和$Z=X^2$的分布可以先写出来，再求期望. 也可以直接用定理 4.1 的结论：

$$\begin{aligned}E(2X-1)&=(-2\cdot2-1)\cdot\frac{1}{9}+(-1\cdot2-1)\cdot\frac{1}{6}+(0\cdot2-1)\cdot\frac{1}{6}\\&\quad+(1\cdot2-1)\cdot\frac{1}{9}+(2\cdot2-1)\cdot\frac{1}{3}+(3\cdot2-1)\cdot\frac{1}{9}\\&=-\frac{5}{9}-\frac{1}{2}-\frac{1}{6}+\frac{1}{9}+1+\frac{5}{9}=\frac{4}{9};\end{aligned}$$

$$\begin{aligned}EX^2&=(-2)^2\cdot\frac{1}{9}+(-1)^2\cdot\frac{1}{6}+0^2\cdot\frac{1}{6}+1^2\cdot\frac{1}{9}+2^2\cdot\frac{1}{3}+3^2\cdot\frac{1}{9}\\&=\frac{4}{9}+\frac{1}{6}+\frac{1}{9}+\frac{4}{3}+1=\frac{55}{18}.\end{aligned}$$

例 12　若(X,Y)的联合分布如表 4-6 所示：

表 4-6

X \ Y	1	2	3
0	$\frac{1}{6}$	$\frac{1}{3}$	$\frac{1}{9}$
1	$\frac{1}{9}$	$\frac{1}{6}$	$\frac{1}{9}$

求$E(XY)$和$E(2X-Y)$.

解　一种方法是先写出X,Y的边际分布，再写出XY和$2X-Y$的分布，最后求$E(XY)$

和 $E(2X-Y)$. 另一种方法就是用定理 4.1.

$$\begin{aligned}E(XY)&=(0\cdot 1)\cdot\frac{1}{6}+(0\cdot 2)\cdot\frac{1}{3}+(0\cdot 3)\cdot\frac{1}{9}+(1\cdot 1)\cdot\frac{1}{9}\\&\quad+(1\cdot 2)\cdot\frac{1}{6}+(1\cdot 3)\cdot\frac{1}{9}\\&=\frac{7}{9};\end{aligned}$$

$$\begin{aligned}E(2X-Y)&=(2\cdot 0-1)\cdot\frac{1}{6}+(2\cdot 0-2)\cdot\frac{1}{3}+(2\cdot 0-3)\cdot\frac{1}{9}+(2\cdot 1-1)\cdot\frac{1}{9}\\&\quad+(2\cdot 1-2)\cdot\frac{1}{6}+(2\cdot 1-3)\cdot\frac{1}{9}\\&=-\frac{1}{6}-\frac{2}{3}-\frac{1}{3}+\frac{1}{3}+0+\left(-\frac{1}{9}\right)=-\frac{17}{18}.\end{aligned}$$

例 13 若 $X\sim f(x)=\begin{cases}\frac{1}{3}, & x\in[-1,2],\\ 0, & \text{其他}.\end{cases}$ 并且 $Y=g(X)=\begin{cases}1, & X>0,\\ 0, & X=0,\\ -1, & X<0,\end{cases}$ 求 EY.

解 X 是连续型随机变量，但 $Y=g(X)$ 不是连续函数，故它不是连续型随机变量而是离散型的，其分布如表 4-7 所示：

表 4-7

Y	-1	0	1
p	$\frac{1}{3}$	0	$\frac{2}{3}$

所以
$$EY=(-1)\cdot\frac{1}{3}+0\cdot 0+1\cdot\frac{2}{3}=\frac{1}{3}.$$

例 14 若 $(X,Y)\sim f(x,y)=\begin{cases}2e^{-(2x+y)}, & x,y>0,\\ 0, & \text{其他},\end{cases}$ 求 $E(XY)$, EX.

解
$$\begin{aligned}E(XY)&=\int_{-\infty}^{+\infty}\int_{-\infty}^{+\infty}xyf(x,y)\,dx\,dy\\&=\int_0^{+\infty}\int_0^{+\infty}xy2e^{-(2x+y)}\,dx\,dy\\&=\int_0^{+\infty}2xe^{-2x}\,dx\int_0^{+\infty}ye^{-y}\,dy\\&=\left(-xe^{-2x}\Big|_0^{+\infty}+\int_0^{+\infty}e^{-2x}\,dx\right)\left(-ye^{-y}\Big|_0^{+\infty}+\int_0^{+\infty}e^{-y}\,dy\right)\\&=\left(-\frac{1}{2}e^{-2x}\Big|_0^{+\infty}\right)\left(-e^{-y}\Big|_0^{+\infty}\right)=\frac{1}{2}\cdot 1=\frac{1}{2};\end{aligned}$$

$$\begin{aligned}EX&=\int_{-\infty}^{+\infty}xf_x(x)\,dx=\int_0^{+\infty}\left(x\int_0^{+\infty}2e^{-2x}\cdot e^{-y}\,dy\right)dx\\&=\int_0^{+\infty}x2e^{-2x}\left(-e^{-y}\Big|_0^{+\infty}\right)dx=\int_0^{+\infty}2xe^{-2x}\,dx\end{aligned}$$

$$=-xe^{-2x}\Big|_0^{+\infty}+\int_0^{+\infty}e^{-2x}dx=\frac{1}{2}.$$

利用函数的期望，我们有如下的定义：

定义 4.3　若随机变量 X 和 (X,Y) 的 $EX^r,E(X-EX)^r,E(X-EX)^r(Y-EY)^k$ 分别存在，则当 $r\geqslant 1$ 时，称 EX^r 为 r 阶原点矩，$E(X-EX)^r$ 为 r 阶中心矩；当 $r,k\geqslant 1$ 时，称 $E(X-EX)^r(Y-EY)^k$ 为 $r+k$ 阶混合矩.

4.1.4　数学期望的性质

设随机变量 X,Y 的数学期望存在，且 a,b,c 为常数，则其数学期望有如下性质：

(1) $Ec=c$;

(2) $E(cX)=cEX$;

(3) $E(aX+bY)=aEX+bEY$;

(4) 当 $a\leqslant X\leqslant b$ 时，$a\leqslant EX\leqslant b$;

(5) 当 X 与 Y 独立时，$E(XY)=EX\cdot EY$.

这里仅就连续型随机变量证明性质(4)，(5) 成立，其他性质读者可自行证之. 性质(2)，(3) 称为线性性质.

证　(4) 设 $X\sim f(x)$，且 $a\leqslant x\leqslant b,f(x)\geqslant 0$.

由

$$1=\int_a^b f(x)dx,af(x)\leqslant xf(x)\leqslant bf(x),$$

得

$$\int_a^b af(x)dx\leqslant\int_a^b xf(x)dx\leqslant\int_a^b bf(x)dx,$$

即

$$a\leqslant EX\leqslant b.$$

(5) 设 $(X,Y)\sim f(x,y)$，由 X 与 Y 相互独立可知 $f(x,y)=f_X(x)f_Y(y)$，

所以

$$\begin{aligned}E(XY)&=\int_{-\infty}^{+\infty}\int_{-\infty}^{+\infty}xyf(xy)dxdy\\&=\int_{-\infty}^{+\infty}\int_{-\infty}^{+\infty}xf_X(x)yf_Y(y)dxdy\\&=\int_{-\infty}^{+\infty}xf_X(x)dx\int_{-\infty}^{+\infty}yf_Y(y)dy\\&=EXEY,\end{aligned}$$

即

$$E(XY)=EX\cdot EY.$$

习题 4.1

1. 从学校乘汽车到火车站，途中有 3 个交通岗，假设在各个交通岗遇到红灯的事件是相互独立的，且概率都是 $\frac{2}{5}$，设 X 为途中遇到红灯的次数，求 X 的分布函数和数学期望.

2. 设随机变量 X 的分布律如表 4-8 所示：

表 4-8

X	-2	0	2
p	0.4	0.3	0.3

求 EX, $E(X^2)$, $E(3X^2+5)$.

3. 设(X,Y)的分布律如表 4-9 所示:

表 4-9

Y \ X	1	2	3
-1	0.2	0.1	0
0	0.1	0	0.3
1	0.1	0.1	0.1

(1) 求 EX, EY; (2) 设 $Z=\dfrac{Y}{X}$, 求 EZ.

4. 设随机变量 X 服从指数分布

$$P(x)=\begin{cases}\lambda e^{-\lambda x}, & x>0,\\ 0, & x\leqslant 0.\end{cases}$$

其中 $\lambda>0$, 求 $E(2X^2+1)$.

5. 已知 $X\sim N(0,1)$, 求 $E(X^2)$.

6. 设二元随机变量(X,Y)的概率密度为

$$f(x,y)=\begin{cases}12y^2, & 0\leqslant y\leqslant x\leqslant 1,\\ 0, & \text{其他}.\end{cases}$$

求 EX, EY, $E(XY)$, $E(X^2+Y^2)$.

7. 设二维随机变量(X,Y)的概率密度为

$$f(x,y)=\begin{cases}\dfrac{1}{\pi R^2}, & x^2+y^2\leqslant R^2,\\ 0, & \text{其他}.\end{cases}$$

求 XY 的数学期望.

4.2 方　差

4.2.1 方差的定义

先看下面的例子.

有两批水果,其各等级的质量情况如表 4-10 所示:

表 4-10

X 级	第一批	第二批
一级	200kg	400kg
二级	600kg	200kg
三级	200kg	400kg

容易算出，作为平均等级，第一批水果和第二批水果都是二级($EX=2$)，但第一批水果的品质(等级)明显比第二批稳定，这一点用平均等级是无法衡量的. 于是，我们需要引入另一个重要的数字特征——方差对随机变量的稳定性进行衡量.

定义 4.4　若 $E(X-EX)^2$ 存在，则称其为 X 的方差，记作 DX，即

$$DX=E(X-EX)^2, \tag{4-8}$$

同时，称 $\sqrt{DX}$ 为根方差或标准差.

此外，根据数学期望的性质可得：

$$\begin{aligned} DX &= E(X-EX)^2=E(X^2-2XEX+E^2X) \\ &= EX^2-2EXEX+E^2X=EX^2-E^2X, \end{aligned}$$

这样我们又有方差计算的另一公式

$$DX=EX^2-E^2X. \tag{4-9}$$

例 1　$X\sim(0,1)$，求 DX.

解　由 $EX=p, EX^2=1^2p=p$ 得 $DX=EX^2-E^2X=p-p^2=pq$，

所以 $DX=pq$.

例 2　$X\sim P(\lambda)$，求 DX.

解　由 $EX=\lambda, P(X=k)=\dfrac{\lambda^k}{k!}e^{-\lambda}, k=0,1,2,\cdots$ 得

$$\begin{aligned} EX^2 &= \sum_{k=0}^{\infty}k^2\frac{\lambda^k}{k!}e^{-\lambda}=\sum_{k=1}^{\infty}\frac{(k-1)+1}{(k-1)!}\lambda^k e^{-\lambda} \\ &= \lambda^2e^{-\lambda}\sum_{k=2}^{\infty}\frac{\lambda^{k-2}}{(k-2)!}+\lambda e^{-\lambda}\sum_{k=1}^{\infty}\frac{\lambda^{k-1}}{(k-1)!} \\ &= \lambda^2e^{-\lambda}e^{\lambda}+\lambda e^{-\lambda}e^{\lambda}=\lambda^2+\lambda, \\ DX &= EX^2-E^2X=\lambda^2+\lambda-\lambda^2=\lambda, \end{aligned}$$

故　$DX=\lambda$.

例 3　$X\sim U(a,b)$，求 DX.

解

$$EX=\frac{a+b}{2},$$

$$EX^2=\int_a^b x^2\frac{1}{b-a}dx=\frac{x^3}{3(b-a)}\bigg|_a^b=\frac{a^2+ab+b^2}{3},$$

$$EX^2-E^2X=\frac{a^2+ab+b^2}{3}-\frac{(b-a)^2}{2^2}=\frac{(b-a)^2}{12},$$

所以　$DX=\dfrac{(b-a)^2}{12}$.

例 4　$X\sim E(\lambda)$，求 DX.

解　由 $EX=\dfrac{1}{\lambda}$，得

$$\begin{aligned} EX^2 &= \int_0^{+\infty}x^2\lambda e^{-\lambda x}dx=\frac{x^2e^{-\lambda x}}{-1}\bigg|_0^{+\infty}+\int_0^{+\infty}\frac{2e^{-\lambda x}}{\lambda}dx \\ &= -\frac{2e^{-\lambda x}}{\lambda^2}\bigg|_0^{+\infty}=\frac{2}{\lambda^2}, \end{aligned}$$

$$EX^2-E^2X=\frac{2}{\lambda^2}-\frac{1}{\lambda^2}=\frac{1}{\lambda^2},$$

所以 $$DX=\frac{1}{\lambda^2}.$$

例 5 $X\sim N(\mu,\sigma^2)$,求 DX.

解 由 $EX=\mu$,得

$$DX=E(X-EX)^2=\int_{-\infty}^{+\infty}(x-\mu)^2\frac{1}{2\pi\sigma}e^{-\frac{(x-\mu)^2}{2\sigma^2}}\mathrm{d}x.$$

令 $y=\frac{x-\mu}{\sigma},\mathrm{d}y=\frac{\mathrm{d}x}{\sigma}$,则

$$DX=\int_{-\infty}^{+\infty}\frac{\sigma^2y^2}{\sqrt{2\pi}}e^{-\frac{y^2}{2}}\mathrm{d}y=\frac{\sigma^2}{\sqrt{2\pi}}\left[y(-e^{-\frac{y^2}{2}})\Big|_{-\infty}^{+\infty}+\int_{-\infty}^{+\infty}e^{-\frac{y^2}{2}}\mathrm{d}y\right]$$

$$=\frac{\sigma^2}{\sqrt{2\pi}}\cdot\sqrt{2\pi}=\sigma^2,$$

所以 $$DX=\sigma^2.$$

4.2.2 方差的性质

设随机变量 X,Y 的方差存在,且 a,b,c 是常数,则

(1) $Dc=0$;

(2) $D(cX)=c^2DX$;

(3) $D(aX+b)=a^2DX$;

(4) 若 X 与 Y 独立,则 $D(X\pm Y)=DX+DY$;

(5) $DX=0$ 的充要条件是 X 取常数 c 的概率为 1,即 $P(X=c)=1$,这里,显然 $EX=c$,该性质本书不作证明.

结合方差的性质(2),(4),当 $X_1,X_2,\cdots,X_n$ 互相独立时,则可得

$$D(c_1X_1+c_2X_2+\cdots+c_nX_n)=c_1^2DX_1+c_2^2DX_2+\cdots+c_n^2DX_n.$$

证 (1) $Dc=E(c-Ec)^2=E0^2=0$;

(2) $$\begin{aligned}D(cX)&=E[cX-E(cX)]^2\\&=E[c^2(X-EX)^2]\\&=c^2E(X-EX)^2\\&=c^2DX;\end{aligned}$$

(3) $$\begin{aligned}D(aX+b)&=E[aX+b-E(aX+b)]^2\\&=E[a^2(X-EX)^2]\\&=a^2E(X-EX)^2\\&=a^2DX;\end{aligned}$$

(4) 由 X 与 Y 独立,$E(XY)=EX\cdot EY$.

$$\begin{aligned}D(X\pm Y)&=E(X\pm Y)^2-E^2(X\pm Y)\\&=E(X^2\pm2XY+Y^2)-(EX\pm EY)^2\\&=EX^2\pm2E(XY)+EY^2-E^2X\mp2EX\cdot EY-E^2Y\end{aligned}$$

$$= (EX^2 - E^2X) + (EY^2 - E^2Y) \pm 2[E(XY) - EX \cdot EY]$$
$$= DX + DY.$$

例 6　$X \sim B(n,p)$,求 DX.

解　由 $EX = np$,作可放回抽样 $X_i, i = 1,2,\cdots,n$.

令 $$X_i = \begin{cases} 1, & A\text{ 发生}, \\ 0, & \overline{A}\text{ 发生}, \end{cases} X_i\text{ 之间互相独立}, DX_i = pq,$$

而 $$X = \sum_{i=1}^{n} X_i, DX = D(\sum_{i=1}^{n} X_i) = \sum_{i=1}^{n} DX_i = npq,$$

所以 $DX = npq$.

例 7　若随机变量 X 的期望 EX 和方差 DX 都存在,$DX > 0$,作变换 $Y = \dfrac{X - EX}{\sqrt{DX}}$,求 EY 和 DY.

解 $$EY = E\frac{X - EX}{\sqrt{DX}} = \frac{EX - EX}{\sqrt{DX}} = 0,$$

$$DY = D\left(\frac{X - EX}{\sqrt{DX}}\right) = \frac{D(X - EX)}{DX} = \frac{DX}{DX} = 1,$$

以上变换称 Y 为 X 的标准化变换.

习题 4.2

1. 有 3 只球,四个盒了,盒了的编号为 1,2,3,4. 将球逐个独立、随机地放入 4 个盒了中去. 以 X 表示其中至少有一只球的盒子的最小号码,试求 DX.
2. 设随机变量 X 的分布律为

X	-2	0	2
p	0.4	0.3	0.3

求 DX.

3. 某随机变量 X 的分布率为

X	1	2	3
p	0.3	0.5	0.2

求:(1) $Y = 2X - 1$ 的方差;(2) $Z = X^2$ 的方差.

4. 设随机变量 X 服从指数分布

$$f(x) = \begin{cases} \lambda e^{-\lambda x}, & x > 0, \\ 0, & x \leqslant 0. \end{cases}$$

其中 $\lambda > 0$,求 $D(3X + 2)$.

5. 设 X 为随机变量,c 是常数,证明:对于 $c \neq EX$,有 $DX < E(X - c)^2$.
6. 设随机变量 X 的密度函数为 $f(x) = \dfrac{1}{2} e^{-|x|}$,其中 $-\infty < x < +\infty$,求 DX.
7. 设随机变量 X 的分布函数为

$$F(x) = \begin{cases} 0, & x \leqslant 0, \\ x^2, & 0 < x < 1, \\ 1, & x \geqslant 1. \end{cases}$$

求:(1) 概率密度 $f(x)$;(2) $P(0.25<X<0.5)$;(3) DX.

8. 对某一目标进行射击,直到击中 r 次为止,如果每次射击的命中率均为 p,求需要射击的次数 X 的方差.

9. 某种型号的电子管的寿命 X(以小时计) 具有以下的概率密度:

$$f(x)=\begin{cases}\dfrac{1000}{x^2}, & x>1000,\\ 0, & \text{其他}.\end{cases}$$

现有一大批此种管子(设各电子管损坏与否相互独立),任取 6 只,用 Y 表示其中寿命大于 1500 小时的电子管的只数,求:(1) $P(Y\geqslant 1)$;(2) DY.

4.3 协方差和相关系数

对于二维随机变量 (X,Y) 来说,数学期望 $E(X)$,$E(Y)$ 只反映了 X 和 Y 各自的平均值,而方差 $D(X)$,$D(Y)$ 只反映了 X 与 Y 各自偏离平均值的程度,它们对 X 与 Y 之间的相互关系没有提供任何消息. 在实际问题中,随机变量 X 与 Y 往往相互影响,相互联系,例如,人的体重与身高;某种产品的产量与价格等. 我们自然希望有一个数字能够在一定程度上反映 X 与 Y 之间的这种联系.

4.3.1 协方差

我们容易证明,当 X 与 Y 相互独立时,有 $E[X-E(X)][Y-E(Y)]=0$,这意味着 $E[X-E(X)][Y-E(Y)]\neq 0$ 时,X 与 Y 肯定不独立,这说明 $E[X-E(X)][Y-E(Y)]$ 的数值在一定程度上反映了 X 与 Y 之间是存在一定联系的,为此我们引入下列定义:

定义 4.5 **设 (X,Y) 为二元随机变量,称 $E[(X-EX)(Y-EY)]$ 为随机变量 X 与 Y 的协方差,记为 $Cov(X,Y)$,即**

$$Cov(X,Y)=E[(X-EX)(Y-EY)]. \tag{4-10}$$

又由于

$$\begin{aligned}E[(X-EX)(Y-EY)]&=E(XY-XEY-YEX+EX\cdot EY)\\&=E(XY)-EX\cdot EY-EY\cdot EX+EX\cdot EY\\&=E(XY)-EX\cdot EY,\end{aligned}$$

所以也有

$$Cov(X,Y)=E(XY)-EX\cdot EY. \tag{4-11}$$

例 1 设 (X,Y) 的联合分布律如表 4-11 所示:

表 4-11

X \ Y	1	2	3
0	$\frac{1}{6}$	$\frac{1}{3}$	$\frac{1}{6}$
1	$\frac{1}{6}$	0	$\frac{1}{6}$

求 $Cov(X,Y)$,并判断 X 与 Y 的独立性.

解　X 与 Y 的边际分布分别如表 4-12,表 4-13 所示：

表 4-12

X	0	1
P	$\frac{2}{3}$	$\frac{1}{3}$

表 4-13

Y	1	2	3
P	$\frac{1}{3}$	$\frac{1}{3}$	$\frac{1}{3}$

于是
$$EX=\frac{1}{3},\ EY=1\cdot\frac{1}{3}+2\cdot\frac{1}{3}+3\cdot\frac{1}{3}=2,$$
$$E(XY)=0\cdot1\cdot\frac{1}{6}+0\cdot2\cdot\frac{1}{3}+0\cdot3\cdot\frac{1}{6}+1\cdot1\cdot\frac{1}{6}+1\cdot2\cdot0+1\cdot3\cdot\frac{1}{6}=\frac{2}{3},$$
$$Cov(X,Y)=E(XY)-EX\cdot EY=\frac{2}{3}-\frac{1}{3}\cdot2=0,$$
又 $p_{11}=\frac{1}{6}\neq\frac{1}{3}\cdot\frac{1}{3}=p_{1\cdot}\cdot p_{\cdot1}$,所以 X 与 Y 不独立.

例 2　设
$$(X,Y)\sim f(x,y)=\begin{cases}2(x+y), & 0\leqslant x\leqslant y\leqslant 1,\\ 0, & \text{其他}.\end{cases}$$
求 $Cov(X,Y)$.

解　(X,Y) 的非零区域见图 4-1 阴影部分,也是 EX,EY 和 $E(X,Y)$ 的积分区域.

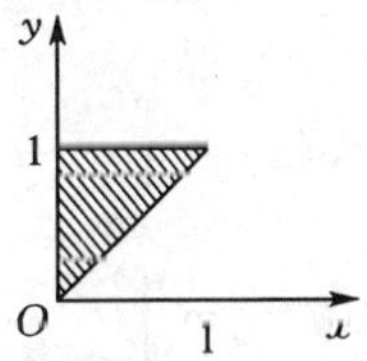

图 4-1

$$\begin{aligned}EX&=\int_{-\infty}^{+\infty}\int_{-\infty}^{+\infty}xf(x,y)\mathrm{d}x\mathrm{d}y\\&=\int_0^1\mathrm{d}y\int_0^y2x(x+y)\mathrm{d}x\\&=\int_0^1\left(\frac{2y^3}{3}+\frac{2y^3}{2}\right)\mathrm{d}y\\&=\int_0^1\frac{5}{3}y^3\mathrm{d}y=\frac{5}{12},\end{aligned}$$
$$\begin{aligned}EY&=\int_{-\infty}^{+\infty}\int_{-\infty}^{+\infty}yf(x,y)\mathrm{d}x\mathrm{d}y\\&=\int_0^1\mathrm{d}x\int_x^1y\cdot2(x+y)\mathrm{d}y=\int_0^1\left(xy^2+\frac{2}{3}y^3\Big|_x^1\right)\mathrm{d}x\\&=\int_0^1\left(x-\frac{5}{3}x^3+\frac{2}{3}\right)\mathrm{d}x\\&=\frac{3}{4},\end{aligned}$$
$$E(XY)=\int_0^1\left(\int_0^yxy\cdot2(x+y)\mathrm{d}x\right)\mathrm{d}y=\int_0^1\left(\frac{2}{3}y^4+y^4\right)\mathrm{d}y=\frac{2}{15}+\frac{1}{5}=\frac{1}{3},$$
$$Cov(X,Y)=E(XY)-EX\cdot EY=\frac{1}{3}-\frac{5}{12}\cdot\frac{3}{4}=\frac{1}{48}.$$

4.3.2　相关系数

协方差的数值虽然在一定程度上反映了随机变量 X 与 Y 之间的联系,但它还受到 X 与

Y本身数值大小的影响,例如,令$X_1=kX,Y_1=kY$,这时X与Y各自增大了k倍,但这时X_1与Y_1之间的相互联系和X与Y之间的相互联系应该是一致的,可是

$$Cov(X_1,Y_1)=Cov(kX,kY)=k^2Cov(X,Y)$$

即反映这种关系的协方差增大了k^2倍,这是协方差的一个缺点.协方差的另一个缺点是它带有的量纲,例如以X表示人的身高,单位是厘米,Y表示人的体重,单位是千克,则$Cov(X,Y)$带有量纲(厘米·千克),为了克服这些缺点,我们引入以下定义:

定义 4.6　设二元随机变量(X,Y),X和Y的方差都存在,且DX,DY均大于0,则称

$$\frac{Cov(X,Y)}{\sqrt{DX}\ \sqrt{DY}}=\frac{E(X-EX)(Y-EY)}{\sqrt{DX}\ \sqrt{DY}}$$

为X与Y的相关系数,记作ρ_{XY}或ρ,即

$$\rho_{XY}=\frac{Cov(X,Y)}{\sqrt{DX}\ \sqrt{DY}}.$$

例 3　设$(X,Y)\sim N(\mu_1,\mu_2,\rho,\sigma_1^2,\sigma_2^2)$,求$\rho_{XY}$.

解　由题意可知二元随机变量$(X,Y)\sim f(x,y)=$

$$\frac{1}{2\pi\sigma_1\sigma_2\sqrt{1-\rho^2}}\exp\left\{-\frac{1}{2(1-\rho^2)}\left[\frac{(x-\mu_1)^2}{\sigma_1^2}-2\rho\frac{(x-\mu_1)(y-\mu_2)}{\sigma_1\sigma_2}+\frac{(y-\mu_2)^2}{\sigma_2^2}\right]\right\},$$

令$\dfrac{x-\mu_1}{\sigma_1}=u,\dfrac{y-\mu_2}{\sigma_2}=v$,则$\mathrm{d}y=\sigma_2\mathrm{d}v$,

$$\begin{aligned}
f_X(x)&=\int_{-\infty}^{+\infty}\frac{1}{2\pi\sigma_1\sigma_2\sqrt{(1-\rho^2)}}\exp\left\{-\frac{1}{2(1-\rho^2)}\left[\frac{(x-\mu_1)^2}{\sigma_1^2}-2\rho\frac{(x-\mu_1)(y-\mu_2)}{\sigma_1\sigma_2}+\frac{(y-\mu_2)^2}{\sigma_2^2}\right]\right\}\mathrm{d}y\\
&=\int_{-\infty}^{+\infty}\frac{1}{2\pi\sigma_1\sigma_2\sqrt{(1-\rho^2)}}\exp\left[-\frac{1}{2(1-\rho^2)}(u^2-2\rho uv+v^2)\right]\sigma_2\mathrm{d}v\\
&=\frac{1}{2\pi\sigma_1\sqrt{1-\rho^2}}\exp\left[-\frac{u^2}{2}\right]\cdot\int_{-\infty}^{+\infty}\exp\left[-\frac{v^2-2\rho uv+\rho^2u^2}{2(1-\rho^2)}\right]\mathrm{d}v\\
&=\frac{\exp\left(-\frac{u^2}{2}\right)}{2\pi\sigma_1}\int_{-\infty}^{+\infty}\frac{\exp\left[-\frac{(v-\rho u)^2}{2(1-\rho^2)}\right]}{\sqrt{1-\rho^2}}\mathrm{d}v\\
&=\frac{\exp\left(-\frac{u^2}{2}\right)}{\sqrt{2\pi}\sigma_1}\int_{-\infty}^{+\infty}\frac{\exp\left(-\frac{t^2}{2}\right)}{\sqrt{2\pi}}\mathrm{d}t\quad\left(令\ t=\frac{v-\rho u}{\sqrt{1-\rho^2}}\right)\\
&=\frac{\exp\left(-\frac{u^2}{2}\right)}{\sqrt{2\pi}\sigma_1}\\
&=\frac{\exp\left[-\frac{(x-\mu_1)^2}{2\sigma_1^2}\right]}{\sqrt{2\pi}\sigma_1}.
\end{aligned}$$

所以,分量$X\sim f_X(x)=\dfrac{\exp\left[-\frac{(x-\mu_1)^2}{2\sigma_1^2}\right]}{\sqrt{2\pi}\sigma_1}$,　即$X\sim N(\mu_1,\sigma_1^2)$,

由 X 和 Y 的对称性，$Y \sim N(\mu_2, \sigma_2^2)$，从而

$$EX = \mu_1,\ EY = \mu_2,\ DX = \sigma_1^2,\ DY = \sigma_2^2,$$

令

$$\frac{x-\mu_1}{\sigma_1} = u,\ \frac{y-\mu_2}{\sigma_2} = v,\ \frac{\partial(u,v)}{\partial(x,y)} = \frac{1}{\sigma_1\sigma_2},$$

则

$$Cov(X,Y) = E(X-EX)(Y-EY)$$

$$= \int_{-\infty}^{+\infty}\int_{-\infty}^{+\infty}(x-\mu_1)(y-\mu_2)\frac{\exp\left\{-\frac{1}{2(1-\rho^2)}\left[\frac{(x-\mu_1)^2}{\sigma_1^2} - 2\rho\frac{(x-\mu_1)(y-\mu_2)}{\sigma_1\sigma_2} + \frac{(y-\mu_2)^2}{\sigma_2^2}\right]\right\}}{2\pi\sigma_1\sigma_2\sqrt{1-\rho^2}}\mathrm{d}x\mathrm{d}y$$

$$= \int_{-\infty}^{+\infty}\int_{-\infty}^{+\infty}\frac{uv\exp\left[-\frac{1}{2(1-\rho^2)}(u^2-2\rho uv+v^2)\right]}{2\pi\sqrt{1-\rho^2}}\sigma_1\sigma_2\mathrm{d}u\mathrm{d}v$$

$$= \int_{-\infty}^{+\infty}v\exp\left(-\frac{v^2}{2}\right)\int_{-\infty}^{+\infty}\frac{(u-\rho v)+v\rho}{2\pi\sqrt{1-\rho^2}}\exp\left[-\frac{(u-v\rho)^2}{2(1-\rho^2)}\right]\sigma_2\sigma_2\mathrm{d}u\mathrm{d}v \quad \left(令\frac{u-v\rho}{\sqrt{1-\rho^2}} = w\right)$$

$$= \sigma_1\int_{-\infty}^{+\infty}\sigma_2\frac{v\exp\left(-\frac{v^2}{2}\right)}{\sqrt{2\pi}}\mathrm{d}v\left[\int_{-\infty}^{+\infty}\frac{w\exp\left(-\frac{w^2}{2}\right)}{\sqrt{2\pi}}\mathrm{d}w + \int_{-\infty}^{+\infty}\frac{v\rho}{\sqrt{2\pi}}\exp\left(-\frac{w^2}{2}\right)\mathrm{d}w\right]$$

$$= \sigma_1\sigma_2\int_{-\infty}^{+\infty}\frac{v\exp\left(-\frac{v^2}{2}\right)}{\sqrt{2\pi}}(0+v\rho)\mathrm{d}v$$

$$= \rho\sigma_1\sigma_2\int_{-\infty}^{+\infty}\frac{v^2\exp\left(-\frac{v^2}{2}\right)}{\sqrt{2\pi}}\mathrm{d}v$$

$$= \rho\sigma_1\sigma_2,$$

所以

$$\rho_{XY} = \frac{Cov(X,Y)}{\sqrt{DX}\sqrt{DY}} = \frac{\rho\sigma_1\sigma_2}{\sigma_1\sigma_2} = \rho.$$

4.3.3　协方差和相关系数的性质

由协方差的定义，可直接推出协方差的性质如下：

(1) $Cov(X,Y) = Cov(Y,X)$；

(2) $Cov(X,X) = DX$；

(3) $Cov(aX,bY) = abCov(X,Y)$，a,b 为常数；

(4) $Cov(X_1+X_2,Y) = Cov(X_1,Y) + Cov(X_2,Y)$.

相关系数的性质是：

(5) $0 \leqslant |\rho_{XY}| \leqslant 1$；

(6) $|\rho_{XY}| = 1$ 的充要条件是，存在常数 a,b，使得 $P(Y = aX+b) = 1$.

在推导 ρ_{XY} 两条性质的同时，也可以说明 ρ_{XY} 的意义，为此，我们进行以下推证.

考虑用 X 的线性函数 $aX+b$ 来近似 Y，均方误差

$$e=E[Y-(aX+b)]^2=EY^2+a^2EX^2+b^2-2aE(XY)+2abEX-2bEY,$$

e 的值越小,表示 Y 与 $aX+b$ 的近似度越高,所以只需要选取适当的 a,b 使得 e 达到最小即可,为此分别对 a,b 求偏导,

$$\frac{\partial e}{\partial b}=2b+2aEX-2EY=0,$$

$$\frac{\partial e}{\partial a}=2aEX^2-2E(XY)+2bEX=0,$$

解得

$$a_0=\frac{Cov(X,Y)}{DX},$$

$$b_0=EY-EX\cdot\frac{Cov(X,Y)}{DX}.$$

将 a_0,b_0 代入 e 中得

$$\begin{aligned}\min e&=E\left[Y-\left(EY-EX\cdot\frac{Cov(X,Y)}{DX}+\frac{Cov(X,Y)}{DX}X\right)\right]^2\\&=E\left[(Y-EY)+\frac{Cov(X,Y)}{DX}(EX-X)\right]^2\\&=E(Y-EY)^2-2\frac{Cov(X,Y)}{DX}E(X-EX)(Y-EY)\\&\quad+\frac{Cov^2(X,Y)}{D^2X}E(X-EX)^2\\&=DY-2\frac{Cov^2(X,Y)}{DX}+\frac{Cov^2(X,Y)}{D^2X}DX\\&=DY\left[1-\frac{Cov^2(X,Y)}{DXDY}\right]\\&=DY[1-\rho_{XY}^2].\end{aligned}$$

由 $e\geqslant 0,DY\geqslant 0$ 可得 $1\geqslant\rho_{XY}^2$,(5) 得证.

再者,如果 $|\rho_{XY}|=1$,那么

$$e=E[Y-(a_0X+b_0)]^2=0,$$

即 $D[Y-(a_0X+b_0)]+E^2[Y-(a_0X+b_0)]=0,$

所以

$$D[Y-(a_0X+b_0)]=0,$$

$$E[Y-(a_0X+b_0)]=0,$$

由方差性质(5) 得 $P(Y=a_0X+b_0)=1.$

反之,如果

$$P(Y=a^*X+b^*)=1,$$

$$P[Y-(a^*X+b^*)=0]=1\ (a^*,b^*\ 为常数),$$

$$P\{[Y-(a^*X+b^*)]^2=0\}=1,$$

得 $D[Y-(a^*X+b^*)]=0$,随即

$$E[Y-(a^*X+b^*)]^2=0.$$

那么

$$0 = E[Y-(a^* X+b^*)]^2 \geqslant \min e = E[Y-(a_0X+b_0)]^2 = DY(1-\rho_{XY}^2),$$

所以 $|\rho_{XY}| = 1$，(6) 得证.

从整个推导的过程可知，均方误差 $\min e = (1-\rho_{XY}^2)DY$ 是 $|\rho_{XY}|$ 的单调减函数，即 $|\rho_{XY}|$ 较大时 $\min e$ 较小，表示 Y 与线性函数 a_0X+b_0 的关系较紧密. 特别当 $|\rho_{XY}|=1$ 时，Y 与 X 之间以概率为 1 存在线性关系，当 $|\rho_{XY}|$ 较小时，Y 与 X 的线性关系就较弱. 这种强弱线性关系我们归纳为如下定义：

定义 4.7　设 (X,Y) 的方差 DX,DY 存在且大于 0，当 $\rho_{XY}=0$ 时，称 X 与 Y 不相关；当 $|\rho_{XY}|=1$ 时，称 X 与 Y 完全相关.

X 与 Y 完全相关的含义就是两变量以概率为 1 存在线性关系；X 与 Y 不相关也不代表两个变量一点关系都没有，只表明它们之间不存在线性关系，但可能存在别的函数关系.

另外，我们知道 X 与 Y 互相独立，则 $\rho_{XY}=0$，而 $\rho_{XY}=0$ 时，X 与 Y 并不一定独立. 所以互相独立是比不相关有更强要求的关系.

例 4　设 $X \sim N(0,1)$，令 $Y = X^2$，问 X 与 Y 之间的关系.

解　$EX=0, DX=1$，

$$EY = EX^2 = \int_{-\infty}^{+\infty} \frac{x^2 e^{-\frac{x^2}{2}}}{\sqrt{2\pi}} dx = DX + E^2X,$$

$$Cov(X,Y) = E(XY) - EX \cdot EY = EX^3 - 0 = \int_{-\infty}^{+\infty} \frac{x^3 e^{-\frac{x^2}{2}}}{\sqrt{2\pi}} dx = 0,$$

所以 X 与 Y 不相关.

又由于 Y 的分布函数为

$$F_Y(y) = P(Y \leqslant y) = P(-\sqrt{y} \leqslant X \leqslant \sqrt{y}) = \Phi(\sqrt{y}) - \Phi(-\sqrt{y}),\ y>0.$$

(X,Y) 的联合分布函数为

$$\begin{aligned} F(x,y) &= P(X\leqslant x, Y\leqslant y) = P(X \leqslant x, X^2 \leqslant y) \\ &= P(X\leqslant x, -\sqrt{y} \leqslant X \leqslant \sqrt{y}), y>0. \end{aligned}$$

当 $x<-\sqrt{y}<0, y>0$ 时，$P(X\leqslant x, -\sqrt{y}\leqslant X\leqslant\sqrt{y})=0$，

而此时

$$\begin{aligned} &P(X\leqslant x) = \Phi(X) \neq 0, \\ &P(Y\leqslant y) = \Phi(\sqrt{y}) - \Phi(-\sqrt{y}) \neq 0, \\ &F_X(x)\cdot F_Y(y) = \Phi(x)[\Phi(\sqrt{y}) - \Phi(-\sqrt{y})] \neq 0, \end{aligned}$$

所以

$$F(x,y) \neq F_X(x)\cdot F_Y(y)，当\ x<-\sqrt{y}<0, y>0\ 时，$$

即 X 与 Y 不独立.

所以，X,Y 既不相关，也不独立.

从本节例 3 知，如果 $(X,Y) \sim N(\mu_1,\mu_2,\sigma_1^2,\sigma_2^2,\rho)$，则 $\rho_{XY}=\rho$，那么，结合定理 3.1，容易得到二元正态随机变量 X 与 Y 相互独立的充要条件是

$$\rho_{XY}=\rho=0,$$

即
$$(X,Y)\sim\frac{1}{2\pi\sigma_1\sigma_2}\exp\left[-\frac{(x-\mu_1)^2}{2\sigma_1^2}-\frac{(y-\mu_2)^2}{2\sigma_2^2}\right].$$

对二元正态随机变量(X,Y)来说,X与Y不相关和X与Y相互独立是等价的.

习题 4.3

1. 设(X,Y)服从区域$D=\{(x,y)\mid 0<x<1,0<y<1\}$上的均匀分布,求相关系数$\rho_{XY}$.
2. 已知$DX=25$, $DY=36$, $\rho_{XY}=0.4$,求$D(X+Y)$和$D(X-Y)$.
3. 设随机变量(X,Y)具有概率密度

$$f(x,y)=\begin{cases}\frac{1}{8}(x+y), & 0\leqslant x\leqslant 2,0\leqslant y\leqslant 2,\\ 0, & \text{其他}.\end{cases}$$

求ρ_{XY}.

4. 二维随机变量(X,Y)的联合分布密度函数为

$$f(x,y)=\begin{cases}C, & 0<y<x<1,\\ 0, & \text{其他}.\end{cases}$$

(1) 确定常数C的值;

(2) 求X和Y的边缘概率密度$f_X(x)$与$f_Y(y)$,并问X与Y是否独立;

(3) 求X的期望与方差;

(4) 求X与Y的相关系数.

5. 设随机变量(X,Y)的分布律如表 4-14 所示:

表 4-14

Y \ X	-1	0	1
-1	$\frac{1}{8}$	$\frac{1}{8}$	$\frac{1}{8}$
0	$\frac{1}{8}$	0	$\frac{1}{8}$
1	$\frac{1}{8}$	$\frac{1}{8}$	$\frac{1}{8}$

验证X和Y是不相关的,但X和Y不是相互独立的.

6. 设A和B是试验E的两个事件,且$P(A)>0,P(B)>0$,并定义随机变量X,Y如下:

$$X=\begin{cases}1, & \text{若}A\text{发生},\\ 0, & \text{若}A\text{不发生}.\end{cases}\qquad Y=\begin{cases}1, & \text{若}B\text{发生},\\ 0, & \text{若}B\text{不发生}.\end{cases}$$

证明:若$\rho_{XY}=0$,则X和Y必定相互独立.

本 章 小 结

随机变量的数学特征是由随机变量的分布确定的,它是描述随机变量某一方面特征的常数(参数).其中最重要的数学特征是数学期望和方差.数学期望EX描述随机变量X取值的平均数,方差DX描述随机变量与它的期望EX的偏离程度.协方差和相关系数则是反映二元随机变量(X,Y)中X与Y的某种关系的常

数.而期望、方差、协方差是矩的特殊形式.

一、数学期望

1. 数学期望的求法

(1) $EX=\begin{cases}\sum\limits_{i=1}^{\infty}x_ip_i, & \text{绝对收敛}, P(X=x_i)=p_i,\ i=1,2,3,\cdots,\\ \int_{-\infty}^{+\infty}xf(x)\mathrm{d}x, & \text{绝对收敛}, X\sim f(x).\end{cases}$

(2) $Eg(X)=\begin{cases}\sum\limits_{i=1}^{\infty}g(x_i)p_i, & \text{绝对收敛}, P(X=x_i)=p_i,\ i=1,2,3,\cdots,\\ \int_{-\infty}^{+\infty}g(x)f(x)\mathrm{d}x, & \text{绝对收敛}, X\sim f(x), g(x)\text{ 连续}.\end{cases}$

(3) $Eg(X,Y)=$

$$\begin{cases}\sum\limits_{j=1}^{\infty}\sum\limits_{i=1}^{\infty}g(x_i,y_j)p_{ij}, & \text{绝对收敛}, P(X=x_i,Y=y_j)=p_{ij},\\ \int_{-\infty}^{+\infty}\int_{-\infty}^{+\infty}g(x,y)f(x,y)\mathrm{d}x\mathrm{d}y, & \text{绝对收敛}, (X,Y)\sim f(x,y), Z=g(x,y)\text{ 连续}, i,j=1,2,3,\cdots.\end{cases}$$

2. 数学期望的性质

(1) $Ec=c$, c 为常数;

(2) $E(cX)=cEX$;

(3) $E(aX+bY)=aEX+bEY$, a,b 是常数;

(4) $a\leqslant EX\leqslant b$,若 $a\leqslant X\leqslant b$;

(5) 若 X 与 Y 独立,则 $E(XY)=EX\cdot EY$.

二、方差

1. 方法的求法

$DX=E(X-EX)^2=EX^2-E^2X$.

2. 方差的性质

当随机变量 X,Y 的方差都存在时,其方差具有如下性质:

(1) $Dc=0$, c 为常数;

(2) $D(cX)=c^2DX$;

(3) $D(aX+b)=a^2DX$, a,b 是常数;

(4) 若 X 与 Y 独立,$D(aX+bY)=a^2DX+b^2DY$;

(5) $DX=0$ 的充要条件是 $P(X=c)=1$.

三、协方差、相关系数

1. 协方差及相关系数的定义

(1) $Cov(X,Y)=E[(X-EX)(Y-EY)]=E(XY)-EX\cdot EY$;

(2) $\rho_{XY}=\dfrac{Cov(X,Y)}{\sqrt{DX}\ \sqrt{DY}}=\dfrac{E[(X-EX)(Y-EY)]}{\sqrt{DX}\ \sqrt{DY}},\quad DX\cdot DY\neq 0$.

2. 协方差及相关系数的性质

(1) $Cov(X,Y)=Cov(Y,X)$;

(2) $Cov(X,X)=DX$;

(3) $Cov(X_1+X_2,Y)=Cov(X_1,Y)+Cov(X_2,Y)$;

(4) 若 X 与 Y 独立,则 $Cov(X,Y)=0$ 或 $\rho_{XY}=0$;

(5) $0 \leqslant |\rho_{XY}| \leqslant 1$.

典型例题解析

例 1 设 $X \sim f(x) = \dfrac{1}{\pi(1+x^2)}$, $x \in \mathbf{R}$,试证 EX 的期望不存在.

证 $\displaystyle\int_{-\infty}^{+\infty} |xf(x)| \mathrm{d}x = \int_{-\infty}^{+\infty} |x| f(x) \mathrm{d}x = \int_{-\infty}^{+\infty} |x| \frac{1}{\pi(1+x)^2} \mathrm{d}x$

$$= \int_{-\infty}^{0} \frac{-x}{\pi(1+x^2)} \mathrm{d}x + \int_{0}^{+\infty} \frac{x}{\pi(1+x^2)} \mathrm{d}x.$$

而
$$\int_{0}^{+\infty} \frac{x}{\pi(1+x^2)} \mathrm{d}x = \frac{1}{2\pi} \ln(1+x^2) \Big|_{0}^{+\infty} = +\infty,$$

所以$\displaystyle\int_{-\infty}^{+\infty} |xf(x)| \mathrm{d}x$ 发散.

故 EX 不存在.

例 2 求超几何分布随机变量的期望.

解 由 $P(X=k) = \dfrac{C_M^k C_{N-M}^{n-k}}{C_N^n}$, $k = 0,1,2,\cdots,n$,

当然可用 $EX = \displaystyle\sum_{k=0}^{\infty} kp_k$ 直接去求,但用线性性质也可求.

令 $X_i = \begin{cases} 1, & 第\ i\ 次抽废品, \\ 0, & 第\ i\ 次抽正品, \end{cases}$ X_i 是不放回抽样.

则 $P(X_1 = 1) = \dfrac{M}{N}, \cdots, P(X_i = 1) = \dfrac{M}{N}$, $i = 1,2,\cdots,n$,

$EX_i = \dfrac{M}{N}$,而 $X = \displaystyle\sum_{i=1}^{n} X_i$,这样

$$EX = E\left(\sum_{i=1}^{n} X_i\right) = \sum_{i=1}^{n} EX_i = \frac{nM}{N},$$

即 $EX = \dfrac{nM}{N}$.

例 3 如果$(X\ Y) \sim f(x\ y) = \begin{cases} 1, & |y| < x, 0 < x < 1, \\ 0, & 其他. \end{cases}$ 求 ρ_{XY}.

分析 $\rho_{XY} = \dfrac{Cov(X,Y)}{\sqrt{DX}\ \sqrt{DY}}$, $Cov(X,Y) = E(XY) - EXEY$.

先求 $EX, EY, E(XY)$,再求 DX, DY 代入公式. 二重积分时,实际积分区域 $D = \{(x,y) \mid 0 < x < 1, -x < y < x\}$,如图 4-2 所示.

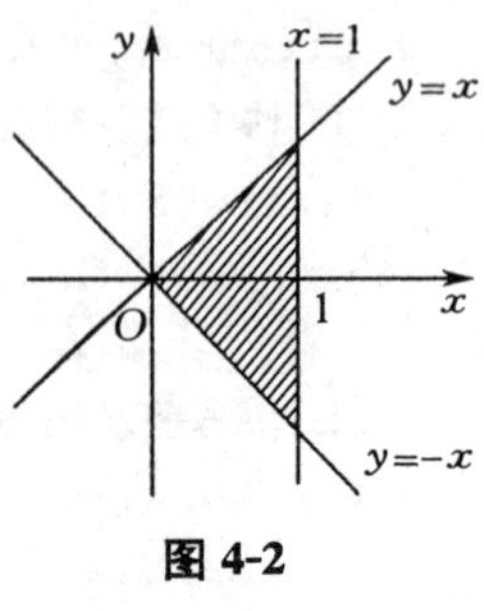

图 4-2

解 因为 $EX = \displaystyle\int_{-\infty}^{+\infty} x f_X(x) \mathrm{d}x = \int_{-\infty}^{+\infty} x \left[\int_{-\infty}^{+\infty} f(x,y) \mathrm{d}y\right] \mathrm{d}x$

$$= \int_{0}^{1} x \left[\int_{-x}^{x} 1 \mathrm{d}y\right] \mathrm{d}x = \int_{0}^{1} 2x^2 \mathrm{d}x = \frac{2}{3}.$$

$EY = \displaystyle\int_{-\infty}^{+\infty} y f_Y(y) \mathrm{d}y = \int_{-\infty}^{+\infty} y \left[\int_{-\infty}^{+\infty} f(x,y) \mathrm{d}x\right] \mathrm{d}y$

$\displaystyle\quad = \int_{-\infty}^{+\infty} \left[\int_{-\infty}^{+\infty} y f(x,y) \mathrm{d}y\right] \mathrm{d}x$

$$=\int_0^1\left[\int_{-x}^{x}y\mathrm{d}y\right]\mathrm{d}x=\int_0^1 0\mathrm{d}x=0.$$

$$E(XY)=\int_{-\infty}^{+\infty}\int_{-\infty}^{+\infty}xyf(x,y)\mathrm{d}x\mathrm{d}y=\int_0^1\left[\int_y^1 xy\mathrm{d}x\right]\mathrm{d}y$$

$$=\int_{-1}^{0}\left[\int_{-y}^{1}xy\mathrm{d}x\right]\mathrm{d}y$$

$$=\int_0^1\frac{1-y^2}{2}y\mathrm{d}y+\int_{-1}^{0}\frac{1-y^2}{2}y\mathrm{d}y$$

$$=\int_{-1}^{1}\frac{y-y^3}{2}\mathrm{d}y=0.$$

所以 $Cov(X,Y)=E(XY)-EXEY=0.$

而 $\rho_{XY}=\dfrac{Cov(X,Y)}{\sqrt{DX}\ \sqrt{DY}}$，故 DX，DY 不需再求.

所以　$\rho_{XY}=0.$

综合练习题四

1. 设随机变量 X，有 $EX=10, DX=25$，已知 $E(aX+b)=0, D(aX+b)=1$，则 $a=$ ________，$b=$ ________；或 $a=$ ________，$b=$ ________.

2. 设随机变量 X 的概率密度

$$f(x)=\begin{cases}\dfrac{x}{8}, & 0<x<4,\\ 0, & \text{其他}.\end{cases}$$

对 X 独立观察 3 次，记事件"$X\leq 1$"出现的次数为 Y，则 $EY=$ ________，$DY=$ ________.

3. 已知随机变量 $X\sim N(-4,2), Y\sim N(2,1)$ 且 X 与 Y 相互独立，设随机变量 $Z=2X-Y+6$，则 $Z\sim$ ________

4. 已知随机变量 X,Y 的方差为 $DX=49, DY=64$，相关系数 $\rho_{XY}=0.8$，则 $D(X+Y)=$ ________，$D(X-Y)=$ ________.

5. 设随机变量 X 的概率密度为

$$f(x)=\begin{cases}\dfrac{x}{50}, & 0<x<10,\\ 0, & \text{其他}.\end{cases}$$

则 $E(\mathrm{e}^X)=($　　$)$.

(A) $\dfrac{\mathrm{e}^{10}-1}{50}$　　(B) $\dfrac{50}{\mathrm{e}^{10}}$　　(C) $\dfrac{1}{50}(9\mathrm{e}^{10}+1)$　　(D) 不存在

6. 设二维随机变量 (X,Y) 的联合概率密度为

$$f(x,y)=\begin{cases}\dfrac{1}{3}(x+y), & 0<x<1, 0<y<2,\\ 0, & \text{其他}.\end{cases}$$

则 $(EX,DX)=($　　$)$.

(A) $\left(\dfrac{5}{9},\dfrac{7}{18}\right)$　　(B) $\left(\dfrac{5}{9},\dfrac{13}{162}\right)$　　(C) $\left(\dfrac{2}{36},\dfrac{25}{81}\right)$　　(D) $\left(\dfrac{4}{9},\dfrac{13}{81}\right)$

7. 设二维随机变量 (X,Y) 有概率密度函数

$$f(x,y)=\begin{cases}2-x-y, & 0<x<1, 0<y<1,\\ 0, & \text{其他}.\end{cases}$$

则 X 与 Y 的相关系数 $\rho_{XY}=($　　$)$.

(A) -1　　(B) $\frac{1}{11}$　　(C) $-\frac{1}{11}$　　(D) $-\frac{5}{11}$

8. 某种稀有昆虫的寿命 X(以小时计) 具有概率密度

$$f(x)=\begin{cases}\frac{3}{4}(2x-x^2), & 0<x<2,\\ 0, & \text{其他}.\end{cases}$$

求 EX, DX.

9. 公共汽车站每隔 5 分钟就有一辆汽车通过,乘客到达车站的任一时间是等可能的,求乘客等车时间的数学期望.

10. 设随机变量 X 和 Y 相互独立,且 X 服从均值为 1,标准差为$\sqrt{2}$ 的正态分布,而 Y 服从标准正态分布,试求随机变量 $Z=2X-Y+3$ 的概率密度函数.

11. 设(X,Y) 的概率密度函数为

$$f(x,y)=\begin{cases}Cxy, & 0\leqslant x\leqslant 1, 0\leqslant y\leqslant 1,\\ 0, & \text{其他}.\end{cases}$$

(1) 求系数 C;

(2) X 与 Y 是否独立?

(3) 求 EX, EY 和 DX, DY,并按定义求相关系数 ρ_{XY}.

12. 据以往经验,某电器元件的寿命服从均值为 100 的指数分布. 现随机地取 64 只,设它们的寿命是相互独立的,则这 64 只元件的寿命的总和大于 7000 小时的概率的近似值为多少?

13. 已知生男孩的概率为 0.515,求在 10000 个新生婴儿中女孩不少于男孩的概率.

14. 有一批建筑用的木柱,其中 80% 的长度不小于 3m. 现从这批木柱中随机地取出 100 根,问其中至少有 30 根短于 3m 的概率是多少?

15. 某螺丝钉厂的废品率为 0.01,问一盒中应装多少只螺丝钉才能使其中至少含有 100 个合格品的概率不小于 95%?

第 5 章

大数定律和中心极限定理

Zhang 5

概率论与数理统计是研究随机现象统计规律性的科学，而随机现象统计规律性的表现是：相同条件下的大量重复实验时，随机现象的发生会呈现某种稳定性，即当随机试验的次数无限增大时，频率总在某一定值 —— 概率附近摆动. 大数定理就是从理论上说明这一结果的合理性. 由于正态分布是概率论中的重要分布，它有着非常广泛的应用. 中心极限定理阐明，一般的独立随机变量总和的分布，在一定条件下可以渐近服从正态分布. 本章我们将介绍有关独立随机变量序列的两类最基本的极限定理 —— 大数定理和中心极限定理.

5.1 大数定律

第 1 章曾经讲过，虽然随机事件在一次试验中可能发生也可能不发生，但大量重复试验会呈现出“频率的稳定性”：当试验次数 n 增大时，事件 A 发生的频率 $f_n(A)$ 稳定地在某一常数附近摆动，而这一常数就是事件的概率 p. 这不是通常意义上的数列收敛.

实际上，进行独立试验序列时，若极限 $\lim\limits_{n\to\infty} f_n(A) = p$ 成立，则对于任意给定的正数 ε，总存在正整数 N，使得当 $n > N$ 时，总有 $|f_n(A) - p| < \varepsilon$. 现取 $\varepsilon < p$，则对某个 N 以后的所有 n 有 $f_n(A) > p - \varepsilon > 0$. 而 $P\{f_n(A) = 0\} = (1-p)^n > 0$，即不论 N 多大，在 N 以后总有可能存在 n，使 $f_n(A) = 0$，这与 $f_n(A) > 0$ 相矛盾，所以 $f_n(A)$ 不可能在通常意义下收敛到 p，而这正是另一种意义下的收敛，即**依概率收敛**.

现在我们看什么叫做依概率收敛.

定义 5.1　设有随机变量序列 $Y_1, Y_2, \cdots, Y_n, \cdots$，$a$ 是一常数，若对于 $\forall \varepsilon > 0$，有

$$\lim_{n\to\infty} P(|Y_n - a| \geqslant \varepsilon) = 0 \text{ 或 } \lim_{n\to\infty} P(|Y_n - a| < \varepsilon) = 1,$$

则称序列 $Y_1, Y_2, \cdots, Y_n, \cdots$ 依概率收敛于常数 a，记作 $Y_n \xrightarrow{P} a$.

依概率收敛的直观解释是：对于 $\forall \varepsilon > 0$，当 n 充分大时，事件 $\{|Y_n - a| \geqslant \varepsilon\}$ 的概率很小，小到几乎不可能发生（收敛于 0）. 因此，当 n 很大时，我们有很大把握保证 Y_n 接近 a.

在介绍大数定律之前，我们先引入一个重要不等式 —— 切比雪夫不等式，为定律的证明做准备.

定理 5.1（切比雪夫不等式）　对于任意随机变量 X，若其数学期望 EX 与方差 DX 均存在，则对于任意正数 ε，恒有

$$P\{|X - EX| \geqslant \varepsilon\} \leqslant \frac{DX}{\varepsilon^2}$$

或
$$P\{|X-EX|<\varepsilon\}>1-\frac{DX}{\varepsilon^2}.$$

证 设 X 为连续型随机变量，其密度函数为 $f(x)$，则有

$$P\{|X-EX|\geqslant\varepsilon\}=\int\limits_{|x-EX|\geqslant\varepsilon}f(x)\mathrm{d}x\leqslant\int\limits_{|x-EX|\geqslant\varepsilon}\frac{|x-EX|^2}{\varepsilon^2}f(x)\mathrm{d}x$$
$$\leqslant\int_{-\infty}^{+\infty}\frac{|x-EX|^2}{\varepsilon^2}f(x)\mathrm{d}x=\frac{1}{\varepsilon^2}DX.$$

在上述证明中，把密度函数换成分布律，把积分换成求和，即得到 x 为离散型随机变量时不等式的证明.

若随机变量 X 的数学期望 EX 和方差 DX 已知，切比雪夫不等式给出了事件 $\{|X-EX|\geqslant\varepsilon\}$ 发生的概率的一个上界，该上界并不涉及 X 具体的概率分布，只与其方差 DX 和 ε 有关. 因此，它在理论和实际中都有相当广泛的应用. 但在具体问题中，由它给出的概率上界却通常比较小.

例 1 设有一大批种子，其中良种占 $\frac{1}{6}$. 试估计在可放回地任选的 6000 粒种子中，良种所占比例与 $\frac{1}{6}$ 比较，小于 1% 的概率.

解 设 X 表示 6000 粒种子中的良种数，则 $X\sim B(6000,\frac{1}{6})$，且 $EX=1000, DX=\frac{5000}{6}$，由定理 5.1 有

$$P\left(\left|\frac{X}{6000}-\frac{1}{6}\right|<0.01\right)=P(|X-1000|<60)$$
$$\geqslant 1-\frac{\frac{5000}{6}}{60^2}=\frac{83}{108}=0.7685.$$

所谓大数定律，简单地说，就是大量数目的随机变量所呈现的规律，这种规律一般用随机变量序列的某种收敛性来刻画. 本节仅介绍三个最基本的大数定律.

定理 5.2(大数定律 1)　设随机变量 $X_1,X_2,\cdots,X_n,\cdots$ 相互独立，数学期望 $E(X_i)$ 和方差 $D(X_i)$ 均存在，且存在常数 C 使 $D(X_i)\leqslant C,\ i=1,2,\cdots,n,\cdots$，则对于任意 $\varepsilon>0$，有

$$\lim_{n\to\infty}P\left\{\left|\frac{1}{n}\sum_{i=1}^{n}X_i-\frac{1}{n}\sum_{i=1}^{n}E(X_i)\right|<\varepsilon\right\}=1,$$

即
$$\frac{1}{n}\sum_{i=1}^{n}X_i\xrightarrow{P}\frac{1}{n}\sum_{i=1}^{n}E(X_i).$$

证 $X_1,X_2,\cdots,X_n$ 互相独立，则

$$D\left(\frac{1}{n}\sum_{i=1}^{n}X_i\right)=\frac{1}{n^2}\sum_{i=1}^{n}D(X_i)\leqslant\frac{C}{n},$$

由不等式定理得

$$P\left\{\left|\frac{1}{n}\sum_{i=1}^{n}X_i-\frac{1}{n}\sum_{i=1}^{n}E(X_i)\right|<\varepsilon\right\}$$

$$=P\left\{\left|\frac{1}{n}\sum_{i=1}^{n}X_i-E\left(\frac{1}{n}\sum_{i=1}^{n}X_i\right)\right|<\varepsilon\right\}$$

$$\geqslant 1-\frac{D\left(\frac{1}{n}\sum_{i=1}^{n}X_i\right)}{\varepsilon^2}\geqslant 1-\frac{C}{n\varepsilon^2}.$$

由极限的夹逼准则可知上述定理结论成立.

概率论的研究迄今约有 300 多年的历史，最终以事件频率的稳定值来定义事件概率. 作为概率论的基础，其“定义”的合理性这一悬而未决的带根本性的问题，由贝努利于 1713 年发表的这个“大数定律”给予了解决，被称为概率论的第一篇论文，也是历史上最早的大数定律，为概率论的公理化体系奠定了理论基础.

在概率的统计定义中，事件 A 的频率 $\frac{n_A}{n}$ “稳定于” A 发生的概率 p 指：当频率 $\frac{n_A}{n}$ 与概率 p 有较大偏差时，即 $\left\{\left|\frac{n_A}{n}-p\right|\geqslant\varepsilon\right\}$ 是小概率事件. 由实际推断原理，在实际应用中，当试验次数很大时，可以用事件的频率来代替事件的概率.

重复试验中事件的频率的稳定性，是大量随机现象的统计规律性的典型表现. 人们在实践中认识到频率具有稳定性，进而由频率的稳定性预见概率的存在；由频率的性质推断概率的性质，并在实际应用中用频率的值来估计概率的值.

下面的定理说明了频率依概率收敛的常数就是概率，因此，概率的统计定义是合理的.

定理 5.3(大数定律 2)　设 $X=n_A$ 是 n 次独立重复试验中事件 A 发生的次数，且每次试验中 A 发生的概率是 $p(0<p<1)$，则对于任意 $\varepsilon>0$，有

$$\lim_{n\to\infty}P\left(\left|\frac{X}{n}-p\right|<\varepsilon\right)=1.$$

证　由题条件知 $X\sim B(n,p)$，则

$$E(X)=np,D(X)=np(1-p),i=1,2,\cdots,n.$$

由数学期望和方差的性质得

$$E(\frac{X}{n})=p,D(\frac{X}{n})=\frac{D(X)}{n^2}=\frac{p(1-p)}{n}.$$

代入不等式定理得

$$P\left\{\left|\frac{X}{n}-E(\frac{X}{n})\right|<\varepsilon\right\}=P\left\{\left|\frac{X}{n}-p\right|<\varepsilon\right\}$$

$$\geqslant 1-\frac{D\left(\frac{X}{n}\right)}{\varepsilon^2}\geqslant 1-\frac{p(1-p)}{n\varepsilon^2},$$

再用极限的夹逼准则便证得结论.

大数定律 1 和 2 的证明都是以切比雪夫不等式为基础的，所以要求随机变量有方差，但进一步的研究表明，“方差存在”这个条件并不必要. 如果这些随机变量服从同一分布，就不需要这一条件，仍有类似的结论.

定理 5.4(大数定律 3) 设随机变量 $X_1,X_2,\cdots,X_n,\cdots$ 相互独立同分布,且存在数学期望 $E(X_k)=\mu,k=1,2,\cdots$,则对于任意 $\varepsilon>0$,有

$$\lim_{n\to\infty}P\left\{\left|\frac{1}{n}\sum_{k=1}^{n}X_k-\mu\right|<\varepsilon\right\}=1.$$

虽然每个大数定律的条件各不相同,但结论是一致的:从理论上肯定了用算术平均值代替均值,以频率代替概率的合理性.大数定律 2 表明当 n 很大时,事件发生的频率会"靠近"概率,而大数定律 3 表明当 n 很大时,随机变量在 n 次观察中的算术平均值会"靠近"它的期望值.大数定律既验证了概率中一些假设的合理性,又为数理统计中用样本推断总体提供了理论依据.

习题 5.1

1. 设随机变量 X,Y 的期望分别为 $-2,2$,方差分别为 1,4,而相关系数为 -0.5,则根据定理 5.1,有 $P(|X+Y|\geqslant 6)\leqslant$________.
2. 设随机变量 $X_1,X_2,\cdots,X_n,\cdots$ 相互独立,且都服从参数为 2 的指数分布,则当 $n\to\infty$ 时,$Y_n=\frac{1}{n}\sum_{i=1}^{n}X_i^2$ 依概率收敛于________.
3. 设每次试验中事件 A 发生的概率为 0.75,试用不等式定理估计,n 多大时,才能保证在 n 次独立重复试验中,事件 A 出现的频率在 0.74 到 0.76 之间的概率大于 0.90?

5.2 中心极限定理

大数定律描述了大量独立随机变量之和 $\sum_{i=1}^{n}X_i$ 的平均结果 $\frac{1}{n}\sum_{i=1}^{n}X_i$ 的稳定性,即 $\frac{1}{n}\sum_{i=1}^{n}X_i\xrightarrow{P}\frac{1}{n}\sum_{i=1}^{n}E(X_i)$,至于在给定 n 和 x 的情况下,事件 $\left\{\sum_{i=1}^{n}X_i\leqslant x\right\}$ 的概率究竟有多大,大数定律并不能解答.解答该问题需要知道独立随机变量之和 $\sum_{i=1}^{n}X_i$ 的分布,这往往很难实现,因此有必要讨论其分布的极限形式.

我们在自然界和生产实践中遇到的大量随机变量都服从或近似服从正态分布.第 2 章曾讲过有许多随机现象服从正态分布是由于许多彼此没什么相依关系,对随机现象谁也不能起突出影响,而是均匀地微小作用的随机因素共同作用(即这些因素的叠加)的结果.

设正态分布函数为 $\Phi(x)$,随机变量序列 $\{X_n\}$ 的和为 $\sum_{i=1}^{n}X_i$,其标准化随机变量

$$Y_n=\frac{\sum_{i=1}^{n}X_i-E\left(\sum_{i=1}^{n}X_i\right)}{\sqrt{D\left(\sum_{i=1}^{n}X_i\right)}},$$

那么在什么条件下有 $\lim_{n\to\infty}P\{Y_n\leqslant x\}=\Phi(x)$?这是 18 世纪以来概率论研究的中心课题.从 20 世纪 20 年代开始,习惯上把研究随机变量和的分布收敛到正态分布的这类定理称为中心

极限定理.这里仅介绍独立同分布条件下的中心极限定理.

定理 5.5(中心极限定理 1)　**设随机变量 $X_1,X_2,\cdots,X_n$ 互相独立并且同分布,且存在数学期望 $E(X_i)=\mu$ 与方差 $D(X_i)=\sigma^2>0,i=1,2,\cdots,n$,则对于任意实数 x,恒有**

$$\lim_{n\to\infty}P\left\{\frac{\sum\limits_{i=1}^{n}X_i-E(\sum\limits_{i=1}^{n}X_i)}{\sqrt{D(\sum\limits_{i=1}^{n}X_i)}}\leqslant x\right\}=\lim_{n\to\infty}P\left\{\frac{\sum\limits_{i=1}^{n}X_i-n\mu}{\sqrt{n}\sigma}\leqslant x\right\}=\frac{1}{\sqrt{2\pi}}\int_{-\infty}^{x}e^{-\frac{t^2}{2}}dt=\Phi(x).$$

本定理的证明比较复杂,在此从略.这里要说明,同分布不光指分布的名称相同,而且分布中的所有参数也应当相同.

由上述定理知,独立同分布的随机变量序列$\{X_n\}$,若期望和方差都存在,则当 n 充分大时,有

$$\frac{\sum\limits_{i=1}^{n}X_i-n\mu}{\sqrt{n}\sigma}\ \overset{近似}{\sim}\ N(0,1)\quad 或\sum_{i=1}^{n}X_i\ \overset{近似}{\sim}\ N(n\mu,\ n\sigma^2).$$

此定理在概率论与数理统计中特别重要,它对随机变量序列$\{X_n\}$的分布形式没有要求,只要能把问题抽象为均值和方差都存在的独立同分布的随机变量之和,那么此和$\sum\limits_{i=1}^{n}X_i$的标准化随机变量序列$\{Y_n\}$的极限分布就是正态分布,便可用上式近似计算概率.$\{Y_n\}$的分布趋近正态分布的速度与$\{X_n\}$本身的分布有关,$\{X_n\}$的分布与正态分布的差别越大,则趋近速度越慢.一般的,当 $n\geqslant 30$ 时,近似效果较好.

例 1　一生产线生产的产品成箱包装,每箱的重量是随机的.假设每箱平均重 50kg,标准差为 5kg.若用最大载重量为 5t 的汽车承运,试利用中心极限定理说明每辆车最多可以装多少箱,才能保障不超载的概率大于 0.977.

解　设所求箱数是 n,要装运的第 i 箱的重量是 $X_i,i=1,2,\cdots,n$,则 $X_1,X_2,\cdots,X_n$ 是独立同分布的随机变量,而 n 箱总重量为$\sum\limits_{i=1}^{n}X_i$.

由题知 $E(X_i)=50,\sqrt{D(X_i)}=5$,则 $E(\sum\limits_{i=1}^{n}X_i)=50n,\sqrt{D(\sum\limits_{i=1}^{n}X_i)}=5\sqrt{n}$.

由独立同分布的中心极限定理知$\sum\limits_{i=1}^{n}X_i\ \overset{近似}{\sim}\ N(50n,25n)$.

所求箱数 n 决定于

$$\begin{aligned}P\{0\leqslant\sum_{i=1}^{n}X_i\leqslant 5000\}&=P\left\{\frac{0-50n}{5\sqrt{n}}\leqslant\frac{\sum\limits_{i=1}^{n}X_i-50n}{5\sqrt{n}}\leqslant\frac{5000-50n}{5\sqrt{n}}\right\}\\&\approx\Phi\left(\frac{1000-10n}{\sqrt{n}}\right)\\&>0.977\\&=\Phi(2).\end{aligned}$$

即$\frac{1000-10n}{\sqrt{n}}>2$,解得$n<98.0199$,即最多可以装98箱.

定理5.6(中心极限定理2) 设X是n次独立重复试验中事件A出现的次数,每次试验中A出现的概率为$p(0<p<1)$,即$X\sim B(n,p)$,则对任意实数x,有

$$\lim_{n\to\infty}P\left\{\frac{X-np}{\sqrt{np(1-p)}}\leqslant x\right\}=\frac{1}{\sqrt{2\pi}}\int_{-\infty}^{x}\mathrm{e}^{-\frac{t^2}{2}}\mathrm{d}t=\Phi(x).$$

这是历史上最早的中心极限定理.该定理表明,二项分布的极限分布是正态分布.这一结论对具体的计算会带来很多方便.设$X\sim B(n,p)$,当n很大时,由二项分布计算$P\{a\leqslant X\leqslant b\}=\sum\limits_{a\leqslant k\leqslant b}C_n^kp^k(1-p)^{n-k}$是很困难的,但用以上任意一个中心极限定理可知$\frac{X-np}{\sqrt{np(1-p)}}\overset{\text{近似}}{\sim}N(0,1)$,即对于任意的实数$a,b(a<b)$和较大的$n$,有

$$\begin{aligned}P\{a\leqslant X\leqslant b\}&=P\left\{\frac{a-np}{\sqrt{np(1-p)}}<\frac{X-np}{\sqrt{np(1-p)}}\leqslant\frac{b-np}{\sqrt{np(1-p)}}\right\}\\&\approx\Phi(b_1)-\Phi(a_1).\end{aligned}$$

只需查标准正态分布表,即可求得$P\{a\leqslant X\leqslant b\}$的近似值,其中$a_1=\frac{a-np}{\sqrt{np(1-p)}}$,$b_1=\frac{b-np}{\sqrt{np(1-p)}}$.又因为对于较大的$n$,$P\{X=a\}$和$P\{X=b\}$的值很小,可忽略不计,所以还有:

$$P\{a<X\leqslant b\}\approx\Phi(b_1)-\Phi(a_1);$$
$$P\{a\leqslant X<b\}\approx\Phi(b_1)-\Phi(a_1);$$
$$P\{a<X<b\}\approx\Phi(b_1)-\Phi(a_1).$$

例2 某车间有200台车床,在生产时间内由于需要检修、调换刀具、变换位置、调换工件等常需停车.设开工率为0.6,并设每台车床的工作是独立的,且开工时需电力1kW,问至少应供该车间多少千瓦电力,才能以99.9%的概率保证该车间不会因供电不足而影响生产?

解 由题知每台车床开工的概率为0.6,且200台车床独立地工作.把某时刻在工作的车床数记为X,并记

$$X_i=\begin{cases}1 & \text{第}i\text{台机床此刻开工},\\0 & \text{第}i\text{台机床此刻不开工},\end{cases}\quad i=1,2,\cdots,200,$$

则
$$X=\sum_{i=1}^{200}X_i,\text{且}X\sim B(200,0.6),$$

又
$$E(X)=200\times0.6=120,D(X)=200\times0.6\times0.4=48,$$

现在要求M,使得$P(X\leqslant M)\geqslant0.999$.

由中心极限定理2得 $X\overset{\text{近似}}{\sim}N(120,48)$,则

$$\begin{aligned}P(X\leqslant M)&=P(0\leqslant X\leqslant M)\\&=P\left(\frac{0-120}{\sqrt{48}}\leqslant\frac{X-120}{\sqrt{48}}\leqslant\frac{M-120}{\sqrt{48}}\right)\end{aligned}$$

$$\approx \Phi\left(\frac{M-120}{6.928}\right)-\Phi(-17.32)$$
$$\approx \Phi\left(\frac{M-120}{6.928}\right)$$
$$\geqslant 0.999.$$

反查标准正态函数分布表得 $\Phi(3.09)=99.9\%$，令 $\frac{M-120}{6.928}=3.09$ 得 $M=141.4$，取 M 为 142，即至少应供该车间 142 千瓦电力，才能以 99.9% 的概率保证该车间不会因供电不足而影响生产.

例 3　历史上数学家皮尔逊曾进行过掷硬币的试验. 当年皮尔逊掷硬币 12000 次，正面出现 6019 次. 现在如果我们重复皮尔逊的试验，求正面出现的频率与概率之差的绝对值不大于皮尔逊试验中所发生的偏差的概率.

解　抛掷匀称硬币 12000 次，用 X 记正面出现的次数. 则 $X \sim B(12000,0.5)$，且 $EX=6000$，$DX=3000$，由中心极限定理 2，有 $X \overset{\text{近似}}{\sim} N(6000,3000)$，则所求概率为

$$P\left\{\left|\frac{X}{12000}-0.5\right| \leqslant \frac{6019}{12000}-0.5\right\}=P\{|X-6000| \leqslant 19\}$$
$$=P\left\{\left|\frac{X-6000}{\sqrt{3000}}\right| \leqslant \frac{19}{\sqrt{3000}}\right\}$$
$$\approx 2\Phi(0.35)-1=0.2768.$$

最后，我们指出大数定律与中心极限定理的联系与区别.

设随机变量序列 $\{X_n\}$ 相互独立同分布，且有数学期望 $E(X_i)=\mu$ 和方差 $D(X_i)=\sigma^2>0, i=1,2,\cdots,n$，则由大数定律 3 得，对于任意正数 ε，有

$$\lim_{n\to\infty} P\left\{\left|\frac{1}{n}\sum_{i=1}^{n} X_i-\mu\right|<\varepsilon\right\}=1.$$

可见大数定律并未给出 $P\left\{\left|\frac{1}{n}\sum_{i=1}^{n} X_i-\mu\right|<\varepsilon\right\}$ 的表达式，但保证了其极限是 1.

而在以上条件下，独立同分布中心极限定理亦成立，则对于任意正数 ε 及某足够大的 n，有

$$P\left\{\left|\frac{1}{n}\sum_{i=1}^{n} X_i-\mu\right|<\varepsilon\right\}=P\left\{\left|\frac{\sum_{i=1}^{n} X_i-n\mu}{\sqrt{n}\sigma}\right|<\frac{\sqrt{n}\varepsilon}{\sigma}\right\} \approx 2\Phi\left(\frac{\sqrt{n}\varepsilon}{\sigma}\right)-1.$$

此式不仅给出了概率的近似表达式，而且也能保证其极限是 1 $\left(2\Phi\left(\frac{\sqrt{n}\varepsilon}{\sigma}\right)-1 \xrightarrow{n\to\infty} 1\right)$. 可见中心极限定理的结论更为深入.

下面给出用中心极限定理解题的步骤：

(1) 设所涉及的独立同分布的随机变量序列 $\{X_i\}$ 或服从二项分布的随机变量 X；

(2) 求出 $E(\sum_{i=1}^{n} X_i)$ 和 $D(\sum_{i=1}^{n} X_i)$ 或 EX 和 DX；

(3) 当 n 较大时,由定理得 $\sum_{i=1}^{n} X_i \overset{\text{近似}}{\sim} N(E(\sum_{i=1}^{n} X_i), D(\sum_{i=1}^{n} X_i))$ 或 $X \overset{\text{近似}}{\sim} N(EX, DX)$;

(4) 转化相关事件的概率,查标准正态分布表计算求解.

习题 5.2

1. 现有100道单项选择题,每题有4个备选答案,其中只有一个是正确答案.选择正确得1分,选择错误得0分.假设某无知者每道题都是从4个备选答案中随机选答,且没有不选的情况,计算他能超过40分的概率.

2. 在加法运算时,为方便起见,先对每个加数取整.每个加数的取整误差相互独立,并且都服从 $[-0.5, 0.5]$ 上的均匀分布.求:

(1) 将300个数相加,计算误差总和的绝对值超过15的概率;

(2) 最多几个数相加,其误差总和的绝对值小于10的概率不小于90%?

3. 设某保险公司有10000人参加人寿保险,每人每年交保费12元,假定一年内一个人意外死亡的概率为0.006,死亡时其家属可向保险公司索赔1000元,问:

(1) 保险公司亏本的概率有多大?

(2) 保险公司一年的利润不低于40000元的概率有多大?

本章小结

本章的重点是三个大数定律与两个中心极限定理,它们都是关于随机变量序列的极限定理,是概率论中比较深入的理论结果.大数定律回答了为什么能以某事件发生的频率作为该事件概率的估计,以及为什么能以样本均值作为总体期望的估计;中心极限定律回答了为什么正态分布在概率论中占有极其重要的地位,以及大样本统计推断的理论基础是什么.

一、基本概念

依概率收敛

设有随机变量序列 $X_1, X_2, \cdots, X_n, \cdots$,$a$ 是一个常数,若对于任意 $\varepsilon > 0$,有

$$\lim_{n\to\infty} P\{|X_n - a| < \varepsilon\} = 1 \text{ 或 } \lim_{n\to\infty} P(|X_n - a| \geqslant \varepsilon) = 0,$$

则称序列 $X_1, X_2, \cdots, X_n, \cdots$ 依概率收敛于常数 a,记作 $X_n \xrightarrow{P} a$.

二、基本公式与定理

1. 切比雪夫不等式

设随机变量 X 的数学期望 EX 与方差 DX 都存在,则对于任意 $\varepsilon > 0$,都有

$$P\{|X - EX| \geqslant \varepsilon\} \leqslant \frac{DX}{\varepsilon^2} \text{ 或 } P\{|X - EX| < \varepsilon\} \geqslant 1 - \frac{DX}{\varepsilon^2}.$$

2. 大数定律

(1) 大数定律 1

设随机变量 $X_1, X_2, \cdots, X_n, \cdots$ 相互独立,数学期望 $E(X_i)$ 和方差 $D(X_i)$ $(i = 1, 2, \cdots, n, \cdots)$ 都存在,且存在常数 C,有 $D(X_i) < C, i = 1, 2, \cdots$,则对于任意 $\varepsilon > 0$ 有

$$\lim_{n\to\infty} P\left\{\left|\frac{1}{n}\sum_{i=1}^{n} X_i - \frac{1}{n}\sum_{i=1}^{n} E(X_i)\right| < \varepsilon\right\} = 1$$

即

$$\frac{1}{n}\sum_{i=1}^{n} X_i \xrightarrow{P} \frac{1}{n}\sum_{i=1}^{n} E(X_i).$$

(2) 大数定律 2

设 μ_A 是 n 次独立重复试验中事件 A 发生的次数，p 是每次试验中 A 发生的概率，则对于任意 $\varepsilon>0$，有

$$\lim_{n\to\infty}P\left(\left|\frac{\mu_A}{n}-p\right|<\varepsilon\right)=1,$$

即

$$\frac{\mu_A}{n}\xrightarrow{P}p.$$

(3) 大数定律 3

设随机变量 $X_1,X_2,\cdots,X_n,\cdots$ 相互独立同分布，且有数学期望 $E(X_k)=\mu,k=1,2,\cdots n$，则对任意 $\varepsilon>0$，有 $\lim\limits_{n\to\infty}P\left\{\left|\frac{1}{n}\sum\limits_{k=1}^{n}X_k-\mu\right|<\varepsilon\right\}=1$，即 $\frac{1}{n}\sum\limits_{k=1}^{n}X_i\xrightarrow{P}\mu$.

3. 中心极限定理

(1) 中心极限定理 1

设随机变量 $X_1,X_2,\cdots,X_n$ 独立同分布，且数学期望 $E(X_i)=\mu$ 与方差 $D(X_i)=\sigma^2>0$ 都存在，$i=1,2,\cdots,n$，则对于任意实数 x，恒有

$$\lim_{n\to\infty}P\left\{\frac{\sum\limits_{i=1}^{n}X_i-n\mu}{\sqrt{n}\sigma}\leqslant x\right\}=\Phi(x),$$

即当 n 充分大时，有 $\sum\limits_{i=1}^{n}X_i\overset{\text{近似}}{\sim}N(n\mu,n\sigma^2)$.

(2) 中心极限定理 2

设 μ_A 为 n 次独立重复试验中事件 A 出现的次数，p 为每次试验中事件 A 出现的概率，$0<p<1$，则对于任意实数 x，有 $\lim\limits_{n\to\infty}P\left\{\frac{\mu_A-np}{\sqrt{np(1-p)}}\leqslant x\right\}=\Phi(x)$. 即若随机变量 $X\sim B(n,p)$，则当 n 充分大时，有 $X\overset{\text{近似}}{\sim}N(np,np(1-p))$，当 n 足够大时，有

$$P\{a<X\leqslant b\}=\left\{\frac{a-np}{\sqrt{np(1-p)}}a<\frac{X-np}{\sqrt{np(1-p)}}\leqslant\frac{b-np}{\sqrt{np(1-p)}}\right\}$$
$$\approx\Phi(\frac{b-np}{\sqrt{np(1-p)}})-\Phi(\frac{a-np}{\sqrt{np(1-p)}}).$$

典型例题解析

例 1　设有一大批种子，其中良种占 $\frac{1}{6}$. 试估计在任选的 6000 粒种子中，良种所占比例与 $\frac{1}{6}$ 比较，小于 1% 的概率.

解　设 X 表示 6000 粒种子中的良种数，则 $X\sim B(6000,\frac{1}{6})$，且 $EX=1000,DX=\frac{5000}{6}$，由中心极限定理 2 有 $X\overset{\text{近似}}{\sim}N\left(1000,\frac{5000}{6}\right)$，则

$$P\left(\left|\frac{X}{6000}-\frac{1}{6}\right|<0.01\right)=P(|X-1000|<60)$$
$$\approx\Phi\left(\frac{60}{\sqrt{\frac{5000}{6}}}\right)-\Phi\left(\frac{-60}{\sqrt{\frac{5000}{6}}}\right)$$

$$=2\Phi\left(\frac{60}{\sqrt{\frac{5000}{6}}}\right)-1\approx 0.9624.$$

比较下列几种近似计算的结果：

由二项分布精确计算得结果约为 0.9590；由泊松分布近似计算得 0.9379；由不等式定理估计得 0.7685；由中心极限定理近似计算得 0.9624.

可见这个题目由中心极限定理近似计算最接近真实结果，而由不等式定理估计很粗略.

第 2 章泊松定理表明，当 p 很小、n 较大且 np 不太大时，二项分布可用泊松分布逼近. 在实际中，当 $p\leqslant 0.1$，n 较大且 $np\leqslant 5$ 时，常用泊松分布逼近二项分布；当 n 较大且 $np>5$ 时，常用正态分布做二项分布的近似计算，一般的，如果 $n\geqslant 50$(有时也可放宽到 $n\geqslant 30$)，就可认为是 n 较大的情况.

例 2 设农贸市场某商品每日的价格变化是相互独立且均值为 0，方差为 2 的随机变量序列 $\{Y_n\}$，记 $X_n=X_{n-1}+Y_n(n\geqslant 1)$，其中 X_n 是第 n 天该商品的价格. 如果今天的价格为 100，求 18 天后该商品的价格在 96 与 104 之间的概率.

解 设 X_0 为该商品今天的价格，X_{18} 为该商品 18 天后的价格，则

$$X_{18}=X_{17}+Y_{18}=X_{16}+Y_{17}+Y_{18}=\cdots=X_0+\sum_{i=1}^{18}Y_i,$$

由题知 $E(\sum\limits_{i=1}^{18}Y_i)=0\times 18=0, D(\sum\limits_{i=1}^{18}Y_i)=2\times 18=36$，

由中心极限定理 1，有 $\sum\limits_{i=1}^{18}Y_i\overset{\text{近似}}{\sim}N(0,36)$，则

$$\begin{aligned}P(96\leqslant X_{18}\leqslant 104)&=P(96\leqslant\sum_{i=1}^{18}Y_i+100\leqslant 104)\\&=P(-\frac{4}{\sqrt{36}}\leqslant\frac{1}{\sqrt{36}}\sum_{i=1}^{18}Y_i\leqslant\frac{4}{\sqrt{36}})\\&\approx\Phi\left(\frac{2}{3}\right)-\Phi\left(-\frac{2}{3}\right)=2\Phi\left(\frac{2}{3}\right)-1\\&=2\times 0.747-1=0.494.\end{aligned}$$

例 3 设每个过路人在报摊上买报的概率为 $\frac{1}{3}$. 记 X 是出售了 100 份报纸时过路人的数目，求 $P(280\leqslant X\leqslant 320)$.

解 令 X_i 为售出第 $i-1$ 份报纸后到售出第 i 份报纸时的过路人数 $i=1,2,\cdots,100$，

$$P(X_i=k)=p(1-p)^{k-1}\Big|_{p=\frac{1}{3}},k=1,2,\cdots$$

则

$$E(X_i)=\frac{1}{p}\Big|_{p=\frac{1}{3}}=3, D(X_i)=\frac{1-p}{p^2}\Big|_{p=\frac{1}{3}}=6.$$

又 $X_1,X_2,\cdots,X_{100}$ 相互独立，设 $X=\sum\limits_{k=1}^{100}X_k$，则 $EX=300, DX=600$，由独立同分布中心极限定理，有 $X\overset{\text{近似}}{\sim}N(300,600)$，则

$$\begin{aligned}P(280\leqslant X\leqslant 320)&\approx\Phi\left(\frac{320-300}{\sqrt{600}}\right)-\Phi\left(\frac{280-300}{\sqrt{600}}\right)\\&\approx 2\Phi\left(\frac{20}{\sqrt{600}}\right)-1\approx 2\Phi(0.8165)-1\\&\approx 0.5878.\end{aligned}$$

综合练习题五

1. 设随机变量序列 $X_1,X_2,\cdots,X_n,\cdots$ 相互独立，且都服从参数为 $n,p(0<p<1)$ 的二项分布，记 $\Phi(x)$ 为标准正态分布，则由中心极限定理得

(1) $\lim\limits_{n\to\infty}P\left\{a<\dfrac{X_n-np}{\sqrt{np(1-p)}}\leqslant b\right\}=$ ________；

(2) $\lim\limits_{n\to\infty}P\{\alpha<X_n<\beta\}=$ ________.

2. 设随机变量 $X_1,X_2,\cdots,X_n,\cdots$ 相互独立，且均服从参数为 $\lambda(\lambda>1)$ 的指数分布，记 $\Phi(x)$ 为标准正态分布函数，则(　　).

(A) $\lim\limits_{n\to\infty}P\left\{\dfrac{\sum\limits_{i=1}^{n}X_i-n\lambda}{\lambda\sqrt{n}}\leqslant x\right\}=\Phi(x)$　　(B) $\lim\limits_{n\to\infty}P\left\{\dfrac{\sum\limits_{i=1}^{n}X_i-n\lambda}{\sqrt{n\lambda}}\leqslant x\right\}=\Phi(x)$

(C) $\lim\limits_{n\to\infty}P\left\{\dfrac{\lambda\sum\limits_{i=1}^{n}X_i-n}{\sqrt{n}}\leqslant x\right\}=\Phi(x)$　　(D) $\lim\limits_{n\to\infty}P\left\{\dfrac{\sum\limits_{i=1}^{n}X_i-\lambda}{\sqrt{n\lambda}}\leqslant x\right\}=\Phi(x)$

3. 炮火轰击敌方防御工事 100 次，设每次轰击命中的炮弹数都服从同一分布，其数学期望为 2，均方差为 1.5. 若各次轰击命中的炮弹数相互独立，求 100 次轰击中：

(1) 至少命中 180 发炮弹的概率；

(2) 命中的炮弹数不到 200 发的概率.

4. 检验员逐个检查某产品，每查一个需用 10 秒钟. 但有的产品需重复检查一次，要再用 10 秒钟. 设每个产品需重复检查的概率为 0.5，求检验员在 8 小时内检查的产品多于 1900 个的概率.

5. 一通信系统有 50 台相互独立起作用的交换机，在系统运行期间，每台交换机能清晰接收信号的概率为 0.9. 系统正常工作时，要求能清晰接收信号的交换机至少 45 台. 求此通信系统能正常工作的概率.

6. 银行为支付某日即将到期的债券须准备一笔现金，已知这批债券共发放了 500 张，每张须付本息 1000 元，设持券人(一人一券) 在到期日去银行领取本息的概率为 0.4，问银行该日应准备多少现金才能以 99.9% 的把握满足客户的兑换？

7. 某本书共有 1000000 个印刷符号，排版时每个符号被排错的概率为千分之一. 校对时，每个排版错误被更正的概率为 0.99. 求校对后错误不多于 15 个的概率.

第 6 章

数理统计基础

6 Zhang

数理统计学是研究收集数据、分析数据并据以对所研究的问题作出一定结论的科学.

数理统计学所考察的数据都带有随机性(偶然性)的误差. 这给根据这种数据所作出的结论带来了一种不确定性,其量化要借助于概率论的概念和方法. 数理统计学与概率论这两个学科的密切联系,正是基于这一点.

6.1 数理统计基本概念

6.1.1 总体与样本

前面我们在概率的计算中,有一个基本前提或基本假设,即假定我们完全了解所研究对象的情况(如产品中的次品率,随机变量服从的分布等). 但实际中,一个随机试验的整体情况或随机变量所服从的分布并不清楚,这正是研究者所希望了解的,是研究的目的. 研究者一般是通过取得研究对象的一部分信息来推断研究对象的整体信息的.

定义 6.1 在统计学中,把所考察(研究)的对象的某一项或几项数量指标的全体称为总体(母体),组成总体的每一个基本元素(基本单位)称为个体.

总体可以包含有限个个体,也可包含无限多个个体. 在一个有限总体所包含的个体相当多的情况下,可以把它作为无限总体来处理. 如一麻袋稻种的颗粒重,一个国家的人口的身高、体重等.

在数理统计中,我们所关心的并非是每个个体的所有特征,而仅仅是具有共同的可观察的一项或几项数量指标,把它(们)作为总体. 如灯泡的"使用寿命";人的"身高"或"体重"等. 代表总体的指标是一个随机变量,通常记为 X. 它可以是一维(一项指标)的,也可以是多维(多项指标)的随机变量.

总体的分布一般是未知的,有时即使知道其分布的类型(如正态分布、二项分布、泊松分布等),但可能不知道这些分布中所含的参数(如 μ,σ^2,p,λ 等).

数理统计的任务就是根据总体中部分个体的数据来对总体的未知分布及其参数进行统计推断.

那么,对总体进行推断时,就要进行**抽样**. **所谓抽样,即是从全部对象中按一定方式抽取一部分对象的过程.**

抽样的必要性:(1) 有时若不抽样,就违背了研究的本来目的(如检查一批钢丝拉力强度);(2) 客观上对全部对象进行观测或检验是根本不可能的(如检测海水中微生物的情况);(3) 对全部对象进行检测需要的成本高,或所需时间长,或两者都有之(如全国人口普查).

虽然根据抽样调查的数据来推断整体的情况必定带来误差，但在很多情况下，这种误差是可以容忍的.

对总体进行抽样时，若抽取一次进行推断就没有可靠性可言，因此必须作多次抽取.

定义 6.2　设抽取次数为 n，每一次抽取就是一个随机试验，与第 i 次随机试验相应的个体指标为 X_i，则 X_i 也是一个随机变量，这样共有 n 个随机变量 $X_1,X_2,\cdots,X_n$，它们组成的一个 n 维随机向量 $\vec{X}=(X_1,X_2,\cdots,X_n)$ 被称作容量为 n 的样本. 但抽样一旦完成，就得到 n 个确定的数据，称之为样本(观察) 值，记为 $(x_1,x_2,\cdots,x_n)$.

从总体中抽取样本的方法很多，称为**抽样设计**. 这里我们只介绍一种常用方法 —— **简单随机抽样**.

记总体为 X，总体的分布函数为 $F(x)$. 一个容量为 n 的样本 $(X_1,X_2,\cdots,X_n)$ 如果满足以下两个条件，则称之为**简单随机样本**：

(1) 代表性：X_i 与 X 具有相同的分布函数 $F(x)$ $(i=1,2,\cdots,n)$；

(2) 独立性：$X_1,X_2,\cdots,X_n$ 相互独立.

可获得简单随机样本的抽样方法称为**简单随机抽样**. 简单随机抽样并不是唯一的抽样方法，但它确实是最普通、最重要的一种抽样方法. 以下讨论将仅限于简单随机抽样(样本).

例如，教室里有 100 个学生，其身高 X 服从某一分布，从这些学生中可放回地随机找出一个测身高 10 次，设第 i 次测得身高为 X_i，$i=1,2,\cdots,10$，可见 X_i 与 X 是同分布的，而 X_1，$X_2,\cdots,X_{10}$ 又是互相独立的，因此，$(X_1,X_2,\cdots,X_n)$ 是简单随机样本.

6.1.2 频率直方图

在实际统计工作中，通过抽样首先得到的是一系列的数据(样本值)，这些数据需要进行整理才能从总体上呈现其统计规律性，对于样本值较多或总体 X 是连续分布时，可以将样本值分成若干组，求出每组频率后画出直方图，从而近似描述总体的分布. 下面用实例说明频率直方图的作法。

例 1　观察工人家庭的月收入，现抽取 30 个家庭得到月收入如下(单位：元)：

4040	4840	5560	4300	3800	4200	5000	4300	4200	3840
4200	4040	4240	3400	4240	4120	3880	4720	3580	4760
3760	3960	4280	4440	3660	4360	3640	4380	3300	4260

试编制这 30 个家庭月收入分布的频率直方图.

解题步骤如下：

(1) 找出样本观测值的最大值 M 和最小值 m. 此例最大值为 5560，最小值为 3300.

(2) 分组. 根据数据情况将所有数据分成若干组，即将区间 $[m,M]$ 分成若干个小区间. 各小区间的长度可以不相等，实际中第一组的下限一般取稍小于最小值 m 的数；最后一组的上限一般取稍大于最大值 M 的数，为防产生重叠，一般每组为不含上限的半开半闭的区间.

此例第一组下限取 3200，最后一个上限取 5600，采用等区间划分，每个区间长为 400，共 6 个区间.

(3) 列出频数，作频率分布表，如表 6-1 所示：

表 6-1 30 个工人家庭月收入分布表

收入组	频数	频率
[3200,3600)	3	0.1
[3600,4000)	7	0.23
[4000,4400)	14	0.47
[4400,4800)	3	0.1
[4800,5200)	2	0.07
[5200,5600)	1	0.03
合计	30	1

(4) 画出频率直方图,如图 6-1 所示.

组频率是组频数除以观察数据的个数(总频数) 所得的比值(各组占总数的比例).

频率直方图是以垂直条形代表频率分布的一种图形. 条形的高度由纵轴表示,各组的界限由横轴表示. 条形的宽度表示组距,组的中心为组中值,各条形的高度代表各组的频率.

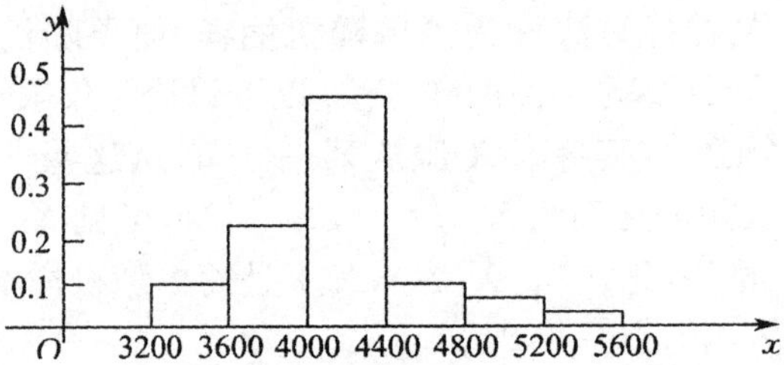

图 6-1 频率直方图

从图中可看出,频率直方图呈中间高、两头低的"倒钟形",可粗略认为工人家庭收入服从正态分布,其数学期望(平均收入) 在 4200 附近.

6.1.3 样本分布函数

总体是一个随机变量 X,把 X 的分布看作某统计总体的分布,则 X 的分布函数 $F(x)$ 即为一**总体分布函数**.

设$(x_1,x_2,\cdots,x_n)$ 是总体 X 的一个样本观察值,将其按大小排列为:$x_1^* \leqslant x_2^* \leqslant \cdots \leqslant x_n^*$,令

$$F_n(x)=\begin{cases}0, & x<x_1^*,\\ \dfrac{1}{n}, & x_1^* \leqslant x<x_2^*,\\ \vdots & \\ \dfrac{k}{n}, & x_k^* \leqslant x<x_{k+1}^*,\\ \vdots & \\ 1, & x \geqslant x_n^*.\end{cases}$$

其图形是累积频率曲线. 由频率与概率的关系知,$F_n(x)$ 可以作为 X 的分布函数 $F(x)$ 的一个近似,n 越大,近似程度越高. 称 $F_n(x)$ 为**样本分布函数**(经验分布函数).

例 2　随机地观察总体 X，得 10 个数据如下：

$$3.2\quad 2.5\quad -4\quad 2.5\quad 0\quad 3\quad 2\quad 2.5\quad 4\quad 2$$

求样本分布函数．

解　将 10 个数据由小到大排列为

$$-4<0<2=2<2.5=2.5=2.5<3<3.2<4$$

其样本分布函数是：

$$F_{10}(x)=\begin{cases}0, & x<-4,\\ \dfrac{1}{10}, & -4\leqslant x<0,\\ \dfrac{2}{10}, & 0\leqslant x<2,\\ \dfrac{4}{10}, & 2\leqslant x<2.5,\\ \dfrac{7}{10}, & 2.5\leqslant x<3,\\ \dfrac{8}{10}, & 3\leqslant x<3.2,\\ \dfrac{9}{10}, & 3.2\leqslant x<4,\\ 1, & x\geqslant 4.\end{cases}$$

习题 6.1

1. 观测"豫农一号"玉米的穗位，抽到 100 株，得到下列数据(单位：cm)：

127　118　121　113　145　125　87　94　118　111　102　72　113　76　101　134
107　118　114　128　118　114　117　120　128　94　124　87　88　105　115　134
89　141　114　119　150　107　126　95　137　108　129　136　98　121　91　111
134　123　138　104　107　121　94　126　108　114　103　129　103　127　93　86
113　97　122　86　94　118　109　84　117　112　112　125　94　73　93　94
102　108　158　89　127　115　112　94　118　114　88　111　111　104　101　129
144　128　131　142

按区间[70,80]，[80,90]，…，[150,160] 将 100 个数据进行分组，列出分组数据的统计表，并画出频率直方图．

2. 随机地观察总体 X，得 20 个数据如下：

60　65　68　70　70　68　65　63　60　65
63　68　70　75　75　70　68　63　68　80

求样本分布函数．

6.2　统计量及分布

6.2.1　统计量

样本(简单随机样本)是进行统计推断的依据，实际中，往往不是直接使用样本本身，而是针对不同的问题构造样本的适当函数,利用这些样本的函数进行统计推断.

定义 6.3 设 $X_1,X_2,\cdots,X_n$ 为取自总体 X 的一个样本,$f(X_1,X_2,\cdots,X_n)$ 是 $X_1,X_2,\cdots,X_n$ 的函数,且其不含未知参数,则称 $g(X_1,X_2,\cdots,X_n)$ 是一统计量.

例1 设 X_1,X_2 是一个容量为2的样本,总体分布为 $N(\mu,\sigma^2)$,其中 μ,σ^2 是未知参数.那么,$X_1+X_2,X_1^2+4X_2+X_2^2,X_1^2-2X_2^2$ 都是统计量,而 $X_1+\mu,X_1^2+X_2^2+\sigma^2$ 等不是统计量.

由于 $X_1,X_2,\cdots,X_n$ 都是随机变量,所以统计量 $g(X_1,X_2,\cdots,X_n)$ 也是一个随机变量.设 $x_1,x_2,\cdots,x_n$ 是样本 $X_1,X_2,\cdots,X_n$ 的样本值,则称 $g(x_1,x_2,\cdots,x_n)$ 是 $g(X_1,X_2,\cdots,X_n)$ 的观测值.

下面介绍几个常用的统计量.

设 $X_1,X_2,\cdots,X_n$ 为取自总体 X 的样本,$x_1,x_2,\cdots,x_n$ 是样本 $X_1,X_2,\cdots,X_n$ 的样本值.定义:

样本均值:称 $\overline{X}=\frac{1}{n}\sum_{i=1}^{n}X_i$ **为样本的平均数.**

样本方差和标准差:称 $S^2=\frac{1}{n-1}\sum_{i=1}^{n}(X_i-\overline{X})^2$ **为(修正)样本方差,**

而称 $S=\sqrt{\frac{1}{n-1}\sum_{i=1}^{n}(X_i-\overline{X})^2}$ **为样本标准差.**

样本(k 阶)原点矩:称 $A_k=\frac{1}{n}\sum_{i=1}^{n}X_i^k$ **为样本(k 阶)原点矩,**$k=1,2,\cdots$.

样本(k 阶)中心矩:称 $B_k=\frac{1}{n}\sum_{i=1}^{n}(X_i-\overline{X})^k$ **为样本(k 阶)中心矩,**$k=1,2,\cdots$.

对于样本的具体观测值$(x_1,x_2,\cdots,x_n)$,上述统计量的观测值分别为:

$$\overline{x}=\frac{1}{n}\sum_{i=1}^{n}x_i;$$

$$s^2=\frac{1}{n-1}\sum_{i=1}^{n}(x_i-\overline{x})^2;$$

$$s=\sqrt{\frac{1}{n-1}\sum_{i=1}^{n}(x_i-\overline{x})^2};$$

$$a_k=\frac{1}{n}\sum_{i=1}^{n}x_i^k,k=1,2,\cdots;$$

$$b_k=\frac{1}{n}\sum_{i=1}^{n}(x_i-\overline{x})^k,k=1,2,\cdots.$$

6.2.2 几个常用的分布及相关结论

在取得样本后,通常是借助样本的统计量对未知的总体进行推断.因此,我们要进一步确定相应的统计量的分布,也即抽样分布.后面几章所涉及的多为正态总体,因此这一节介绍来自正态总体的三个常用的统计量的分布.

1. 分位数

定义 6.4　设随机变量 X 服从某一种分布，对于任意给定的实数 $\alpha(0<\alpha<1)$，若实数 F_α 满足 $P\{X>F_\alpha\}=\alpha$，则称 F_α 为随机变量 X 分布的水平为 α 的上侧分位数. 若满足 $P\{|X|>U_{\frac{\alpha}{2}}\}=\alpha$，则称 $U_{\frac{\alpha}{2}}$ 为随机变量 X 分布的水平为 α 的双侧分位数.

此时 X 的分布密度一般是关于 y 轴对称的，如图 6.2 和图 6.3 所示.

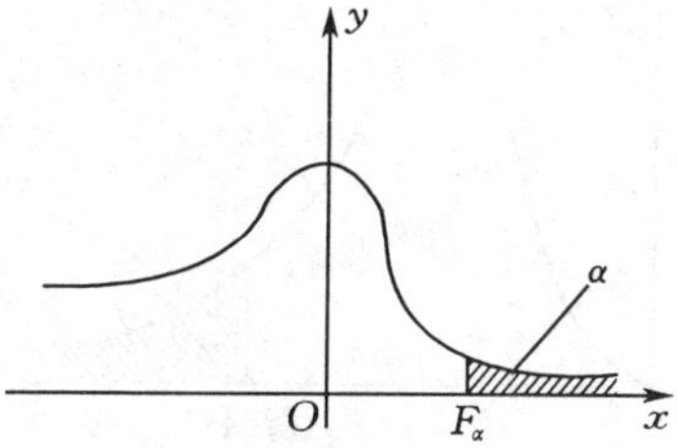

图 6-2

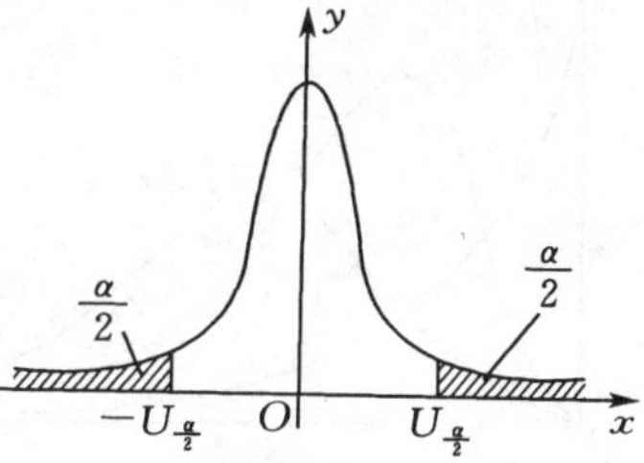

图 6-3

一般而言，对分位数的计算，直接进行是非常困难的，对于常用的统计分布，一般采用附录中给出的分布函数值或分位数表求取.

例 2　设随机变量 X 服从标准正态分布，求随机变量 X 的水平为 $\alpha=0.05$ 的上侧分位数和双侧分位数.

解　由于 $P\{X>u_{0.05}\}=1-\Phi(u_{0.05})=0.05$，所以 $\Phi(u_{0.05})-1-0.05=0.95$，查标准正态分布表可得 $u_{0.05}=1.645$，

又由于 $P\{|X|>u_{0.025}\}=2[1-\Phi(u_{0.025})]=0.05$，所以 $\Phi(u_{0.025})=1-0.025=0.975$，查标准正态分布表可得 $u_{0.025}=1.96$，

所以，随机变量 X 的水平为 $\alpha=0.05$ 的上侧分位数为 $u_{0.05}=1.645$，双侧分位数 $u_{0.025}=1.96$.

2. χ^2 分布

定义 6.5　设随机变量 $X_1,X_2,\cdots,X_n$ 相互独立且均服从标准正态分布，则称统计量 $\chi^2=\sum_{i=1}^{n}X_i^2$ 服从自由度为 n 的 χ^2 分布，记为 $\chi^2\sim\chi^2(n)$.

$\chi^2(n)$ 分布的概率密度为

$$f(x)=\begin{cases}\dfrac{1}{2^{\frac{n}{2}}\Gamma(\frac{n}{2})}x^{\frac{n}{2}-1}e^{-\frac{x}{2}}, x>0,\\ 0, x\leqslant 0.\end{cases}$$

这里的 $\Gamma(r)$ 就是微积分中的 $\Gamma-$函数，即

$$\Gamma(r)=\int_0^{+\infty}x^{r-1}e^{-x}dx, r>0.$$

$\chi^2(n)$ 分布的概率密度的图形和上侧分位数分别如图 6-4 和图 6-5 所示.

χ^2 分布具有以下性质：

(1) 设 $\chi_1^2\sim\chi^2(n_1)$，$\chi_2^2\sim\chi^2(n_2)$，且 χ_1^2 与 χ_2^2 相互独立，则显然有

$$\chi_1^2+\chi_2^2\sim\chi^2(n_1+n_2).$$

(2) 若 $\chi^2 \sim \chi^2(n)$,则有

$$E(\chi^2) = n, D(\chi^2) = 2n.$$

对于不同的 α, n, χ^2 分布的上侧分位数的值已经制成表供查用(见附表).

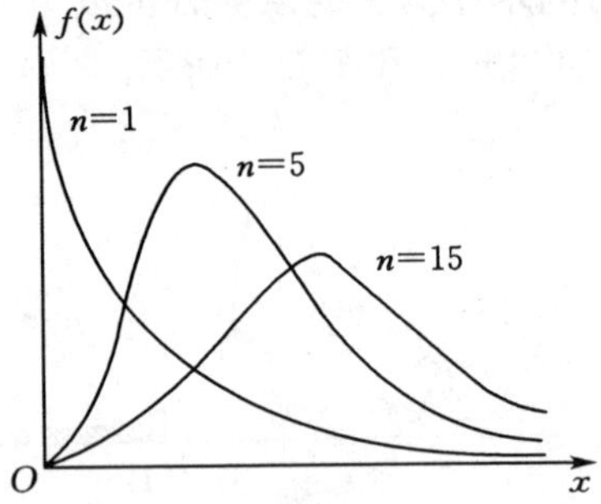

图 6-4

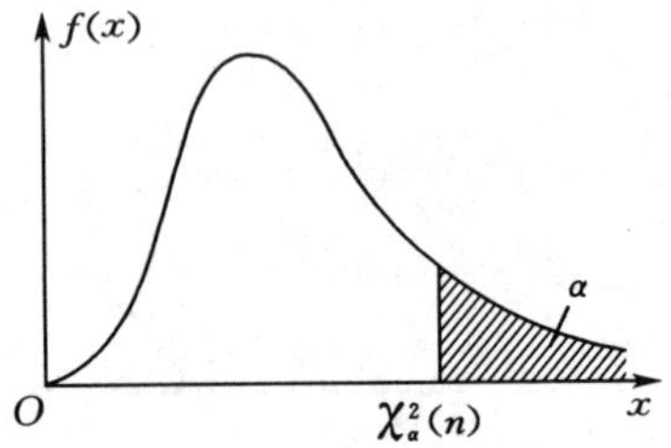

图 6-5

例如,对于 $\alpha = 0.05, n = 20$,查表得 $\chi^2_{0.05}(20) = 31.410$.

3. t 分布

定义 6.6　设两个随机变量 $X \sim N(0,1), Y \sim \chi^2(n)$,且 X, Y 独立,则称 $T = \dfrac{X}{\sqrt{\dfrac{Y}{n}}}$ 服从自由度为 n 的 t 分布,记为 $T \sim t(n)$.

$t(n)$ 分布的密度函数为

$$f(x) = \frac{\Gamma\left(\frac{n+1}{2}\right)}{\sqrt{n\pi}\,\Gamma\left(\frac{n}{2}\right)}\left(1 + \frac{x^2}{n}\right)^{-\frac{n+1}{2}}.$$

$t(n)$ 分布的概率密度的图形和上侧分位数分别如图 6.6 和图 6.7 所示.

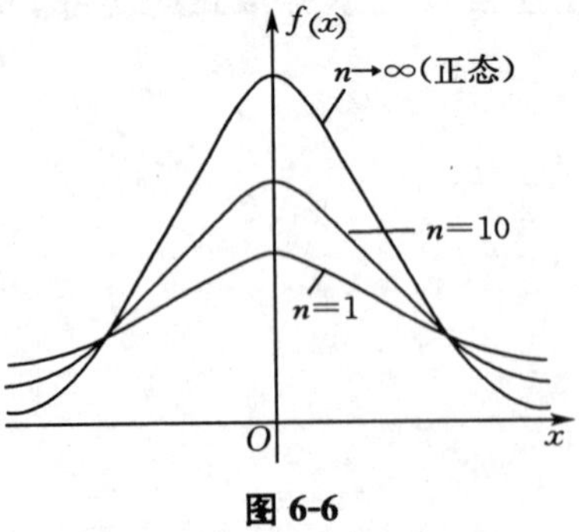

图 6-6

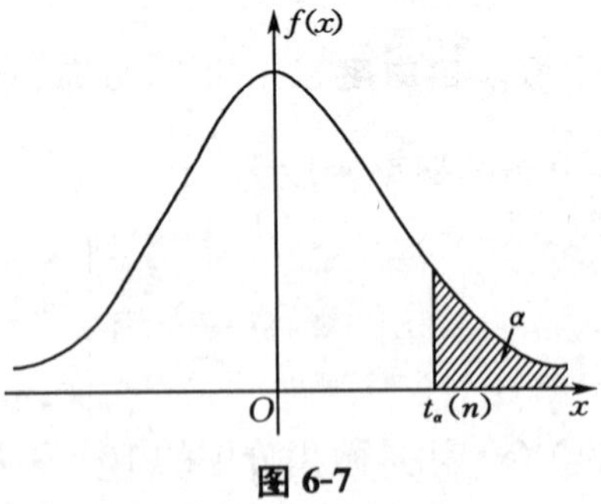

图 6-7

$t(n)$ 分布具有以下性质:

(1) 密度函数 $f(x)$ 的图形关于 $x = 0$ 对称,且 $\lim\limits_{x \to \infty} f(x) = 0$.

(2) 当 n 很大时,$t(n)$ 分布接近于标准正态分布,即

$$\lim_{n \to \infty} f(x) = \frac{1}{\sqrt{2\pi}} e^{-\frac{x^2}{2}}.$$

但当 n 较小时,$t(n)$ 分布与标准正态分布相差较大.

对于不同的 α, n, t 分布的上侧分位数和双侧分位数也可以从附表中查得.

例如,$t \sim t(8)$,对水平 $\alpha = 0.05$,查表得其上侧分位数和双侧分位数分别为

$$t_{0.05} = 1.8595, t_{0.025}(8) = 2.3060.$$

4. F 分布

定义 6.7　设两个随机变量 $X \sim \chi^2(n_1), Y \sim \chi^2(n_2)$,且 X, Y 独立,则称 $F = \dfrac{\frac{X}{n_1}}{\frac{Y}{n_2}}$ 为服从第一自由度为 n_1,第二自由度为 n_2 的 F 分布,记为 $F \sim F(n_1, n_2)$.

$F(n_1, n_2)$ 分布的概率密度函数为

$$\psi(x) = \begin{cases} \dfrac{\Gamma\left(\dfrac{n_1+n_2}{2}\right)}{\Gamma\left(\dfrac{n_1}{2}\right)\Gamma\left(\dfrac{n_2}{2}\right)}\left(\dfrac{n_1}{n_2}\right)^{\frac{n_1}{2}} x^{\frac{n_1}{2}-1}\left(1+\dfrac{n_1}{n_2}x\right)^{-\frac{n_1+n_2}{2}}, x > 0, \\ 0, x \leqslant 0. \end{cases}$$

$F(n_1, n_2)$ 分布的概率密度的图形和上侧分位数分别如图 6-8 和图 6-9 所示.

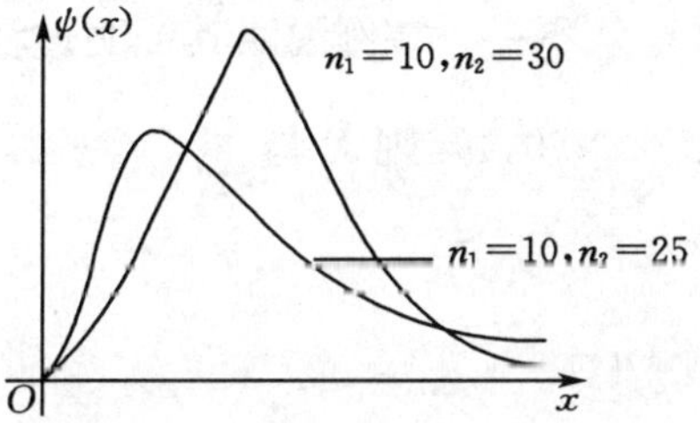

图 6-8

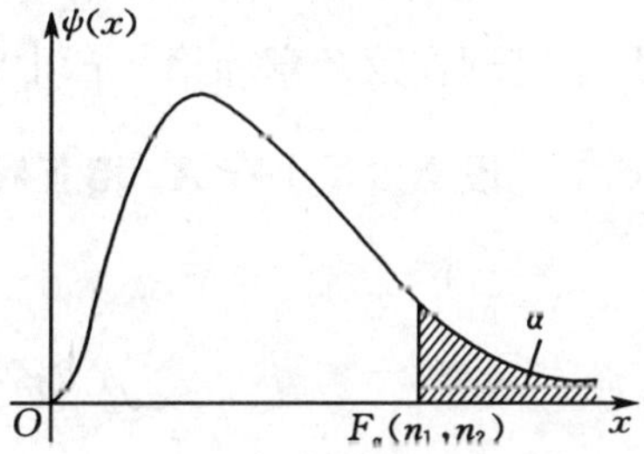

图 6-9

$F(n_1, n_2)$ 分布具有以下性质:

(1) 若 $X \sim t(n)$,则 $X^2 \sim F(1, n)$;

(2) 若 $F \sim F(n_1, n_2)$,则 $\dfrac{1}{F} \sim F(n_2, n_1)$.

F 分布的上侧分位数可从附表中查得. 例如,$F_{0.05}(7,3) = 8.89$.

根据 F 分布的性质知其上侧分位数有一性质:$F_\alpha(n_1, n_2) = \dfrac{1}{F_{1-\alpha}(n_2, n_1)}$.

此式可用于求附表中没有列出来的某些上侧分位数. 例如,

$$F_{0.95}(3,7) = \frac{1}{F_{0.05}(7,3)} = \frac{1}{8.89} \approx 0.1125.$$

5. 几个重要的结论

定理 6.1　设 $X_1, X_2, \cdots, X_n$ 相互独立,且 $X_i \sim N(\mu_i, \sigma_i^2)$,则它们的线性函数

$$Y = \sum_{i=1}^{n} a_i X_i, a_i \text{ 不全为零}$$

也服从正态分布,且

$$EY = \sum_{i=1}^{n} a_i \mu_i, DY = \sum_{i=1}^{n} a_i^2 \sigma_i^2.$$

推论 设 $X_1,X_2,\cdots,X_n$ 是取自正态总体 $N(\mu,\sigma^2)$ 的样本,则有

(1)$\overline{X}\sim N(\mu,\frac{\sigma^2}{n})$;

(2)$U=\dfrac{\overline{X}-\mu}{\frac{\sigma}{\sqrt{n}}}\sim N(0,1)$.

例 3 设 $X\sim N(21,2^2)$,$X_1,X_2,\cdots,X_{25}$ 为 X 的一个样本,求:

(1) 样本均值 $\overline{X}$ 的数学期望和方差;

(2)$P\{|\overline{X}-21|\leqslant 0.24\}$.

解 (1) 由于 $X\sim N(21,2^2)$,样本容量 $n=25$,由推论知 $\overline{X}\sim N\left(21,\frac{2^2}{25}\right)$,

于是
$$E(\overline{X})=21,\ D(\overline{X})=\frac{2^2}{25}=0.16.$$

(2) 由 $\overline{X}\sim N(21,0.4^2)$ 得 $\dfrac{\overline{X}-21}{0.4}\sim N(0,1)$,故

$P\{|\overline{X}-21|\leqslant 0.24\}=P\left\{\left|\dfrac{\overline{X}-21}{0.4}\right|\leqslant 0.6\right\}=2\Phi(0.6)-1=0.4514.$

后面几个定理在第 7 章和第 8 章中将用到,这里就不一一举例说明其证明过程省略.

定理 6.2 设 $X_1,X_2,\cdots,X_n$ 相互独立,且 $X_i\sim N(0,1)$,则 $\overline{X}$ 与 $\sum\limits_{i=1}^{n}(X_i-\overline{X})^2$ 相互独立,且

$$\sum_{i=1}^{n}(X_i-\overline{X})^2\sim\chi^2(n-1).$$

推论 设 $X_1,X_2,\cdots,X_n$ 是取自正态总体 $N(\mu,\sigma^2)$ 的样本,则有

(1)$\chi^2=\dfrac{n-1}{\sigma^2}S^2=\dfrac{1}{\sigma^2}\sum\limits_{i=1}^{n}(X_i-\overline{X})^2\sim\chi^2(n-1)$;

(2)$\overline{X}$ 与 $\sum\limits_{i=1}^{n}(X_i-\overline{X})^2$ 相互独立.

定理 6.3 设 $X_1,X_2,\cdots,X_n$ 是取自正态总体 $N(\mu,\sigma^2)$ 的样本,则有

(1)$\chi^2=\dfrac{1}{\sigma^2}\sum\limits_{i=1}^{n}(X_i-\mu)^2\sim\chi^2(n)$;

(2)$T=\dfrac{\overline{X}-\mu}{\frac{S}{\sqrt{n}}}\sim t(n-1)$.

定理 6.4 设 $X_1,X_2,\cdots,X_{n_1}$ 和 $Y_1,Y_2,\cdots,Y_{n_2}$ 是分别来自两个相互独立的正态总体 $N(\mu_1,\sigma_1^2)$,$N(\mu_2,\sigma_2^2)$ 的样本,则有

(1)$U=\dfrac{(\overline{X}-\overline{Y})-(\mu_1-\mu_2)}{\sqrt{\frac{\sigma_1^2}{n_1}+\frac{\sigma_2^2}{n_2}}}\sim N(0,1)$;

(2)$\left(\dfrac{\sigma_2^2}{\sigma_1^2}\right)\dfrac{S_1^2}{S_2^2}\sim F(n_1-1,n_2-1)$;

(3) 当 $\sigma_1^2=\sigma_2^2=\sigma^2$ 时，

$$T=\frac{(\overline{X}-\overline{Y})-(\mu_1-\mu_2)}{\sqrt{\frac{(n_1-1)S_1^2+(n_2-1)S_2^2}{n_1+n_2-2}}\sqrt{\frac{1}{n_1}+\frac{1}{n_2}}}\sim t(n_1+n_2-2).$$

习题 6.2

1. 某厂实行计件工资制，为及时了解情况，随机抽取 30 名工人，调查各自在一周内加工的零件数，然后按规律算出每名工人的周工资如下(单位:元)：

156　134　160　141　159　141　161　157　171　155　149　144　169　138　168

147　153　156　125　156　135　156　151　155　146　155　157　198　161　151

求该厂工人周工资的均值、方差及标准差.

2. 设 $X_1,X_2,\cdots,X_n$ 是来自总体 $N(0,1)$ 的样本，又设 $Y=(X_1+X_2+X_3)^2+(X_4+X_5+X_6)^2$，试求常数 c 使 cY 服从 χ^2 分布.

3. 设随机变量 $X\sim N(2,1)$，随机变量 Y_1,Y_2,Y_3,Y_4 均服从 $N(0,4)$，且 X,Y_1,Y_2,Y_3,Y_4 都相互独立，令 $T=\frac{4(X-2)}{\sqrt{\sum\limits_{i=1}^{4}Y_i^2}}$，试求 T 的分布.

本章小结

一、基本概念

总体 —— 所考察(研究)的对象的全体；

个体 —— 组成总体的每一个基本元素(基本单位)；

样本 —— 从总体中抽取的一部分个体；

统计量 —— 不含未知参数的样本函数.

二、三个常用分布及性质

1. $\chi^2(n)$ 分布：随机变量 $X_1,X_2,\cdots,X_n$ 相互独立且均服从标准正态分布，则 $\chi^2=\sum\limits_{i=1}^{n}X_i^2$ 服从自由度为 n 的 χ^2 分布.

χ^2 分布的性质：

(1) 设 $\chi_1^2\sim\chi^2(n_1)$，$\chi_2^2\sim\chi^2(n_2)$，且 χ_1^2 与 χ_2^2 相互独立，则 $\chi_1^2+\chi_2^2\sim\chi^2(n_1+n_2)$；

(2) 若 $\chi^2\sim\chi^2(n)$，则有 $E(\chi^2)=n$，$D(\chi^2)=2n$.

2. $t(n)$ 分布：随机变量 $X\sim N(0,1)$，$Y\sim\chi^2(n)$，且 X,Y 独立，则 $T=\frac{X}{\sqrt{\frac{Y}{n}}}$ 服从自由度为 n 的 t 分布

$t(n)$ 分布性质：

(1) 密度函数 $f(x)$ 的图形关于 $x=0$ 对称，且 $\lim\limits_{x\to\infty}f(x)=0$；

(2) 当 n 很大时，$t(n)$ 分布接近于标准正态分布，即 $\lim\limits_{n\to\infty}f(x)=\frac{1}{\sqrt{2\pi}}\mathrm{e}^{-\frac{x^2}{2}}$. 但当 n 较小时，$t(n)$ 分布与标准正态分布相差较大.

3. $F(n_1,n_2)$ 分布：随机变量 $X\sim\chi^2(n_1)$，$Y\sim\chi^2(n_2)$，且 X,Y 相互独立，则 $F=\dfrac{\frac{X}{n_1}}{\frac{Y}{n_2}}$ 服从第一自由度为 n_1，第二自由度为 n_2 的 F 分布.

$F(n_1,n_2)$ 分布性质：

(1) 若 $X\sim t(n)$，则 $X^2\sim F(1,n)$；

(2) 若 $F\sim F(n_1,n_2)$，则 $\dfrac{1}{F}\sim F(n_2,n_1)$.

三、几个重要的结论

1. 设 $X_1,X_2,\cdots,X_n$ 是取自正态总体 $N(\mu,\sigma^2)$ 的样本，则有

(1) $\overline{X}\sim N\left(\mu,\dfrac{\sigma^2}{n}\right)$；

(2) $U=\dfrac{\overline{X}-\mu}{\frac{\sigma}{\sqrt{n}}}\sim N(0,1)$.

2. 设 $X_1,X_2,\cdots,X_n$ 是取自正态总体 $N(\mu,\sigma^2)$ 的样本，则有

(1) $\chi^2=\dfrac{n-1}{\sigma^2}S^2=\dfrac{1}{\sigma^2}\sum\limits_{i=1}^{n}(X_i-\overline{X})^2\sim\chi^2(n-1)$；

(2) $\overline{X}$ 与 $\sum\limits_{i=1}^{n}(X_i-\overline{X})^2$ 相互独立.

3. 设 $X_1,X_2,\cdots,X_n$ 是取自正态总体 $N(\mu,\sigma^2)$ 的样本，则有

(1) $\chi^2=\dfrac{1}{\sigma^2}\sum\limits_{i=1}^{n}(X_i-\mu)^2\sim\chi^2(n)$；

(2) $T=\dfrac{\overline{X}-\mu}{\frac{S}{\sqrt{n}}}\sim t(n-1)$.

4. 设 $X_1,X_2,\cdots,X_{n_1}$ 和 $Y_1,Y_2,\cdots,Y_{n_2}$ 是分别来自两个相互独立的正态总体 $N(\mu_1,\sigma_1^2)$，$N(\mu_2,\sigma_2^2)$ 的样本，则有

(1) $U=\dfrac{(\overline{X}-\overline{Y})-(\mu_1-\mu_2)}{\sqrt{\frac{\sigma_1^2}{n_1}+\frac{\sigma_2^2}{n_2}}}\sim N(0,1)$；

(2) $\left(\dfrac{\sigma_2^2}{\sigma_1^2}\right)\dfrac{S_1^2}{S_2^2}\sim F(n_1-1,n_2-1)$；

(3) 当 $\sigma_1^2=\sigma_2^2=\sigma^2$ 时，

$$T=\frac{(\overline{X}-\overline{Y})-(\mu_1-\mu_2)}{\sqrt{\frac{(n_1-1)S_1^2+(n_2-1)S_2^2}{n_1+n_2-2}}\sqrt{\frac{1}{n_1}+\frac{1}{n_2}}}\sim t(n_1+n_2-2).$$

典型例题解析

例 1 设 X_1,X_2,X_3,X_4 是取自正态总体 $N(0,2^2)$ 的简单随机样本，且 $a>0,b>0$，统计量 $X=a(X_1-2X_2)^2+b(3X_3-4X_4)^2$，问 a,b 为何值时，统计量 X 服从 χ^2 分布？

解 这是一个典型利用常用分布的概念和结果的例题.

因为 $X=a(X_1-2X_2)^2+b(3X_3-4X_4)^2=[\sqrt{a}(X_1-2X_2)]^2+[\sqrt{b}(3X_3-4X_4)]^2$，

由于标准正态分布平方和的分布为 χ^2 分布，因此，只要$\sqrt{a}(X_1-2X_2)$和$\sqrt{b}(3X_3-4X_4)$均服从标准正态分布即可．而又根据定理 6.1 知$\sqrt{a}(X_1-2X_2)$和$\sqrt{b}(3X_3-4X_4)$均服从正态分布，且

$$E[\sqrt{a}(X_1-2X_2)]=0,$$
$$D[\sqrt{a}(X_1-2X_2)]=aD(X_1)+(-2)^2aD(X_2)=20a,$$
$$E[\sqrt{b}(3X_3-4X_4)]=0,$$
$$D[\sqrt{b}(3X_3-4X_4)]=3^2bD(X_3)+(-4)^2bD(X_4)=100b,$$

因此当 $D[\sqrt{a}(X_1-2X_2)]=20a=1, D[\sqrt{b}(3X_3-4X_4)]=100b=1$ 时，$\sqrt{a}(X_1-2X_2)$和$\sqrt{b}(3X_3-4X_4)$均服从标准正态分布．

所以当 $a=\frac{1}{20}, b=\frac{1}{10}$ 时，统计量 $X=a(X_1-2X_2)^2+b(3X_3-4X_4)^2$ 服从 χ^2 分布．

例 2　设总体 $X\sim N(1,0.09)$，$X_1,X_2,\cdots,X_n$ 为 X 的样本，$\overline{X}$ 为样本均值，问样本容量 n 为多少时，才能使 $P(0.9\leqslant\overline{X}\leqslant 1.1)\geqslant 0.90$？

解　这是一个重要结论运用的题：

因为 $X\sim N(1,0.09)$，$X_1,X_2,\cdots,X_n$ 为 X 的样本，根据定理 6.1 的推论知 $\overline{X}\sim N\left(1,\frac{0.09}{n}\right)$，则

$$\frac{\overline{X}-1}{0.3}\sqrt{n}\sim N(0,1),$$

由此知

$$\begin{aligned}&P(0.9\leqslant\overline{X}\leqslant 1.1)\geqslant 0.90\\=&P\left(\frac{0.9-1}{0.3}\sqrt{n}\leqslant\frac{\overline{X}-1}{0.3}\sqrt{n}\leqslant\frac{1.1-1}{0.3}\sqrt{n}\right)\\=&2\Phi\left(\frac{1}{3}\sqrt{n}\right)-1.\end{aligned}$$

要使 $P(0.9\leqslant\overline{X}\leqslant 1.1)\geqslant 0.90$，即 $2\Phi\left(\frac{1}{3}\sqrt{n}\right)-1\geqslant 0.9$.

查标准正态分布表得$\frac{1}{3}\sqrt{n}\geqslant 1.645$，所以 $n\geqslant 24.235$，

即当 $n\geqslant 25$ 时 $P(0.9\leqslant\overline{X}\leqslant 1.1)\geqslant 0.90$.

综合练习题六

1. X_1,X_2,X_3 是取自总体 X 的样本，α 是未知参数，则下列是统计量的是(　　).

(A) $X_1+\alpha X_2$　　(B) αX_1X_2　　(C) $(X_1-\alpha)^2+(X_3-\alpha)^2$　　(D) X_1X_3

2. 设 $X_1,X_2,\cdots,X_n$ 是取自正态总体 $X\sim N(\mu,\sigma^2)$ 的样本．μ,σ^2 均未知，则下列样本函数中是统计量的是(　　).

(A) $\sum\limits_{i=1}^{n}X_i-\mu$　　(B) $X_i-\overline{X}$　　(C) $\sum\limits_{i=1}^{n}\left(\frac{X_i}{\sigma}\right)^2$　　(D) $\sum\limits_{i=1}^{n}\left(\frac{X_i-\mu}{\sigma}\right)^2$.

3. 设随机变量 X 和 Y 都服从标准正态分布，则下列说法正确的是(　　).

(A) $X+Y$ 服从正态分布　　(B) X^2+Y^2 服从 χ^2 分布

(C) X^2 和 Y^2 都服从 χ^2 分布　　(D) $\frac{X^2}{Y^2}$ 服从 F 分布

4. 设总体 $X\sim N(\mu,\sigma^2)$，假设要以 0.9606 的概率保证偏差 $|\overline{X}-\mu|<0.1$，试问：当 $\sigma^2=0.25$ 时，样本容量 n 应取多大？

5. 设随机变量 X,Y 独立，且 $X\sim N(5,15)$，$Y\sim\chi^2(5)$，试求 $P(X-5>3.5\sqrt{Y})$.

第 7 章

参数估计

7 Zhang

我们希望依据总体中取得的简单随机样本对总体进行分析和推断，而实际工作中碰到的随机变量(总体)往往是分布类型大致知道，但确切的形式不知，亦即总体的参数未知. 如人的身高服从正态分布，但其均值与方差未知. 参数估计所研究的就是如何利用总体的样本对总体的分布所包含的未知参数作出合理的统计推断. 参数估计分点估计和区间估计两种.

7.1 点估计

定义 7.1 设 θ **是总体** X **分布的未知参数，若** $X_1, X_2, \cdots, X_n$ **是总体的一个样本，如果取统计量** $\hat{\theta} = \hat{\theta}(X_1, X_2, \cdots, X_n)$ **来估计未知参数** θ**，则称** $\hat{\theta}$ **为** θ **的估计量，这种用** $\hat{\theta}(X_1, X_2, \cdots, X_n)$ **对参数** θ **作定值估计的方法称为参数的点估计.**

设$(x_1, x_2, \cdots, x_n)$是样本$(X_1, X_2, \cdots, X_n)$的一个观测值，将它代入统计量 $\hat{\theta}$ 的表达式，就得到 $\hat{\theta}$ 的具体数值，这个数值称为 θ 的估计值. 如用样本平均数 $\overline{X} = \frac{1}{n}\sum_{i=1}^{n} X_i$ 作为总体参数期望值 μ 的估计量，$\overline{x} = \frac{1}{n}\sum_{i=1}^{n} x_i$ 作为 μ 的估计值等.

7.1.1 矩法估计

矩法估计的基本思路就是把样本矩作为相应的总体矩的估计.

1. 总体矩

(1) 原点矩：对于正整数 k，记 $\mu_k = E(X^k)$，称为 X 的 k 阶原点矩. 数学期望是一阶原点矩.

(2) 中心矩：对于正整数 k，记 $\nu_k = E(X - EX)^k$，称为 X 的 k 阶中心矩. 方差是二阶中心矩.

2. 样本矩

(1) 原点矩：$A_k = \frac{1}{n}\sum_{i=1}^{n} X_i^k$ 称为 k 阶原点矩，当 $k = 1$ 时就是样本平均数.

(2) 中心矩：$B_k = \frac{1}{n}\sum_{i=1}^{n} (X_i - \overline{X})^k$ 称为 k 阶中心矩.

例 1 设总体 X 服从$[0, \theta]$上的均匀分布，$X_1, X_2, \cdots, X_n$ 是来自总体 X 的样本，试求 θ 的矩估计量.

解 因为 $X \sim U[0, \theta]$，则总体一阶原点矩为 $EX = \frac{\theta}{2}$，样本一阶原点矩为 $A_1 = \overline{X} =$

$\frac{1}{n}\sum_{i=1}^{n}X_i$,

令 $\frac{\hat{\theta}}{2}=\frac{1}{n}\sum_{i=1}^{n}X_i$,得 $\hat{\theta}=\frac{2}{n}\sum_{i=1}^{n}X_i=2\overline{X}$,即为 θ 的矩估计量.

3. 矩法估计的步骤

设需要估计的参数有 $\theta_1,\theta_2,\cdots,\theta_k$,共 k 个.

(1) 先计算含有待定参数的总体矩(一般用原点矩 $\mu_r,r=1,2,\cdots,k$);

(2) 对于样本 $(X_1,X_2,\cdots,X_n)$,计算与上述总体矩对应的样本矩(一般用原点矩 $A_r,r=1,2,\cdots,k$);

(3) 用相应的样本矩作为总体矩的估计量(令 $\hat{\mu}_r=A_r,r=1,2,\cdots,k$),得关于 $\theta_1,\theta_2,\cdots,\theta_k$ 的方程组,解出 $\theta_1,\theta_2,\cdots,\theta_k$ 的矩估计量. 如果有样本观察值,则代入矩估计量中成为矩估计值.

例 2　设总体 X 服从 $B(m,p)$,$X_1,X_2,\cdots,X_n$ 是来自总体 X 的样本,试求 m,p 的矩估计.

解　因为 $X\sim B(m,p)$,则总体一阶原点矩为

$$EX=mp,$$

二阶原点矩为

$$EX^2=DX+(EX)^2=mp(1-p)+m^2p^2,$$

样本一阶原点矩为

$$A_1=\overline{X}=\frac{1}{n}\sum_{i=1}^{n}X_i,$$

样本二阶原点矩为

$$A_2=\frac{1}{n}\sum_{i=1}^{n}X_i^2,$$

令 $mp=\overline{X},mp(1-p)+m^2p^2=\frac{1}{n}\sum_{i=1}^{n}X_i^2$,解之得 m,p 的矩估计分别为

$$\hat{m}=\frac{\overline{X}^2}{\overline{X}+\overline{X}^2-\frac{1}{n}\sum_{i=1}^{n}X_i^2},\ \hat{p}=\frac{\overline{X}+\overline{X}^2-\frac{1}{n}\sum_{i=1}^{n}X_i^2}{\overline{X}}.$$

7.1.2　最大似然估计方法

最大似然估计思想:现从总体 X 抽取样本 $X_1,X_2,\cdots,X_n$ 对总体中未知参数 θ 进行估计,若 $x_1,x_2,\cdots,x_n$ 是样本的一次观测值,既然 $x_1,x_2,\cdots,x_n$ 在一次抽样中就得到,根据“大概率事件是一次试验中最容易发生的事件”这一原理,选取的 $\hat{\theta}$ 作为 θ 的估计量时,要使样本观测值出现的可能性最大.

设总体 X 为离散型随机变量,其概率分布为 $P\{X=i\}=p(i;\theta)$,θ 为未知参数,样本 $X_1,X_2,\cdots,X_n$ 的观测值为 $x_1,x_2,\cdots,x_n$,因为样本 $X_1,X_2,\cdots,X_n$ 与总体同分布且相互独立,根据最大似然估计思想,选取的 $\hat{\theta}$ 作为 θ 的估计量时,要使概率

$$P\{X_1=x_1,X_2=x_2,\cdots,X_n=x_n\}=\prod_{i=1}^{n}p(x_i;\theta)$$

最大,它是未知参数 θ 的函数,记为

$$L=L(x_1,x_2,\cdots,x_n;\theta)=\prod_{i=1}^{n}p(x_i;\theta)$$

并称其为**似然函数**.

若连续型总体 X 的密度函数是 $f(x;\theta)$,θ 为未知参数,同样称 $L=L(x_1,x_2,\cdots,x_n;\theta)=\prod_{i=1}^{n}f(x_i;\theta)$ 为 θ 的似然函数.

定义 7.2 **如果 $L=L(x_1,x_2,\cdots,x_n;\theta)$ 作为 θ 的似然函数,它在 $\hat{\theta}$ 达到最大值,则称 $\hat{\theta}$ 为 θ 的最大似然估计(量).**

当函数 L 可微时,要函数 L 取得最大值,$\hat{\theta}$ 必须满足 $\dfrac{\partial L}{\partial\theta_i}=0,(i=1,2,\cdots,k)$,此方程组称为最大似然方程组,解之即得最大似然估计 $\hat{\theta}$.

由于 L 与 $\ln L$ 极值点相同,所以 $\hat{\theta}$ 也可由下列似然方程组求得:

$$\frac{\partial\ln L}{\partial\theta_i}=0,i=1,2,\cdots,k.$$

例 3 已知 $X_1,X_2,\cdots,X_n$ 是取自总体 $X\sim P(\lambda)$ 的样本,求 λ 的最大似然估计.

解 因为 $X_1,X_2,\cdots,X_n$ 是取自总体 $X\sim P(\lambda)$ 的样本,即

$$P\{X_i=x_i\}=\frac{\lambda^{x_i}\mathrm{e}^{-\lambda}}{x_i!},$$

所以似然函数为

$$L=L(x_1,x_2,\cdots,x_n;\lambda)=\prod_{i=1}^{n}\frac{\lambda^{x_i}\mathrm{e}^{-\lambda}}{x_i!}=\frac{\lambda^{\sum\limits_{i=1}^{n}x_i}}{x_1!x_2!\cdots x_n!}\mathrm{e}^{-n\lambda},$$

又

$$\frac{\mathrm{d}L}{\mathrm{d}\lambda}=\frac{\sum\limits_{i=1}^{n}x_i\cdot\lambda^{\sum\limits_{i=1}^{n}x_i-1}}{x_1!x_2!\cdots x_n!}\mathrm{e}^{-n\lambda}+\frac{\lambda^{\sum\limits_{i=1}^{n}x_i}}{x_1!x_2!\cdots x_n!}\mathrm{e}^{-n\lambda}(-n),$$

令 $\dfrac{\mathrm{d}L}{\mathrm{d}\lambda}=0$,得 λ 的最大似然估计值为 $\hat{\lambda}=\dfrac{1}{n}\sum\limits_{i=1}^{n}x_i$.

例 4 已知总体 X 的密度函数为

$$f(x;\theta)=\begin{cases}\dfrac{1}{\theta}\mathrm{e}^{-\frac{x}{\theta}},x>0,\theta>0,\\0,x\leqslant 0.\end{cases}$$

$x_1,x_2,\cdots,x_n$ 为其一组样本观测值,求未知参数 θ 的最大似然估计.

解 依题意知似然函数为

$$L=L(x_1,x_2,\cdots,x_n;\theta)=\prod_{i=1}^{n}\frac{1}{\theta}\mathrm{e}^{-\frac{x_i}{\theta}}=\frac{1}{\theta^n}\mathrm{e}^{-\frac{\sum\limits_{i=1}^{n}x_i}{\theta}},$$

$$\frac{\mathrm{d}L}{\mathrm{d}\theta}=-\frac{n}{\theta^{n+1}}\mathrm{e}^{-\frac{\sum\limits_{i=1}^{n}x_i}{\theta}}+\frac{1}{\theta^n}\mathrm{e}^{-\frac{\sum\limits_{i=1}^{n}x_i}{\theta}}\left(\frac{\sum\limits_{i=1}^{n}x_i}{\theta^2}\right)$$

令$\frac{\mathrm{d}L}{\mathrm{d}\theta}=0$,得$\theta$的最大似然估计值为

$$\hat{\theta}=\frac{1}{n}\sum_{i=1}^{n}x_i \text{ 或 } \ln L=-n\ln\theta-\frac{\sum\limits_{i=1}^{n}x_i}{\theta},$$

$$\frac{\mathrm{d}\ln L}{\mathrm{d}\theta}=-\frac{n}{\theta}+\frac{\sum\limits_{i=1}^{n}x_i}{\theta^2}.$$

令$\frac{\mathrm{d}\ln L}{\mathrm{d}\theta}=0$,得$\theta$的极大似然估计值为$\hat{\theta}=\frac{1}{n}\sum\limits_{i=1}^{n}x_i$.

7.1.3　点估计的评价

对于点估计,由于同一参数可以用不同方法得到各种不同的估计量,因而就产生了一个评价估计量优劣性的问题.为此需要确定一个估计优劣的评选标准,以便对于同一参数的不同估计量做出合理的评价.实际中最常用的有三种评选标准:无偏性、有效性与一致性(相合性).

1. 无偏性

定义 7.3　设$\hat{\theta}$为未知参数θ的一个估计量.若$E(\hat{\theta})=\theta$,则称$\hat{\theta}$为参数θ的无偏估计量.

例 5　设从总体 X 中取一样本$(X_1,X_2,\cdots,X_n)$,$EX=\mu$,$DX=\sigma^2$,试证样本平均数$\overline{X}=\frac{1}{n}\sum\limits_{i=1}^{n}X_i$ 及样本方差$S^2=\frac{1}{n-1}\sum\limits_{i=1}^{n}(X_i-\overline{X})^2$ 分别是μ及σ^2 的无偏估计,而样本二阶中心矩$\frac{1}{n}\sum\limits_{i=1}^{n}(X_i-\overline{X})^2$ 是σ^2 的有偏估计.

证　因为样本 $X_1,X_2,\cdots,X_n$ 与总体同分布且相互独立,所以

$$EX_i=EX=\mu,DX_i=DX=\sigma^2,$$

则

$$E(\overline{X})=E\Big(\frac{1}{n}\sum_{i=1}^{n}X_i\Big)=\frac{1}{n}\sum_{i=1}^{n}E(X_i)=\mu,$$

故$\hat{\mu}=\overline{X}$是μ的一个无偏估计量.

$$D(\overline{X})=D\Big(\frac{1}{n}\sum_{i=1}^{n}X_i\Big)=\frac{1}{n^2}\sum_{i=1}^{n}D(X_i)=\frac{\sigma^2}{n},$$

$$E(\overline{X})^2=D(\overline{X})+(E\overline{X})^2=\frac{\sigma^2}{n}+\mu^2,$$

$$E(X_i)^2=D(X_i)+(EX_i)^2=\sigma^2+\mu^2,$$

$$E(S^2)=E\Big(\frac{1}{n-1}\sum_{i=1}^{n}(X_i-\overline{X})^2\Big)=E\Big(\frac{1}{n-1}(\sum_{i=1}^{n}X_i^2-n\overline{X}^2)\Big)$$

$$= \frac{1}{n-1}\left(\sum_{i=1}^{n} E(X_i^2) - nE(\overline{X}^2)\right)$$

$$= \frac{1}{n-1}(n\sigma^2 + n\mu^2 - \sigma^2 - n\mu^2) = \sigma^2,$$

故$\hat{\sigma}^2 = S^2$ 是 σ^2 的一个无偏估计量；

而样本二阶中心矩

$$\frac{1}{n}\sum_{i=1}^{n}(X_i - \overline{X})^2 = \frac{n-1}{n}S^2,$$

$$E\left(\frac{1}{n}\sum_{i=1}^{n}(X_i - \overline{X})^2\right) = E\left(\frac{n-1}{n}S^2\right) = \frac{n-1}{n}E(S^2) = \frac{n-1}{n}\sigma^2 \neq \sigma^2,$$

故样本二阶中心矩$\frac{1}{n}\sum_{i=1}^{n}(X_i - \overline{X})^2$ 是 σ^2 的有偏估计.

2. 有效性

定义 7.4　设 $\hat{\theta}_1, \hat{\theta}_2$ 是参数 θ 的两个无偏估计量，若有不等式 $D(\hat{\theta}_1) < D(\hat{\theta}_2)$ 成立，则称 $\hat{\theta}_1$ 为比 $\hat{\theta}_2$ 有效的估计量.

如果在 θ 的一切无偏估计中某个估计量的方差最小，则称此估计量为 θ 的最有效估计量.

例 6　设 X_1, X_2 是来自正态总体 $N(\mu, \sigma^2)$ 的容量为 2 的样本，μ 的 3 个估计量

$$\hat{\mu}_1 = \frac{2}{3}X_1 + \frac{1}{3}X_2, \hat{\mu}_2 = \frac{1}{4}X_1 + \frac{3}{4}X_2, \hat{\mu}_3 = \frac{1}{2}X_1 + \frac{1}{2}X_2$$

是否都是无偏的?若是，哪个是有效估计量?

解　依题意知，

$$EX_1 = EX_2 = \mu, DX_1 = DX_2 = \sigma^2,$$

则

$$E\hat{\mu}_1 = \frac{2}{3}EX_1 + \frac{1}{3}EX_2 = \mu,$$

$$E\hat{\mu}_2 = \frac{1}{4}EX_1 + \frac{3}{4}EX_2 = \mu,$$

$$E\hat{\mu}_3 = \frac{1}{2}EX_1 + \frac{1}{2}EX_2 = \mu,$$

所以这 3 个估计量都是 μ 的无偏估计量.

而$D\hat{\mu}_1 = \frac{4}{9}DX_1 + \frac{1}{9}DX_2 = \frac{5}{9}\sigma^2,$

$D\hat{\mu}_2 = \frac{1}{16}DX_1 + \frac{9}{16}DX_2 = \frac{5}{8}\sigma^2,$

$D\hat{\mu}_3 = \frac{1}{4}DX_1 + \frac{1}{4}DX_2 = \frac{1}{2}\sigma^2$

显然 $$D\hat{\mu}_2 > D\hat{\mu}_1 > D\hat{\mu}_3,$$

可见 $\hat{\mu}_3 = \frac{1}{2}X_1 + \frac{1}{2}X_2$ 是有效估计量.

可以证明，为了估计总体 X 的均值 μ，除可用样本均值外，也可用样本的其他线性函数 $\sum_{i=1}^{n} a_i X_i (a_i \geqslant 0, i=1,2,\cdots,n)$ 作为其估计，只要 $\sum_{i=1}^{n} a_i = 1$，则这些估计都是无偏的，而这些估计量中样本均值 $\overline{X}$ 是 $EX=\mu$ 的最有效估计.

3. 一致性

定义 7.5　设 $\hat{\theta}$ 为未知参数 θ 的一个估计量. 若对任意的 $\varepsilon > 0$，有 $\lim\limits_{n\to\infty} P\{|\hat{\theta}-\theta| < \varepsilon\} = 1$，则称 $\hat{\theta}$ 为参数 θ 的一致估计量.

例 7　设从总体 X 中取一样本 $(X_1, X_2, \cdots, X_n)$，$EX=\mu$，$DX=\sigma^2$，试证样本平均数 $\overline{X} = \frac{1}{n}\sum_{i=1}^{n} X_i$ 是 μ 的一致性估计.

证　因为样本 $X_1, X_2, \cdots, X_n$ 与总体同分布且相互独立，所以

$$EX_i = EX = \mu, DX_i = DX = \sigma^2.$$

由大数定律知，对于任意的 $\varepsilon > 0$，

$$\lim_{n\to\infty} P\{|\hat{\mu}-\mu| < \varepsilon\} = \lim_{n\to\infty} P\{|\overline{X}-\mu| < \varepsilon\} = 1,$$

故样本平均数 $\overline{X} = \frac{1}{n}\sum_{i=1}^{n} X_i$ 是 μ 的一致性估计.

习题 7.1

1. 设 $X_1, X_2, \cdots, X_n$ 是取自总体. (1) 设 $X \sim N(10, \sigma^2)$ 的一个样本，求 σ^2 的矩估计量，(2) 设 $X \sim B(10, p)$ 的一个样本，求 p 的矩估计量.

2. 设总体 X 的概率密度为

$$f(x,\theta) = \begin{cases} \theta x^{\theta-1}, & 0 < x < 1, \theta > 0, \\ 0, & \text{其他}. \end{cases}$$

又 $X_1, X_2, \cdots, X_n$ 是取自总体 X 的一个样本，试求 θ 的最大似然估计量.

3. 设 $X_1, X_2, \cdots, X_n$ 是取自指数分布

$$f(x,\lambda) = \begin{cases} \lambda e^{-\lambda x}, & x > 0, \\ 0, & x \leqslant 0. \end{cases}$$

的一个样本，试求 λ 的矩估计量和最大似然估计量.

4. 设总体 X 的概率密度为

$$f(x,\theta) = \begin{cases} (\theta+1)x^{\theta}, 0 < x < 1, \theta > -1 \\ 0, & \text{其他}. \end{cases}$$

$X_1, X_2, \cdots, X_n$ 是来自总体 X 的一个容量为 n 的简单随机样本，试分别用矩估计法和最大似然估计法求出 θ 的估计量.

5. 设 X 表示某种型号的电子元件的寿命(以小时计)，它服从指数分布，密度函数为

$$f(x,\theta) = \begin{cases} \frac{1}{\theta} e^{-\frac{x}{\theta}}, x > 0, \\ 0, & x \leqslant 0. \end{cases}$$

其中 θ 为未知参数，$\theta > 0$，现得样本观察值为：168，130，169，143，174，198，108，212，252，试用矩估计法估计未知参数 θ.

6. 设总体 $X \sim N(\mu, 1)$，(x_1, x_2) 是 X 的一个容量为 2 的样本，试证

$$\hat{\mu}_1 = \frac{2}{3}x_1 + \frac{1}{3}x_2, \hat{\mu}_2 = \frac{1}{2}x_1 + \frac{1}{2}x_2$$

都是 μ 的无偏估计量. 问哪一个有效?

7.2　区间估计

在上一节讨论了参数的点估计,它是用一个样本函数作为总体参数的估计量,并用样本观测值代入计算出样本函数的一个值作为总体未知参数的估计值,这样即使是无偏有效的估计量,也会由于样本的随机性,从一个样本算得的估计量的值不一定恰好是所要估计的参数真值,它只是未知参数的一个近似值,而它也没有给出这个近似值的误差范围. 这就需要我们提出估计量的精确度和可信度.

7.2.1　置信区间

定义 7.6　设总体分布含有未知参数 θ,由样本 $X_1,X_2,\cdots,X_n$ 确定的两个统计量为

$$\hat{\theta}_1(X_1,X_2,\cdots,X_n) \text{ 和 } \hat{\theta}_2(X_1,X_2,\cdots,X_n), \hat{\theta}_1 < \hat{\theta}_2,$$

对于给定值 $\alpha(0<\alpha<1)$,有

$$P\{\hat{\theta}_1 < \theta < \hat{\theta}_2\} = 1-\alpha,$$

则称随机区间 $(\hat{\theta}_1,\hat{\theta}_2)$ 为 θ 的置信水平为 $1-\alpha$ 的置信区间. $\hat{\theta}_1,\hat{\theta}_2$ 分别称为置信下限和置信上限,$1-\alpha$ 称为置信水平,也称置信概率或置信度.

α 是事先给定的一正数,它是指参数估计不准的概率. 一般常给定 $\alpha=5\%\ (0.05)$ 或 $\alpha=1\%\ (0.01)$.

注意:未知参数 θ 的置信水平为 $1-\alpha$ 的置信区间是指未知参数 θ 落入该区间的概率达到了 $1-\alpha$.

对未知参数进行区间估计的一般步骤为:

(1) 寻找一个随机变量 U. 此随机变量是一个包含待估参数(不含其他未知参数)的样本函数且服从的分布是已知的;

(2) 对于给定的置信水平 $1-\alpha$,确定常数 a 和 b,使 $P\{a<U<b\}=1-\alpha$. 一般地,取 $P\{U<a\}=\frac{\alpha}{2}, P\{U<b\}=1-\frac{\alpha}{2}$,再确定 a 和 b;

(3) 将不等式 $a<U<b$ 等价变形即可求出待估参数的置信区间.

下面讨论最常见分布 —— 正态分布的参数的置信区间.

7.2.2　正态总体下的区间估计

设已经给定置信度 $1-\alpha(0<\alpha<1)$,$X_1,X_2,\cdots,X_n$ 为总体 $N(\mu,\sigma^2)$ 的一个样本,$\overline{X},S^2$ 分别为样本均值和样本方差.

1. σ^2 已知,求 μ 的置信区间

(1) 取随机变量 $U=\frac{\overline{X}-\mu}{\sigma}\sqrt{n} \sim N(0,1)$;

(2) 给定置信水平 $1-\alpha$,令 $P\{U<a\}=\frac{\alpha}{2}, P\{U<b\}=1-\frac{\alpha}{2}$,由标准正态分布知

$a=-b$，又 $\Phi(b)=1-\frac{\alpha}{2}$，查正态分布表确定 b；

(3) 代入 $a<U<b$ 得 μ 的置信区间为 $(\overline{X}-\frac{\sigma}{\sqrt{n}}b,\overline{X}+\frac{\sigma}{\sqrt{n}}b)$．

例 1　某厂生产的轮胎的行驶寿命(km)X 服从正态分布 $N(\mu,4000^2)$．现从中随机抽取 100 只进行测试，求得平均寿命 $\overline{X}=32000$km，求置信水平为 95% 的轮胎平均寿命的置信区间．

解　由于轮胎的行驶寿命服从正态分布，且方差已知．

由给定置信水平 $1-\alpha=0.95$，令 $\Phi(b)=1-\frac{\alpha}{2}=0.975$，查正态分布表得 $b=1.96$，

$$\frac{\sigma}{\sqrt{n}}b=\frac{4000}{\sqrt{100}}\times 1.96=784,$$

因此置信水平为 95% 的轮胎平均寿命的置信区间为 $(32000-784,32000+784)$，即 $(31216,32784)$．

2. σ^2 未知，求 μ 的置信区间

(1) 取随机变量 $T=\frac{\overline{X}-\mu}{\sqrt{\frac{S^2}{n}}}\sim t(n-1)$；

(2) 给定置信水平 $1-\alpha$，令 $P\{T<a\}=\frac{\alpha}{2}$，$P\{T<b\}=1-\frac{\alpha}{2}$，由 t 分布的对称性知 $a=-b$，由 $P\{T>b\}=\frac{\alpha}{2}$，查 t 分布表确定 b；

(3) 代入 $a<T<b$ 得 μ 的置信区间为 $(\overline{X}-\frac{S}{\sqrt{n}}b,\overline{X}+\frac{S}{\sqrt{n}}b)$．

例 2　从刚生产的一大堆钢珠中随机抽出 9 个，测得它的直径(单位:mm)，并求得其样本均值 $\bar{x}=31.06$，样本方差 $S^2=\frac{1}{8}\sum_{i=1}^{9}(x_i-\bar{x})^2=0.25^2$，试求置信度为 95% 的 μ 置信区间(假设钢珠的直径服从 $N(\mu,\sigma^2)$)．

解　由于钢珠的直径服从正态分布，且方差未知．

由给定置信水平 $1-\alpha=0.95$，令 $P\{T>b\}=\frac{\alpha}{2}=0.025$ 查 t 分布表得

$$b=2.3060,\ \frac{S}{\sqrt{n}}b=\frac{0.25}{\sqrt{9}}\times 2.3060\approx 0.192,$$

因此置信度为 95% 的 μ 置信区间为 $(31.06-0.192,31.06+0.192)$，即 $(30.868,31.252)$．

3. 参数 σ^2 的置信区间

由于当 μ 已知时，求 σ^2 的置信区间可选统计量 $\chi^2=\frac{\sum_{i=1}^{n}(X_i-\mu)^2}{\sigma^2}\sim\chi^2(n)$，这里我们只讨论 μ 未知时，求 σ^2 的置信区间．

(1) 取随机变量 $\chi^2=\frac{(n-1)S^2}{\sigma^2}\sim\chi^2(n-1)$;

(2) 给定置信水平 $1-\alpha$,令 $P\{\chi^2<a\}=\frac{\alpha}{2}$,$P\{\chi^2<b)=1-\frac{\alpha}{2}$,

即 $P\{\chi^2>a\}=1-\frac{\alpha}{2}$,$P\{\chi^2>b)=\frac{\alpha}{2}$ 查 χ^2 分布表确定 a 和 b;

(3) 代入 $a<\frac{(n-1)S^2}{\sigma^2}<b$ 得 σ^2 的置信区间为$\left(\frac{(n-1)S^2}{b},\frac{(n-1)S^2}{a}\right)$.

例 3 试求例 2 中总体方差 σ^2 的置信区间(取置信水平为 0.95).

解 由给定置信水平 $1-\alpha=0.95$,令

$$P\{\chi^2>a\}=1-\frac{\alpha}{2}=0.975,P\{\chi^2>b)=\frac{\alpha}{2}=0.025.$$

查 χ^2 分布表得 $a=2.180$,$b=17.535$.

因此置信度为 95% 的 σ^2 的置信区间为$\left(\frac{(n-1)s^2}{b},\frac{(n-1)s^2}{a}\right)=(0.0285,0.2294)$.

习题 7.2

1. 在某台机器生产的大量滚珠中随机抽取 400 粒,测得它们的直径.计算得样本均值为 0.824cm,样本标准差为 0.042cm.假设所测值总体服从正态分布,试求滚珠直径均值置信水平分别为 95% 和 99% 的置信区间.
2. 某旅行社为调查当地旅行者的平均消费额,随机访问了 25 名旅游者,得知平均消费额 $\bar{x}=80$ 元,根据经验旅游者消费额服从正态分布,且标准差为 $\sigma=12$ 元,求旅游者平均消费额 μ 的置信度为 0.95 的置信区间.
3. 已知灯泡寿命的标准差 $\sigma=50$ 小时,抽出 25 个灯泡检验,得平均寿命 $\bar{x}=500$ 小时,试以 0.95 的可靠性对灯泡的平均寿命进行区间估计(假设灯泡平均寿命服从正态分布).
4. 设某种电子管的使用寿命服从正态分布,从中随机抽取 15 个进行检验,得平均使用寿命为 1950 小时,样本标准差为 $s=300$.试以 0.95 的可靠性估计整批电子管平均使用寿命 μ 的置信区间.
5. 某大学进行概率统计课程测验,抽得 20 个学生的分数平均数为 $\bar{x}=72$,样本方差 $s^2=16$,假设分数服从正态分布,求 σ^2 的置信度为 0.98 的置信区间.
6. 设总体 $X\sim N(\mu,\sigma^2)$,μ,σ^2 未知,现随机测得容量为 10 的样本观测值,经计算得 $\sum_{i=1}^{10}x_i=150$,$\sum_{i=1}^{10}x_i{}^2=2610$,求 μ 和 σ^2 的置信度为 0.95 的置信区间.

本章小结

一、基本概念

点估计 —— 用样本函数值对未知参数作定值估计的方法.

无偏估计量 —— 数学期望等于待估参数的估计量.

有效的估计量 —— 未知参数的若干估计量中方差最小的估计量.

一致估计量 —— $\hat{\theta}$ 为未知参数 θ 的一个估计量.若对任意的 $\varepsilon>0$,有

$$\lim_{n\to\infty}P\{|\hat{\theta}-\theta|<\varepsilon\}=1,$$

则 $\hat{\theta}$ 为参数 θ 的一致估计量.

置信区间——未知参数 θ 落入某区间的概率达到了 $1-\alpha$,则该区间称为未知参数 θ 的置信水平为 $1-\alpha$ 的置信区间.

二、几种点估计法和置信区间求法

1. 矩估计法:把样本矩作为相应的总体矩,从而得出未知参数的估计值的方法.

2. 最大似然估计法:若离散型总体 X 其概率分布为 $P\{X=i\}=p(i;\theta)$,或连续型总体 X 的密度函数是 $\varphi(x;\theta)$,θ 为未知参数,样本 $X_1,X_2,\cdots,X_n$ 的观测值为 $x_1,x_2,\cdots,x_n$,则取似然函数 $L=L(x_1,x_2,\cdots,x_n;\theta)=\prod\limits_{i=1}^{n}p(x_i;\theta)$(离散型)或 $L=L(x_1,x_2,\cdots,x_n;\theta)=\prod\limits_{i=1}^{n}f(x_i;\theta)$(连续型),

它是 θ 的函数,它在 $\hat{\theta}$ 达到最大值,则将 $\hat{\theta}$ 作为 θ 的估计值的方法.

3. σ^2 已知,求 μ 的置信区间:由 $\Phi(b)=1-\dfrac{\alpha}{2}$ 查标准正态分布确定 b,μ 的置信区间为 $(\overline{X}-\dfrac{\sigma}{\sqrt{n}}b,\overline{X}+\dfrac{\sigma}{\sqrt{n}}b)$.

4. σ^2 未知,求 μ 的置信区间:由 $P\{T>b\}=\dfrac{\alpha}{2}$,查 t 分布表确定 b,μ 的置信区间为 $(\overline{X}-\dfrac{S}{\sqrt{n}}b,\overline{X}+\dfrac{S}{\sqrt{n}}b)$.

5. 参数 σ^2 的置信区间:由 $P\{\chi^2>a\}=1-\dfrac{\alpha}{2}$,$P\{\chi^2>b\}=\dfrac{\alpha}{2}$ 查 χ^2 分布表确定 a 和 b,σ^2 的置信区间为 $(\dfrac{(n-1)S^2}{b},\dfrac{(n-1)S^2}{a})$.

典型例题解析

例 1　设总体 X 的均值 μ 及方差 σ^2 都存在,但 μ,σ^2 均未知,又 $X_1,X_2,\cdots,X_n$ 是取自总体 X 的一个样本,试求 μ,σ^2 的矩估计量.

解　此例由于没有给出总体 X 服从什么分布,因此结果不会因为不同的总体而出现差异.这样由此例得出的估计量适用于所有的分布,具有通用性.

因为总体一阶原点矩为 $\mu_1=E(X)=\mu$,

二阶原点矩为 $\mu_2=E(X^2)=D(X)+[E(X)]^2=\sigma^2+\mu^2\mu$,

样本一阶原点矩为 $A_1=\dfrac{1}{n}\sum\limits_{i=1}^{n}X_i$,二阶原点矩为 $A_2=\dfrac{1}{n}\sum\limits_{i=1}^{n}X_i{}^2$.

根据矩估计原则,有如下方程组

$$\begin{cases}\mu=\dfrac{1}{n}\sum\limits_{i=1}^{n}X_i,\\ \sigma^2+\mu^2=\dfrac{1}{n}\sum\limits_{i=1}^{n}X_i^2.\end{cases}$$

解之得 μ,σ^2 的矩估计量为　$\hat{\mu}=\dfrac{1}{n}\sum\limits_{i=1}^{n}X_i=\overline{X}$,$\hat{\sigma}^2=\dfrac{1}{n}\sum\limits_{i=1}^{n}X_i^2-\overline{X}^2=\dfrac{1}{n}\sum\limits_{i=1}^{n}(X_i-\overline{X})^2$.

例 2　设总体 $X\sim N(\mu,\sigma^2)$,其中 μ,σ^2 均未知,又 $X_1,X_2,\cdots,X_n$ 是取自总体 X 的一个样本,试求 μ,σ^2 的最大似然估计量.

解　这是一个具有代表性的重要连续型分布的参数估计.取似然函数

$$L=L(x_1,x_2,\cdots,x_n;\mu,\sigma^2)=\prod_{i=1}^{n}\frac{1}{\sqrt{2\pi}\sigma}e^{-\frac{(X_i-\mu)^2}{2\sigma^2}}=(2\pi)^{-\frac{n}{2}}(\sigma^2)^{-\frac{n}{2}}e^{-\frac{1}{2\sigma^2}\sum\limits_{i=1}^{n}(X_1-\mu)^2},$$

$$\ln L = -\frac{n}{2}\ln 2\pi - \frac{n}{2}\ln\sigma^2 - \frac{1}{2\sigma^2}\sum_{i=1}^{n}(X_i-\mu)^2,$$

求偏导数得似然方程组

$$\begin{cases}\dfrac{\partial L}{\partial\mu} = \dfrac{1}{\sigma^2}\sum\limits_{i=1}^{n}(X_i-\mu) = 0,\\ \dfrac{\partial L}{\partial\sigma^2} = -\dfrac{n}{2\sigma^2} + \dfrac{1}{2\sigma^4}\sum\limits_{i=1}^{n}(X_i-\mu)^2 = 0,\end{cases}$$

解之得 μ,σ^2 的最大似然估计量为

$$\hat{\mu} = \frac{1}{n}\sum_{i=1}^{n}X_i = \overline{X},\ \hat{\sigma}^2 == \frac{1}{n}\sum_{i=1}^{n}(X_i-\overline{X})^2.$$

由此例可见,其最大似然估计量与矩估计量是相同的.

例 3 某种零件重量服从正态分布 $N(\mu,\sigma^2)$,其中 μ,σ^2 未知,今从中抽取容量为 16 的样本,其观测值如下(单位:kg):

4.8 4.7 5.0 5.2 4.7 4.9 5.0 5.0

4.6 4.7 5.0 5.1 4.7 4.5 4.9 4.9

求在置信水平 0.95 下,零件重量均值 μ 的置信区间.

解 这是一个典型的在方差未知的情况下求均值的置信区间的问题.

由题知 $\overline{x} = 4.856, S = 0.193, 1-\alpha = 0.95$.

由 $P\{T > b\} = \frac{\alpha}{2} = 0.025$,查 t 分布表(自由度为 15)得 $b = 2.1315$,所以 μ 的置信区间为

$$(\overline{X} - \frac{S}{\sqrt{n}}b, \overline{X} + \frac{S}{\sqrt{n}}b) = (4.7532, 4.9588).$$

例 4 假定初生婴儿(男孩)的体重服从正态分布,随机抽取 12 名新生婴儿,测得体重为(单位:g)

3100 2520 3000 3000 3600 3160 3560 3320 2880 2600 3400 2540

试以 0.95 的置信系数对新生婴儿的方差进行区间估计.

解 这是一个方差的区间估计. 由题知

$$\overline{x} \approx 3057, S = \sqrt{\frac{1}{11}\sum_{i=1}^{12}(x_i-\overline{x})^2} \approx 375.3,$$

由 $P\{\chi^2 > a\} = 1 - \frac{\alpha}{2} = 0.975, P\{\chi^2 > b) = 0.025$,查 χ^2 分布表(自由度为 11)得

$$a = 3.816, b = 21.920,$$

所以新生婴儿的方差 σ^2 的置信区间为

$$(\frac{(n-1)S^2}{b}, \frac{(n-1)S^2}{a}) \approx (70682, 401282).$$

综合练习题七

1. 设 $X_1, X_2, \cdots, X_n$ 是取自总体 X 的一个样本,则以下统计量(1) $\frac{1}{2}(X_1+X_n)$,(2) $\frac{1}{n}(2X_1 - X_2 + \cdots + X_n)$,(3) $\frac{1}{14}(2X_1+3X_2+4X_{n-1}+5X_n)$,作为总体均值 μ 的估计量,其中无偏估计量的个数是( ).

(A) 0　　(B) 1　　(C) 2　　(D) 3

2. 设$(X_1, X_2, \cdots, X_n)$是来自总体 X 的样本,且 $EX = \mu, DX = \sigma^2$,则 μ 的无偏估计是( ).

(A) $\frac{1}{n}\sum\limits_{i=1}^{n-1}X_i$　　(B) $\frac{1}{n-1}\sum\limits_{i=1}^{n}X_i$　　(C) $\frac{1}{n-1}\sum\limits_{i=1}^{n-1}X_i$　　(D) $\frac{1}{n}\sum\limits_{i=2}^{n}X_i$

3. 设 X_1, X_2, X_3 是取自正态总体 $N(\mu,1)$ 的样本，则下列 μ 的四个无偏估计量中有效估计量是（　　）.

(A) $\hat{\mu}_1 = \frac{1}{5}X_1 + \frac{3}{10}X_2 + \frac{1}{2}X_3$　　(B) $\hat{\mu}_2 = \frac{1}{3}X_1 + \frac{1}{4}X_2 + \frac{5}{12}X_3$

(C) $\hat{\mu}_3 = \frac{1}{3}X_1 + \frac{1}{6}X_2 + \frac{1}{2}X_3$　　(D) $\hat{\mu}_4 = \frac{1}{2}X_1 + \frac{1}{4}X_2 + \frac{1}{4}X_3$

4. 设 $X_1, X_2, \cdots, X_n$ 是取自总体 X 的一个样本，X 的密度函数为

$$f(x,\theta) = \begin{cases} \frac{2}{\theta^2}(\theta - x), 0 < x < \theta, \\ 0, \quad 其他. \end{cases}$$

则参数 θ 的矩估计量是（　　）.

(A) $\frac{1}{3}\overline{X}$　　(B) $\overline{X}$　　(C) $3\overline{X}$　　(D) $6\overline{X}$

5. 设 $X_1, X_2, \cdots, X_n$ 是取自总体 X 的一个样本，X 的密度函数为 $f(x,\theta) = 2\theta\sqrt{\frac{\theta}{\pi}}x^2 e^{-\theta x^2}\ (\theta > 0)$，则参数 θ 的最大似然估计量是（　　）.

(A) $\dfrac{3n}{2\sum\limits_{i=1}^{n} X_i^2}$　　(B) $\dfrac{3n}{2\prod\limits_{i=1}^{n} X_i^2}$　　(C) $\dfrac{3n}{2\sum\limits_{i=1}^{n} \ln X_i^2}$　　(D) $\dfrac{3n}{2\prod\limits_{i=1}^{n} \ln X_i^2}$

6. $X_1, X_2, \cdots, X_n$ 是均匀总体 $U[0,3\theta]$，$\theta > 0$ 的样本，θ 是未知参数，$\overline{X} = \frac{1}{n}\sum\limits_{i=1}^{n} X_i$，则 θ 的无偏估计是（　　）.

(A) $\frac{1}{3}\overline{X}$　　(B) $\frac{2}{3}\overline{X}$　　(C) $\overline{X}$　　(D) $3\overline{X}$

7. 假设日光灯管寿命服从正态分布，现从一批日光灯管中抽取 25 根，测得平均寿命为 $\overline{\chi} = 500$ 小时，标准差 $s = 50$ 小时，试以 0.95 的可靠性对日光灯管的平均寿命进行区间估计.

8. 设某种电子管的使用寿命服从正态分布，现从中随机抽取 15 个，测得平均寿命为 $\overline{x} = 1950$ 小时，标准差 $s = 300$ 小时，试以 0.95 的可靠性对电子管的平均寿命和方差进行区间估计.

9. 设某自动车床加工零件的长度 $X \sim N(\mu,\sigma^2)$，μ, σ^2 未知，现随机抽取 16 个零件测得长度值，经计算得 $\overline{x} = 12.075$，$\sum (x_i - \overline{x})^2 = 0.0366$，求零件长度方差 σ^2 的置信度为 0.95 的置信区间.

10. 已知某种木材横纹抗压力服从正态分布，现抽得 10 个样本进行横纹抗压力试验得数据如下(单位：kg/cm²)：

482　446　493　435　457　418　471　394　510　469

试对该木材平均横纹抗压力进行区间估计. $(\alpha = 0.05)$

11. 某种布匹的重量服从正态分布，现随机抽取 16 个样本，测得重量如下：

4.8　4.6　4.7　4.7　5.0　5.0　5.2　5.1　4.7　4.7　4.9　4.5　5.0　4.9　5.0　4.9

在置信度 0.95 下对布匹平均重量进行区间估计.

12. 从正态总体中抽取 26 个样本，它们的观测值是：

3100　3480　2520　2520　3700　2800　3800　3020　3260
3140　3100　3160　2860　3100　3560　3320　3200　3420
2880　3440　3200　3260　3400　2760　3280　3300

试求总体均值和方差的置信区间. $(\alpha = 0.05)$

13. 岩石密度的测量误差服从正态分布，随机抽测 12 个样品，得 $S = 0.2$，求 σ^2 的置信度为 0.90 的置信区间.

第 8 章

假设检验

8 Zhang

上一章主要介绍了对总体中未知参数的估计方法，它是统计推断的一个方面，统计推断的另一方面就是**假设检验**. 假设检验就是对总体参数有一个假设结果，并根据样本来判断假设结果是否正确.

8.1 假设检验的基本思想

8.1.1 假设检验的概念

假设检验是从对总体参数所做的一个假设开始，然后搜集样本数据，进而运用这些数据测定假设的总体参数在多大程度上是可靠的，从而作出是否承认该假设的判断过程.

例如，某厂生产的猪肉罐头规定标准重量为 500g，这些罐头由一条生产线自动包装，正常情况下生产出的罐头重量(单位:g) 服从正态分布 $N(500,2^2)$，现检测 5 听罐头的重量为 501,507,498,502,504(g)，这时我们是否可以作出生产线工作正常($\mu = 500$) 的判断?

假设:对总体分布函数的类型或某些特征提出某种“假设”或总体分布的类型为已知，对分布的一个(或几个) 未知参数的值作出“假设”(参数假设). 这种“假设”称为**待检假设**或**零假设**，通常用 H_0 表示. 而此时也给出了另一个“假设”，称为**备选假设**或**对立假设**，用 H_1 表示. H_0 和 H_1 称为**统计假设**，简称**假设**.

如何根据样本的信息来判断总体的某个设想是否成立，也就是检验假设 H_0 成立与否的方法是本章要介绍的主要内容.

用置信区间的方法进行检验，基本思想是这样的:首先设想 H_0 是成立的，然后考虑在此条件下，已经观察到的样本信息出现的概率. 如果这个概率很小，根据小概率原理，说明事先设想的 H_0 是不正确的，因此拒绝假设 H_0. 否则就应接受假设 H_0. 至于何为“概率很小”，一般检验之前指定，如 0.05,0.01 等，一般记作 α，在检验中称为**显著性水平**或**检验水平**.

根据上述思想可知，假设检验的程序如下：

(1) 提出统计假设:零假设 H_0 和备选假设 H_1.

(2) 选取样本的统计量 T. 统计量的选择必须与统计假设有关，且在 H_0 成立的情况下，其分布或渐近分布是知道的.

(3) 规定显著水平 α，就是“不接受零假设 H_0” 的概率不大于这个显著水平 α.

(4) 在显著水平 α 下，根据统计量的分布将样本空间划分为两个不相交的区域:其中一个是接受零假设的区域，称为**接受域**(统计量以概率 $1-\alpha$ 落入其中的区域)；反之为**拒绝域**.

(5) 根据样本观测值计算统计量 T 的观测值.

(6) 作出判断(决策):若统计量 T 的观测值落入拒绝域,则拒绝零假设 H_0 而接受备选假设 H_1;反之,若统计量 T 的观测值落入接受域,则接受零假设 H_0 而拒绝备选假设 H_1.

注意:一般接受域和拒绝域均取开区间,若 T 的观测值刚好在区间端点,应重新抽样.

8.1.2　假设检验的两类错误

前面的检验得出的结论是不是一定正确呢?答案是否定的. 由于作出的判断的依据仅仅是一个样本,作出判断的方法是由部分来推断全体,事实上可能发生以下两类错误:

一种是如果零假设是正确的,由于样本的随机性,这时我们作出了拒绝零假设的决策,因而犯了错误. 这类错误称为**第 Ⅰ 类错误**,也称为**弃真错误**. 犯第一类错误的概率是显著性水平 α.

另一种是如果零假设是不正确的,由于样本的随机性,这时我们作出了接受零假设的决策,因而犯了错误. 这类错误称为**第 Ⅱ 类错误**,也称为**采伪错误**. 犯第 Ⅱ 类错误的概率记为 β.

我们总是希望犯这两类错误的概率 α 与 β 都很小,但是在样本容量固定的条件下是无法做到的. 通常做法是在控制犯第 Ⅰ 类错误的概率不超过预先给定的 α 的条件下,选择使犯第 Ⅱ 类错误的概率 β 尽可能小的检验法. 这类问题的研究超出了本书范围,因此不予介绍.

习题 8.1

请给出下列检验问题的待检假设 H_0 和备选假设 H_1:

1. 从一批灯泡中随机抽取50个灯泡作为样本,测得样本平均寿命 $\bar{x} = 1900$ 小时,样本标准差 $S = 490$ 小时,以 $\alpha = 0.01$ 的水平,检验整批灯泡的平均使用寿命是否为 2000 小时?
2. 已知某自动车床加工零件长度偏差 X(单位:mm) 服从正态分布 $N(\mu, 3)$,从某日加工的一批零件中随机抽取了 10 件,测量得长度偏差分别为:2,1,-2,3,2,4,-2,5,3,4,试在检验水平为 $\alpha = 0.10$ 下,检验这批零件长度偏差的方差 σ^2 有无显著变化.

8.2　单正态总体下的参数检验

8.2.1　参数假设检验的一般步骤

根据假设检验的思想和程序,可知参数假设检验的一般步骤:

(1) 提出假设 H_0:待检参数 θ 满足的关系式;H_1:H_0 的对立面;

(2) 选择一个在 H_0 成立的条件下服从特殊分布的与待检参数 θ 有关的统计量 $y = g(\theta)$;

(3) 对于给定检验水平 α,令 $P\{a < y < b\} = 1 - \alpha$,并取 $P\{y < a\} = P\{y > b\} = \frac{\alpha}{2}$,根据 y 所服从的分布查表得 a, b,从而得接受域:(a, b);

(4) 将样本观测值代入计算 y 的值 y_0;

(5) 作决策:若 y_0 落入接受域:(a, b),则假设 H_0 成立,否则拒绝假设 H_0.

8.2.2 参数假设检验的方法

我们主要研究正态总体参数μ,σ^2的假设检验方法.

设总体X服从正态分布$N(\mu,\sigma^2)$. 关于总体参数μ,σ^2的假设检验问题我们只介绍四种:

(1) 已知方差σ^2,检验假设$H_0:\mu=\mu_0$;

(2) 未知方差σ^2,检验假设$H_0:\mu=\mu_0$;

(3) 未知期望μ,检验假设$H_0:\sigma^2=\sigma_0^2$;

(4) 未知期望μ,检验假设$H_0:\sigma^2\leqslant\sigma_0^2$.

1. 已知方差σ^2,检验假设$H_0:\mu=\mu_0$(常称为u-检验)

设总体服从正态分布,方差σ^2已知,检验目标是均值μ.

(1) 提出假设$H_0:\mu=\mu_0,H_1:\mu\neq\mu_0$;

(2) 选取样本统计量:$U=\dfrac{\overline{X}-\mu_0}{\sigma}\sqrt{n}\sim N(0,1)$;

(3) 取显著水平α,由置信区间部分知:$P\{|U|<u_{\frac{\alpha}{2}}\}=1-\alpha\Rightarrow\Phi(u_{\frac{\alpha}{2}})=1-\dfrac{\alpha}{2}$,查表得$u_{\frac{\alpha}{2}}$(临界值),从而得接受域为$(-u_{\frac{\alpha}{2}},u_{\frac{\alpha}{2}})$,拒绝域为$(-\infty,-u_{\frac{\alpha}{2}})\cup(u_{\frac{\alpha}{2}},+\infty)$;

(4) 将样本观测值代入计算得$U=\dfrac{\overline{X}-\mu_0}{\sigma}\sqrt{n}$的值;

(5) 作决策.

例1 某厂生产的猪肉罐头规定标准重量为500g,这些罐头由一条生产线自动包装,正常情况下生产出的罐头重量(单位:g)服从正态分布$N(500,2^2)$,现检测5听罐头的重量为501,507,498,502,504,这时我们是否可以作出生产线工作正常($\mu=500$)的判断?(显著水平为$\alpha=0.05$)

解 (1) 提出假设$H_0:\mu=500,H_1:\mu\neq500$;

(2) 选取样本统计量:$U=\dfrac{\overline{X}-500}{2}\sqrt{5}\sim N(0,1)$;

(3) 显著水平$\alpha=0.05$,由置信区间部分知:$P\{|U|<u_{\frac{\alpha}{2}}\}=0.95\Rightarrow\Phi(u_{\frac{\alpha}{2}})=0.975$,查表得$u_{\frac{\alpha}{2}}=1.96$(临界值),从而得接受域为$(-1.96,1.96)$,拒绝域为$(-\infty,-1.96)\cup(1.96,+\infty)$;

(4) 将样本观测值代入计算得$\overline{x}=502.4,U=\dfrac{502.4-500}{2}\sqrt{5}\approx2.68$;

(5) 因为$U=2.68$落入拒绝域$(-\infty,-1.96)\cup(1.96,+\infty)$,因此拒绝零假设.也即是说我们可以认为生产线工作不正常.

例2 假定某厂生产的一种钢索,它的断裂强度$X(\mathrm{kg/cm^2})$服从正态分布$N(\mu,40^2)$.从中选取一个容量为9的样本,测得$\overline{x}=780\mathrm{kg/cm^2}$.能否据此样本认为此批钢索的断裂强度为$800\mathrm{kg/cm^2}$($\alpha=0.05$)(样本观测值计算得$U=1.5$在接受域,接受零假设)?

解 (1) 提出假设$H_0:\mu=800,H_1:\mu\neq800$;

(2) 选取样本统计量:$U=\dfrac{\overline{X}-800}{40}\sqrt{9}\sim N(0,1)$;

(3) 显著水平 $\alpha = 0.05$,由置信区间部分知:$P\{|U| < u_{\frac{\alpha}{2}}\} = 0.95 \Rightarrow \Phi(u_{\frac{\alpha}{2}}) = 0.975$,查表得 $u_{\frac{\alpha}{2}} = 1.96$(临界值),从而得接受域为$(-1.96, 1.96)$,拒绝域为$(-\infty, -1.96) \cup (1.96, +\infty)$;

(4) 将样本观测值代入计算得 $U = \frac{780-800}{40}\sqrt{9} = -1.5$;

(5) 因为 $U = -1.5$ 落入接受域$(-1.96, 1.96)$,因此接受零假设.也即是说我们可以认为此批钢索的断裂强度为 800kg/cm^2.

2. 未知方差 σ^2,检验假设 $H_0: \mu = \mu_0$(常称为 t- 检验法)

设总体服从正态分布,方差 σ^2 未知,检验目标是均值 μ.

(1) 提出假设 $H_0: \mu = \mu_0, H_1: \mu \neq \mu_0$;

(2) 取统计量 $T = \frac{\overline{X} - \mu_0}{\sqrt{\frac{S^2}{n}}} \sim t(n-1)$;

(3) 取显著水平 α,由置信区间部分知:$P\{|T| \geqslant t_{\frac{\alpha}{2}}\} = \alpha$,查表得 $t_{\frac{\alpha}{2}}$,从而得接受域为$(-t_{\frac{\alpha}{2}}, t_{\frac{\alpha}{2}})$,拒绝域为$(-\infty, -t_{\frac{\alpha}{2}}) \cup (t_{\frac{\alpha}{2}}, +\infty)$;

(4) 样本观测值代入计算 $T = \frac{\overline{X} - \mu_0}{\sqrt{\frac{S^2}{n}}}$ 的值;

(5) 作决策.

例 3　从 1975 年的新生儿中随机抽取 20 个,测得其平均体重 $\bar{x} = 3160\text{g}$,样本标准差为 $S = 300\text{g}$.而据过去资料记载,新生儿平均体重为 3140g.问 1975 年与过去的新生儿体重有无显著差异.(新生儿体重服从正态分布,$\alpha = 0.01$)

解　(1) 提出假设 $H_0: \mu = 3140, H_1: \mu \neq 3140$;

(2) 取统计量 $T = \frac{\overline{X} - 3140}{\sqrt{\frac{S^2}{n}}} \sim t(n-1)$;

(3) 取显著水平 $\alpha = 0.01$,由置信区间部分知:$P\{|T| \geqslant t_{\frac{\alpha}{2}}\} = 0.01$ 查表得 $t_{\frac{\alpha}{2}} = 2.861$,从而得接受域为$(-2.861, 2.861)$,拒绝域为$(-\infty, -2.861) \cup (2.861, +\infty)$;

(4) 样本观测值代入计算 $T = \frac{\bar{x} - \mu_0}{\sqrt{\frac{s^2}{n}}} = \frac{3160 - 3140}{\frac{300}{20}} \approx 1.33$;

(5) 因为 $T = 1.33$ 落入接受域$(-2.861, 2.861)$,因此接受零假设.也即是说 1975 年与过去的新生儿体重无显著差异.

例 4　正常人的脉搏平均为 72 次 / 分,现某医院测得 10 例慢性四乙基铅中毒患者的脉搏(次 / 分) 如下:54,67,68,78,70,66,67,70,65,69.已知慢性四乙基铅中毒患者的脉搏(次 / 分) 服从正态分布.试问:慢性四乙基铅中毒患者和正常人的脉搏有无显著差异.($\alpha = 0.05$)

解　(1) 提出假设 $H_0: \mu = 72, H_1: \mu \neq 72$;

(2) 取统计量 $T=\dfrac{\overline{X}-72}{\sqrt{\dfrac{S^2}{n}}}\sim t(n-1)$;

(3) 取显著水平 $\alpha=0.05$,由置信区间部分知:$P\{|T|\geqslant t_{\frac{\alpha}{2}}\}=0.05$ 查表得 $t_{\frac{\alpha}{2}}=2.262$,从而得接受域为 $(-2.262,2.262)$,拒绝域为 $(-\infty,-2.262)\cup(2.262,+\infty)$;

(4) 样本观测值代入计算

$$\bar{x}=67.4,s^2=\frac{1}{9}\sum_{I=1}^{10}(x_i-\bar{x})^2=35.16,T=\frac{\bar{x}-\mu_0}{\sqrt{\dfrac{s^2}{n}}}=\frac{67.4-72}{\sqrt{3.516}}\approx -2.453;$$

(5) 因为 $T=-2.453$ 落入拒绝域 $(-\infty,-2.262)\cup(2.262,+\infty)$,因此拒绝零假设.也即是说慢性四乙基铅中毒患者和正常人的脉搏有显著差异.

3. 未知均值,检验假设:$\sigma^2=\sigma_0^2$(常称为 χ^2-检验法)

设总体服从正态分布,均值 μ 未知,要求检验假设 $H_0:\sigma^2=\sigma_0^2$.

(1) 提出假设:$H_0:\sigma^2=\sigma_0^2$;$H_1:\sigma^2\neq\sigma_0^2$;

(2) 取统计量 $\chi^2=\dfrac{(n-1)S^2}{\sigma_0^2}\sim\chi^2(n-1)$;

(3) 取显著水平 α,由置信区间部分知:$P\{\chi^2>a\}=1-\dfrac{\alpha}{2}$,$P\{\chi^2\geqslant b)=\dfrac{\alpha}{2}$ 查表确定 a 和 b,从而得接受域为 (a,b),拒绝域为 $(-\infty,a)\cup(b,+\infty)$;

(4) 样本观测值代入计算 $\chi^2=\dfrac{(n-1)S^2}{\sigma_0^2}$ 的值;

(5) 作决策.

例 5 某厂生产钢丝的折断力服从正态分布,今从中随机抽取 9 根,测得其折断力分别为:289,268,285,284,286,285,286,298,292.问是否可相信该厂的钢丝的折断力的方差为 20($\alpha=0.05$)?

解 (1) 提出假设 $H_0:\sigma^2=20$,$H_1:\sigma^2\neq 20$;

(2) 取统计量 $\chi^2=\dfrac{(n-1)S^2}{\sigma_0^2}\sim\chi^2(n-1)$;

(3) 显著水平 $\alpha=0.05$,由置信区间部分知:$P\{\chi^2>a\}=1-\dfrac{\alpha}{2}=0.975$,$P\{\chi^2\geqslant b)=0.025$,查表得 $a=2.18$,$b=17.5$,从而得接受域为 $(2.18,17.5)$,拒绝域为 $(-\infty,2.18)\cup(17.5,+\infty)$;

(4) 样本观测值代入计算

$$\overline{X}=285.89,S^2=\frac{1}{8}\sum_{I=1}^{10}(X_i-\overline{X})^2\approx 64.8611,\chi^2=\frac{8\times 64.8611}{20}\approx 25.94;$$

(5) 因为 $\chi^2=25.94$ 落入拒绝域 $(-\infty,2.18)\cup(17.5,+\infty)$,因此拒绝零假设.也就是说,不可相信该厂的钢丝的折断力的方差为 20.

4. 未知均值,检验假设:$\sigma^2\leqslant\sigma_0^2$

设总体服从正态分布,均值 μ 未知,要求检验假设 $H_0:\sigma^2\leqslant\sigma_0^2$.

(1) 提出假设：$H_0:\sigma^2 \leqslant \sigma_0^2$；

(2) 取统计量 $\chi^2 = \dfrac{(n-1)S^2}{\sigma_0^2}$，

而我们不知此统计量的分布，我们只知 $\chi_1^2 = \dfrac{(n-1)S^2}{\sigma^2} \sim \chi^2(n-1)$，

又若假设 $H_0:\sigma^2 \leqslant \sigma_0{}^2$ 为真，有 $0 < \chi^2 = \dfrac{(n-1)S^2}{\sigma_0^2} \leqslant \chi_1^2 = \dfrac{(n-1)S^2}{\sigma^2}$，

此式说明若 $P\{\chi_1^2 \geqslant b\} = \alpha$，则 $P\{\chi^2 \geqslant b\} \leqslant \alpha$，即是说若 χ_1^2 的接受域为 $(0,b)$，则 χ^2 的接受域更应为 $(0,b)$；

(3) 取显著水平 α，设 $P\{\chi_1^2 \geqslant b\} = \alpha$，查表确定 b，从而得接受域为 $(0,b)$；

(4) 样本观测值代入计算 $\chi^2 = \dfrac{(n-1)S^2}{\sigma_0^2}$ 的值；

(5) 作决策.

例 6　机器包装食盐，假设每袋盐的净重服从正态分布，规定每袋标准重量为 500g，标准差不能超过 10g. 某工人开工后，为检查其机器是否正常，随机抽取 9 袋，测其净重(单位：g) 为：497，507，510，475，484，488，524，491，515. 问这天包装机是否正常？($\alpha = 0.05$)

解　(1) 检验均值

① 提出假设：$H_0:\mu = 500$，对 $H_1:\mu \neq 500$；

② 取统计量

$$T = \frac{\overline{X} - 500}{\sqrt{\dfrac{S^2}{n}}} \sim t(n-1);$$

③ 取显著水平 $\alpha = 0.05$，由置信区间部分知：$P\{|T| \geqslant t_{\frac{\alpha}{2}}\} = 0.05$ 查表得 $t_{\frac{\alpha}{2}} = 2.306$，从而得接受域为 $(-2.306, 2.306)$，拒绝域为 $(-\infty, -2.306) \cup (2.306, +\infty)$；

④ 样本观测值代入计算

$$\overline{x} = 499,\ s^2 = \frac{1}{8}\sum_{i=1}^{9}(x_i - \overline{x})^2 = 257, T = \frac{\overline{x} - \mu_0}{\sqrt{\dfrac{s^2}{n}}} = \frac{499 - 500}{\sqrt{\dfrac{257}{9}}} \approx -0.187;$$

⑤ 因为 $T = -0.187$ 落入接受域 $(-2.306, 2.306)$)，因此接受零假设. 也就是说包装机没有产生系统误差.

(2) 再检验方差

① 提出假设：$H_0:\sigma^2 \leqslant 10^2$；

② 取统计量

$$\chi^2 = \frac{(n-1)S^2}{10^2}, \chi_1^2 = \frac{(n-1)S^2}{\sigma^2} \sim \chi^2(n-1)$$

③ 取显著水平 $\alpha = 0.05$，设 $P\{\chi_1^2 \geqslant b\} = 0.05$，查表确定 $b = 15.5$，从而得接受域为 $(0, 15.5)$；

④ 样本观测值代入计算 $\chi^2 = \dfrac{(n-1)S^2}{\sigma_0^2} = \dfrac{8 \times 257}{10^2} = 20.56$；

⑤ 因为 $\chi^2 = 20.56$ 不在接受域,则拒绝零假设. 故该天包装机工作不正常.

习题 8.2

1. 已知某炼铁厂铁水含碳量服从正态分布 $N(4.55, 0.108^2)$. 现测得 9 炉铁水,其平均含碳量为 4.484,如果估计方差没有变化,可否认为现在生产之铁水平均含碳量仍为 4.55?($\alpha = 0.05$)

2. 已知某一试验,其温度服从正态分布 $N(\mu, \sigma^2)$,现在测量了温度的 5 个值为 1250,1265,1245,1260,1275,问是否可以认为 $\mu = 1277$?($\alpha = 0.05$)

3. 从一批灯泡中随机抽取50个灯泡作为样本(灯光寿命服从正态分布),测得样本平均寿命 $\overline{x} = 1900$ 小时,样本标准差 $s = 490$ 小时,以 $\alpha = 0.01$ 的水平,检验整批灯泡的平均使用寿命是否为 2000 小时?

4. 已知某自动车床加工零件长度偏差 Xmm 服从正态分布 $N(\mu, 3)$,从某日加工的一批零件中随机抽取了10件,测量得长度偏差分别为:2,1,−2,3,2,4,−2,5,3,4,试问在检验水平为 $\alpha = 0.10$ 下,检验这批零件长度偏差的方差 σ^2 有无显著变化?

5. 某车间用一台包装机包装葡萄糖,规定标准为每袋 0.5kg,设包装机包装的每袋糖质量 $X \sim N(\mu, \sigma^2)$,已知 $\sigma = 0.015$. 某天开工后,为检查包装机的工作是否正常,随机抽取 9 袋,称得质量为(单位:kg):

0.497 0.506 0.518 0.524 0.488 0.511 0.510 0.515 0.512

检验水平为 $\alpha = 0.10$,问包装机工作是否正常?

6. 某种导线的电阻服从正态分布 $N(\mu, 0.005^2)$. 今从新生产的一批导线中随机抽取 9 根,测其电阻,得样本标准差 $s = 0.008\Omega$,对于 $\alpha = 0.05$,能否认为这批导线电阻的标准差仍为 0.005?

8.3 双正态总体下的参数检验

在实际中常常需要对两个正态总体的参数进行比较,例如,为了选择较好的生产日光灯管的工艺,就需比较不同工艺下生产的日光灯管的平均使用寿命及寿命的方差是否有明显的差异,以决定选择方案. 对这类问题可以用两个总体的假设检验进行统计推断.

假设两个独立总体 $X_1 \sim N(\mu_1, \sigma_1^2)$,$X_2 \sim N(\mu_2, \sigma_2^2)$,关于两个正态总体中的相应参数比较问题,本节介绍下面三种:

(1) 未知 μ_1, μ_2,检验假设:$H_0: \sigma_1^2 = \sigma_2^2$;

(2) σ_1^2 与 σ_2^2 未知,但 $\sigma_1^2 = \sigma_2^2$,检验假设:$H_0: \mu_1 = \mu_2$;

(3) 未知 μ_1, μ_2,检验假设:$H_0: \sigma_1^2 \leqslant \sigma_2^2$

1. 均值未知,检验假设:$H_0: \sigma_1^2 = \sigma_2^2$($F$- 检验法)

设两个独立总体 $X_1 \sim N(\mu_1, \sigma_1^2)$,$X_2 \sim N(\mu_2, \sigma_2^2)$,均值 μ_1 与 μ_2 未知,要求检验假设 $H_0: \sigma_1^2 = \sigma_2^2$.

(1) 提出假设: $H_0: \sigma_1^2 = \sigma_2^2$;

(2) 取统计量 $F = \dfrac{S_1^2}{S_2^2} \sim F(n_1 - 1, n_2 - 1)$;

(3) 取显著水平 α,设 $P\{F \leqslant a\} = P\{F \geqslant b\} = \dfrac{\alpha}{2}$,即 $P\{F > a\} = 1 - \dfrac{\alpha}{2}$,$P\{F \geqslant b\} = \dfrac{\alpha}{2}$,查表确定 a 和 b(一般 a 的值表中不能直接查,可由 $F = \dfrac{S_2^2}{S_1^2} \sim F(n_2 - 1, n_1 - 1)$ 表中

查 $P\{F>\frac{1}{a}\}=\frac{\alpha}{2}$ 来求)，从而得接受域为(a,b)，拒绝域为$(-\infty,a)\cup(b,+\infty)$；

(4) 将样本观测值代入计算得 $F=\frac{S_1^2}{S_2^2}$ 的值；

(5) 作决策.

例 1　在 10 个相同的地块上对甲、乙两种玉米进行评比试验，得如下资料(单位:kg)：

甲：951　966　1008　1082　983

乙：730　864　742　774　990

假设农作物产量服从正态分布，问这种玉米产量有无显著差异？($\alpha=0.05$)

解　此题是检验两个总体的期望μ_1与μ_2是否相等，以及方差σ_1^2与σ_2^2是否相等. 此类问题一般先检验方差. 下面先检验方差σ_1^2与σ_2^2是否相等.

(1) 假设 $H_0:\sigma_1^2=\sigma_2^2$；

(2) 取统计量 $F=\frac{S_1^2}{S_2^2}$；

(3) 由于显著水平 $\alpha=0.05$，设

$$P\{F>a\}=1-\frac{\alpha}{2}=0.975, P\{F\geqslant b)=\frac{\alpha}{2}=0.025.$$

查表得 $a=\frac{1}{9.6}\approx 0.10, b=9.60$，故接受域为$(0.10,9.60)$；

(4) 样本观测值代入计算得 $F=\frac{s_1^2}{s_2^2}\approx 0.23$；

(5) 由于 $F=0.23$ 在接受域，则接受零假设.

2. σ_1^2 与 σ_2^2 未知，但 $\sigma_1^2=\sigma_2^2$，检验假设：$H_0:\mu_1=\mu_2$(t- 检验法)

(1) 提出假设 $H_0:\mu_1=\mu_2$；

(2) 取统计量

$$T=\frac{\overline{X}-\overline{Y}}{\sqrt{\frac{(n_1-1)S_1^2+(n_2-1)S_2^2}{n_1+n_2-2}}\sqrt{\frac{1}{n_1}+\frac{1}{n_2}}}\sim t(n_1+n_2-2);$$

(3) 取显著水平α，由 $P\{|T|\geqslant t_{\frac{\alpha}{2}}\}=\alpha$ 查表得 $t_{\frac{\alpha}{2}}$，从而得接受域为$(-t_{\frac{\alpha}{2}},t_{\frac{\alpha}{2}})$；

(4) 样本观测值代入计算

$$T=\frac{\overline{X}-\overline{Y}}{\sqrt{\frac{(n_1-1)S_1^2+(n_2-1)S_2^2}{n_1+n_2-2}}\sqrt{\frac{1}{n_1}+\frac{1}{n_2}}}\text{的值；}$$

(5) 作决策.

例 2　例 1 中已检验方差 $\sigma_1^2=\sigma_2^2$，下面检验总体的期望 μ_1 与 μ_2 是否相等.

解　(1) 假设 $H_0:\mu_1=\mu_2$；

(2) 取统计量

$$T=\frac{\overline{X}-\overline{Y}}{\sqrt{\frac{(n_1-1)S_1^2+(n_2-1)S_2^2}{n_1+n_2-2}}\sqrt{\frac{1}{n_1}+\frac{1}{n_2}}};$$

(3) 由于显著水平 $\alpha=0.05$,由 $P\{|T|\geqslant t_{\frac{\alpha}{2}}\}=0.05$ 查表得 $t_{\frac{\alpha}{2}}=2.306$,从而得接受域为 $(-2.306,2.306)$;

(4) 样本观测值代入计算

$$T=\frac{\overline{X}-\overline{Y}}{\sqrt{\frac{(n_1-1)S_1^2+(n_2-1)S_2^2}{n_1+n_2-2}}\sqrt{\frac{1}{n_1}+\frac{1}{n_2}}}\approx 3.313;$$

(5) 由于 $T=3.313$ 在拒绝域,则拒绝零假设,故可以说两种玉米的产量有明显的差异.

3. 均值未知,检验假设 $H_0:\sigma_1^2\leqslant\sigma_2^2$

设总体 $X_1\sim N(\mu_1,\sigma_1^2)$,$X_2\sim N(\mu_2,\sigma_2^2)$,均值 μ_1 与 μ_2 未知,要求检验假设 $H_0:\sigma_1^2\leqslant\sigma_2^2$.

(1) 提出假设 $H_0:\sigma_1^2\leqslant\sigma_2^2$;

(2) 取统计量 $F=\frac{S_1^2}{S_2^2}\overset{H_0\text{真}}{\leqslant}F_*=\frac{\sigma_2^2S_1^2}{\sigma_1^2S_2^2}$

注意:若 F_* 的接受域为 $(0,a)$,则 F 的接受域更应为 $(0,a)$.

(3) 取显著水平 α,设 $P\{F_*>a\}=\alpha$,查表确定 a,从而得接受域为 $(0,a)$;

(4) 将样本观测值代入计算得 F 的值;

(5) 作决策.

例 3 为比较不同季节出生的新生儿体重的方差,从 1995 年 12 月及 6 月的新生儿中分别随机抽取 6 名和 10 名,测其体重如下(单位:g)

12 月:3520 2960 2560 1960 3260 3960

6 月:3220 3760 3220 3000 2920 3740 3060 3080 2940 3060

新生儿体重服从正态分布,问新生儿体重的方差是否冬季的超过夏季?($\alpha=0.05$)

解 (1) 假设 $H_0:\sigma_1^2$(冬季)$\leqslant\sigma_2^2$(夏季);

(2) 取统计量 $F=\frac{S_1^2}{S_2^2}$;

(3) 由于显著水平 $\alpha=0.05$,令

$$F_*=\frac{\sigma_2^2S_1^2}{\sigma_1^2S_2^2},\text{设 }P\{F_*>a\}=\alpha=0.05,$$

查表得 $a=3.48$,从而得接受域为 $(0,3.48)$;

(4) 样本观测值代入计算得 $F\approx 5.382$;

(5) 由于 F 的值在拒绝域,则拒绝零假设;即是说:新生儿体重的方差冬季超过夏季.

习题 8.3

1. 某种羊毛在处理前后,各抽取样本,测得含脂率(%)如下:

处理前:19 18 21 30 66 42 8 12 30 27

处理后:15 13 7 24 19 4 8 20

羊毛含脂率服从正态分布.问处理后含脂率的标准差有无显著变化?($\alpha=0.05$)

2. 两台机床加工同一种零件,分别取 6 个和 9 个零件测量其长度(单位:mm),计算得 $S_1^2=0.345$,$S_2^2=0.357$.假设零件长度服从正态分布,是否可以认为两台机床加工的零件长度的方差无显著差异?($\alpha=0.05$)

3. 某试验室分别在70℃及80℃下对某项指标做了各8次重复试验，测得该项指标的数据如下：

70℃：20.5　18.8　19.7　21.0　21.0　21.0　19.7　21.5

80℃：20.3　18.8　20.1　20.0　20.0　19.2　19.1　17.7

若该项指标服从正态分布，且在70℃及80℃时方差相等，问可否认为70℃及80℃时该项指标的均值也相等？($\alpha=0.05$)

4. 甲、乙两个厂生产同一零件，零件重量服从正态分布，现从两个厂各抽取6个和7个零件，测得重量如下(单位：kg)：

甲厂：96.3　95.8　95.1　96.2　94.9　95.6

乙厂：93.3　92.1　94.7　95.6　90.1　94.7　90.0

问乙厂生产的零件的方差是否比甲厂的大？($\alpha=0.05$)

本章小结

一、假设检验的思想

假设：对总体分布函数的类型或某些特征提出某种"假设"或总体分布的类型为已知，对分布的一个(或几个)未知参数的值作出"假设"(参数假设)。这种"假设"称为待检假设或零假设，通常用H_0表示.而此时也给出了另一个"假设"，称为备选假设或对立假设，用H_1表示.H_0和H_1称为统计假设，简称假设.

假设检验的基本思想：首先设想H_0是真的成立，然后考虑在此条件下，已经观察到的样本信息出现的概率.如果这个概率很小，根据小概率原理，说明事先设想的H_0是不正确的，因此拒绝假设H_0.否则就应接受假设H_0.

假设检验的程序如下：

(1) 提出统计假设：零假设H_0和备选假设H_1；

(2) 选取样本的统计量T；

(3) 在显著水平α下，根据统计量的分布将样本空间划分为两个不相交的区域：一个为接受域，一个为拒绝域；

(4) 根据样本观测值计算统计量T的观测值；

(5) 作决策.

二、几个参数的假设检验

1. 已知方差σ^2，检验假设$H_0:\mu=\mu_0$

由$\Phi(u_\alpha)=1-\frac{\alpha}{2}$查标准正态分布表得$u_{\frac{\alpha}{2}}$，从而得接受域为$(-u_{\frac{\alpha}{2}},u_{\frac{\alpha}{2}})$，拒绝域为$(-\infty,-u_{\frac{\alpha}{2}})\cup(u_{\frac{\alpha}{2}},+\infty)$；样本观测值代入计算$U=\frac{\overline{X}-\mu_0}{\sigma}\sqrt{n}$的值，若此值在接受域，认为假设成立，否则认为假设不成立.

2. 未知方差σ^2，检验假设$H_0:\mu=\mu_0$

由$P\{|T|\geqslant t_{\frac{\alpha}{2}}\}=\alpha$查$t$分布表得$t_{\frac{\alpha}{2}}$，从而得接受域为$(-t_{\frac{\alpha}{2}},t_{\frac{\alpha}{2}})$，拒绝域为$(-\infty,-t_{\frac{\alpha}{2}})\cup(t_{\frac{\alpha}{2}},+\infty)$；样本观测值代入计算$T=\frac{\overline{X}-\mu_0}{\sqrt{\frac{S^2}{n}}}$的值，若此值在接受域，认为假设成立，否则认为假设不成立.

3. 未知均值，检验假设：$\sigma^2=\sigma_0^2$

由$P\{\chi^2>a\}=1-\frac{\alpha}{2}$，$P\{\chi^2\geqslant b\}=\frac{\alpha}{2}$，查$\chi^2$分布表得$a$和$b$，从而得接受域为$(a,b)$，拒绝域为$(-\infty,$

$a)\cup(b,+\infty)$;样本观测值代入计算 $\chi^2=\frac{(n-1)S^2}{{\sigma_0}^2}$ 的值,若此值在接受域,认为假设成立,否则认为假设不成立.

4. 未知均值,检验假设:$\sigma^2\leqslant\sigma_0^2$

由 $P\{\chi^2\geqslant b\}=\alpha$ 查 χ^2 分布表得 b,从而得接受域为 $(0,b)$,拒绝域为 $(-\infty,0)\cup(b,+\infty)$;样本观测值代入计算 $\chi^2=\frac{(n-1)S^2}{\sigma_0^2}$ 的值,若此值在接受域,认为假设成立,否则认为假设不成立.

5. $X_1\sim N(\mu_1,\sigma_1^2)$,$X_2\sim N(\mu_2,\sigma_2^2)$,均值 μ_1 与 μ_2 未知,检验假设 $H_0:\sigma_1^2=\sigma_2^2$

由 $P\{F>a\}=1-\frac{\alpha}{2}$,$P\{F\geqslant b\}=\frac{\alpha}{2}$ 查 F 分布表得 a 和 b,从而得接受域为 (a,b),拒绝域为 $(-\infty,a)\cup(b,+\infty)$;样本观测值代入计算 $F=\frac{S_1^2}{S_2^2}$ 的值,若此值在接受域,认为假设成立,否则认为假设不成立.

6. $X_1\sim N(\mu_1,\sigma_1^2)$,$X_2\sim N(\mu_2,\sigma_2^2)$,$\sigma_1^2$ 与 σ_2^2 未知,但 $\sigma_1^2=\sigma_2^2$,检验假设:$H_0:\mu_1=\mu_2$

由 $P\{|T|\geqslant t_{\frac{\alpha}{2}}\}=\alpha$ 查 t 分布表得 $t_{\frac{\alpha}{2}}$,从而得接受域为 $(-t_{\frac{\alpha}{2}},t_{\frac{\alpha}{2}})$,拒绝域为 $(-\infty,-t_{\frac{\alpha}{2}})\cup(t_{\frac{\alpha}{2}},+\infty)$;样本观测值代入计算 $T=\dfrac{\overline{X}-\overline{Y}}{\sqrt{\dfrac{(n_1-1)S_1^2+(n_2-1)S_2^2}{n_1+n_2-2}}\sqrt{\dfrac{1}{n_1}+\dfrac{1}{n_2}}}$ 的值,若此值在接受域,认为假设成立,否则认为假设不成立.

7. $X_1\sim N(\mu_1,\sigma_1^2)$,$X_2\sim N(\mu_2,\sigma_2^2)$,均值 μ_1 与 μ_2 未知,检验假设 $H_0:\sigma_1^2\leqslant\sigma_2^2$

由 $P\{F>a\}=\alpha$ 查 F 分布表得 a,从而得接受域为 $(0,a)$,拒绝域为 $(-\infty,0)\cup(a,+\infty)$;样本观测值代入计算 $F=\frac{S_1^2}{S_2^2}$ 的值,若此值在接受域,认为假设成立,否则认为假设不成立.

典型例题解析

例 1 由经验知某味精厂的袋装味精的重量 $X\sim N(\mu,\sigma^2)$,其中 $\mu=15$,$\sigma^2=0.05$. 技术革新后,改用新设备包装,抽查 8 个样品,测得重量(单位:克)如下:14.7,15.1,14.8,15,15.3,14.9,15.2,14.5. 已知方差不变,问新设备包装的味精的平均重量是否仍为 15?($\alpha=0.05$)

解 显然这是一个方差已知,检验均值的问题,因此应该用 u 检验.

依题意得

$$n=8,\overline{X}=14.95,\mu_0=15,\sigma^2=0.05,\alpha=0.05.$$

由 $\Phi(u_{\frac{\alpha}{2}})=1-\frac{\alpha}{2}=0.975$,查标准正态分布表得 $u_{\frac{\alpha}{2}}=1.96$,从而得接受域为 $(-1.96,1.96)$;样本观测值代入计算

$$U=\frac{\overline{X}-\mu_0}{\sigma}\sqrt{n}=\frac{14.95-15}{\sqrt{0.05}}\sqrt{8}\approx-0.63,$$

此值在接受域,认为假设成立,也即可认为新设备包装的味精的平均重量仍为 15.

例 2 根据设计要求,某设备零件的内径标准差不得超过 0.30,现从该产品中随机抽取 25 件,测得其标准差为 $S=0.36$,问检验结果是否说明产品的标准差明显增大?(假设设备零件的内径服从正态分布,$\alpha=0.05$)

解 题目要求是检验标准差是否大于规定要求,可考虑检验标准差是否不超过规定要求,即检验 $\sigma\leqslant 0.30$.

依题意得

$$n=25, S=0.36, \sigma_0=0.30, \sigma^2=0.05.$$

由 $P\{\chi^2 \geqslant b\}=\alpha=0.05$，查 χ^2 分布表得 $b=36.415$，从而得接受域为 $(0,36.415)$；将样本观测值代入计算得

$$\chi^2=\frac{(n-1)S^2}{\sigma_0^2}=\frac{24\times 0.36^2}{0.30^2}=34.56,$$

此值在接受域，认为假设成立，也即检验结果说明产品的标准差没有明显增大.

例 3　设某次考试的考生成绩服从正态分布，从中随机抽取 36 位考生的成绩，计算平均成绩为 66.5 分，标准差为 15 分. 试问在显著水平 0.05 下，是否可认为这次考试全体考生的平均成绩为 70 分?

解　这是一个均值检验，但总体方差未知，因此就该用 t- 检验.

依题意得

$$n=36, \overline{X}=66.5, \mu_0=70, S=15, \alpha=0.05.$$

由 $P\{|T| \geqslant t_{\frac{\alpha}{2}}\}=\alpha=0.05$ 查 t 分布表得 $t_{\frac{\alpha}{2}}=2.0301$，从而得接受域为 $(-2.0301, 2.0301)$；

将样本观测值代入计算得

$$T=\frac{\overline{X}-\mu_0}{\sqrt{\frac{S^2}{n}}}=\frac{66.5-70}{\frac{15}{6}}=-1.4,$$

此值在接受域，可认为假设成立，也即在显著水平 0.05 下，可认为这次考试全体考生的平均成绩为 70 分.

例 4　测得 A，B 两批电子器件样品的电阻如下(单位：Ω)：

A：0.140　0.138　0.143　0.142　0.144　0.137

B：0.135　0.140　0.142　0.136　0.138　0.140

设 A，B 两批电子器件的电阻分别服从 $N(\mu_1,\sigma_1^2)$，$N(\mu_2,\sigma_2^2)$，试问能否认为 A；B 两批电子器件的电阻服从相同的正态分布?$(\alpha=0.05)$

解　这是一个双正态总体的检验，而且既检验均值又检验方差，此类问题应先检验方差.

设 A，B 两批电子器件的电阻分别为 X 和 Y，依题意知

$$X \sim N(\mu_1,\sigma_1^2), Y \sim N(\mu_2,\sigma_2^2).$$

现检验假设 $H_0: \mu_1=\mu_2, H_0': \sigma_1^2=\sigma_2^2$.

由题知 A，B 两批电子器件样本容量分别为 $n=6, m=6$，

经计算得样本均值分别为 $\overline{X}=0.1407, \overline{Y}=0.1385$，样本方差分别为

$$S_X^2=7.87\times 10^{-6}, S_Y^2=7.1\times 10^{-6}.$$

先检验假设 $H_0': \sigma_1^2=\sigma_2^2$，

由 $P\{F \geqslant b)=0.025$ 查第一、二自由度分别 $n-1=5, m-1=5$ 的 F 分布表得 $b=7.15$，$P\{F>a\}=1-\frac{\alpha}{2}=0.975$，查 F 分布表，由于不能直接查，从而由 $P\{F>\frac{1}{a}\}=\frac{\alpha}{2}=0.025$ 查第一、二自由度分别 $m-1=5, n-1=5$ 的 F 分布表得 $\frac{1}{a}=7.15$，从而 $a \approx 0.14$，从而得接受域为 $(0.14, 7.15)$；

样本观测值代入计算

$$F=\frac{S_1^2}{S_2^2}=\frac{7.87\times 10^{-6}}{7.1\times 10^{-6}} \approx 1.11,$$

此值在接受域，认为假设成立，即 A，B 两批电子器件的电阻的方差相同.

再检验假设 $H_0: \mu_1=\mu_2$.

由 $P\{|T| \geqslant t_{\frac{\alpha}{2}}\}=\alpha=0.05$，查自由度为 $m+n-2=10$ 的 t 分布表得 $t_{\frac{\alpha}{2}}=2.23$，从而得接受域

为$(-2.23,2.23)$；

将样本观测值代入计算得$T=\dfrac{\overline{X}-\overline{Y}}{\sqrt{\dfrac{(n_1-1)S_1^2+(n_2-1)S_2^2}{n_1+n_2-2}}\sqrt{\dfrac{1}{n_1}+\dfrac{1}{n_2}}}\approx 1.393$，此值在接受域，认为假设成立，即$A,B$两批电子器件的电阻的均值相同.

因此，可认为A,B两批电子器件的电阻服从相同的正态分布.

综合练习题八

1. 对于单个总体$N(\mu,\sigma^2)$，σ^2已知时，检验$H_0:\mu=\mu_0$，选用的统计量为________.

2. 对于单个总体$N(\mu,\sigma^2)$，σ^2未知时，检验$H_0:\mu=\mu_0$，选用的统计量为________.

3. 对于两个总体$X_1\sim N(\mu_1,{\sigma_1}^2)$，$X_2\sim N(\mu_2,{\sigma_2}^2)$，均值$\mu_1,\mu_2$未知时，检验$H_0:\sigma_1^2=\sigma_2^2$，选用的统计量为________.

4. 假设检验中，原假设H_0与备选假设H_1的关系是(　　).

(A) 相容　　(B) 包含　　(C) 被包含　　(D) 互不相容

5. 对于单个总体$N(\mu,\sigma^2)$，μ未知时，检验$H_0:\sigma^2=\sigma_0^2$，采用的检验法是(　　).

(A) u-检验法　　(B) t-检验法　　(C) χ^2-检验法　　(D) F-检验法

6. 打包机装大米入包，每包标准重量为100kg. 每天开工后，要检验所装米包的总体期望值是否符合标准(100kg). 某日开工后，测得9包米重量(单位:kg)如下：

99.3　102.1　98.7　100.5　101.2　100.5　98.3　99.7　99.5，

打包机装大米的重量服从正态分布，问该天打包机工作是否正常？$(\alpha=0.05)$

7. 某炼铁厂的铁水含碳量X在正常情况下服从正态分布，改进工艺后从中取5炉铁水测含碳量的数据如下：4.421，4.052，4.357，4.287，4.683，据此是否可以认为新工艺炼出的铁水含碳量的方差仍为0.108^2？$(\alpha=0.05)$

8. 现从总体$X\sim N(\mu,1.69)$中抽取3个样本，得样本值为2.1，2.3，2.5，试在检验水平$\alpha=0.05$下检验$H_0:\mu=2.4$.

9. 用某种仪器间接测量温度，重复5次得到数据如下(单位:℃)：1250，1265，1245，1260，1275，而实际温度为1277℃，问此仪器间接测量温度有无系统偏差？$(\alpha=0.05)$

10. 设香烟中尼古丁含量服从正态分布，已知某厂原产品中尼古丁含量的均值与方差分别为18.9(毫克)和4.3(毫克^2)，随机从现生产的产品中抽取8支，测得尼古丁含量的数据，经计算得$\overline{x}=19.5$，$S^2=\dfrac{1}{7}\sum(x_i-\overline{x})^2=4.29$，问：尼古丁含量的均值与方差有无显著变化？$(\alpha=0.05)$

11. 已知甲城人员的体重Xkg服从正态分布$N(\mu_1,{\sigma_1}^2)$，乙城人员体重Ykg服从正态分布$N(\mu_2,{\sigma_2}^2)$，现从这两个城市人员中各随机抽取16名，测算得其体重标准差分别为10kg和19kg，试在检验水平$\alpha=0.05$下，检验这两个城市人员体重方差是否有显著差异？

12. 两台车床生产同一种滚珠(滚珠直径服从正态分布). 从中分别抽取8个和9个产品，测得直径分别为

甲车床：15.0　15.2　14.5　14.8　15.5　14.8　15.2　15.1

乙车床：15.0　14.8　15.2　15.0　15.2　15.0　14.8　14.8　15.1

试比较两台车床生产的滚珠直径的方差是否有明显差异？$(\alpha=0.05)$

第 9 章

方差分析与回归分析

Zhang 9

9.1　方差分析

在生产实践和科学试验中，经常需要处理试验数据，我们经常发现，试验条件的不同，得到的试验结果不同，有时在相同的试验条件下，也会得到不同的试验结果. 那么，自然要问：试验结果之间的差异到底是由什么原因引起的呢?如果是由试验条件的不同引起的，那么对试验指标最有利的试验条件即因素的水平应该如何来取?

例如，在化工生产中，原料成分、剂量、顺序、催化剂、反应温度、压力、时间、机器设备及操作人员技术水平等因素对产品都有影响，有的影响大，有的影响小，为此要找出对产品有显著性影响的因素.

试验设计与**方差分析**就是处理这类问题的一种数学方法.

本节只介绍方差分析. 方差分析就是鉴别各因素效应的一种有效的统计方法. 它是20 世 纪 20 年代由英国统计学家费歇尔(R. A. Fisher) 首先使用到农业试验上. 后来发现这种方法的应用范围十分广阔，可以成功地应用在试验工作的很多方面.

由于试验条件的影响，在进行试验时，可能使试验结果出现系统误差. 称可控制的试验条件为因素(如试验温度)，因素变化的各个等级为水平.

如果试验中只有一个因素在变化，其他可控制的条件不变，称它为**单因素试验**；若试验中变化的因素为两个及以上，则称为**双因素或多因素试验**.

9.1.1　单因素方差分析

单因素试验中，若只有两个水平，就是上一章讲过的两个总体的比较问题.

超过两个水平的时候，也就需要多个总体进行比较，这时方差分析是一种有效的方法.

通常是把试验的变异因素分成若干水平，对每一水平进行重复试验，列出试验记录如表 9-1 所示：

表 9-1

试验结果		试验批号						行平均	总平均
		1	2	…	j	…	n_i		
因素水平	1	X_{11}	X_{12}	…	X_{1j}	…	X_{1n_1}	$\overline{X}_1$	$=\frac{1}{n}\sum_{i=1}^{r}\sum_{j=1}^{n_i}X_{ij}$ $n=n_1+n_2+\cdots+n_r$
	2	X_{21}	X_{22}	…	X_{2j}	…	X_{2n_2}	$\overline{X}_2$	
	⋮	…	…	…	…	…	…	…	
	r	X_{r1}	X_{r2}	…	X_{rj}	…	X_{m_r}	$\overline{X}_r$	

1. 方差分析的假设前题

(1) 对变异因素的某一水平,进行试验得到的观察结果,看作是从正态总体中取出的一个样本,且均值和方差未知;

(2) 对于表示 r 个水平的 r 个正态总体的方差认为都是相等的;

(3) 从不同总体中取出的各个样本是相互独立的.

2. 统计假设

如果要检验的因素对试验结果没有显著影响,则试验的全部结果应来自同一正态总体.因此提出统计假设即待检假设 $H_0:\mu_1=\mu_2=\cdots=\mu_r$.

3. 计算变差

离差平方总和:$S_T=\sum\limits_{i=1}^{r}\sum\limits_{j=1}^{n_i}(X_{ij}-\overline{X})^2$,

可推出:

$$S_T=\sum_{i=1}^{r}\sum_{j=1}^{n_i}(X_{ij}-\overline{X})^2=\sum_{i=1}^{r}n_i(\overline{X}_i-\overline{X})^2+\sum_{i=1}^{r}\sum_{j=1}^{n_i}(X_{ij}-\overline{X}_i)^2.$$

样本组间离差平方和:$S_A=\sum\limits_{i=1}^{r}n_i(\overline{X}_i-\overline{X})^2$.

样本组内部离差平方和:$S_E=\sum\limits_{i=1}^{r}\sum\limits_{j=1}^{n_i}(X_{ij}-\overline{X}_i)^2$.

如果待检假设 $H_0:\mu_1=\mu_2=\cdots=\mu_r$ 成立,则所有的 X_{ij} 都服从正态分布 $N(\mu,\sigma^2)$. 它们相互独立,由定理 6.3 可知:$\frac{1}{\sigma^2}S_T\sim\chi^2(n-1)$.

还可以证明:$\frac{1}{\sigma^2}S_E\sim\chi^2(n-r)$,$\frac{1}{\sigma^2}S_A\sim\chi^2(r-1)$,且 S_E 与 S_A 独立.

从而由定义 6.7 知:

$$F=\frac{\dfrac{S_A}{\sigma^2(r-1)}}{\dfrac{S_E}{\sigma^2(n-r)}}=\frac{(n-r)S_A}{(r-1)S_E}\sim F(r-1,n-r).$$

4. 单因素方差分析过程

(1) 提出假设 $H_0:\mu_1=\mu_2=\cdots=\mu_r$;

(2) 计算

$$S_A=\sum_{i=1}^{r}n_i(\overline{X}_i-\overline{X})^2,S_E=\sum_{i=1}^{r}\sum_{j=1}^{n_i}(X_{ij}-\overline{X}_i)^2;$$

(3) 代入计算

$$F=\frac{(n-r)S_A}{(r-1)S_E};$$

(4) 取显著水平 α,由 $P\{F>F_\alpha\}=\alpha$ 查第一自由度为 $r-1$,第二自由度为 $n-r$ 的 F 分布表得 F_α,从而得接受域为 $(0,F_\alpha)$;

(5) 作判断:比较计算的 F,若 F 在接受域,则接受零假设,说明变异因素对试验结果没有显著影响；否则，变异因素对试验结果有显著影响.

当然若 F 较接近 F_α，则应重做试验进行判断.

如果对因素的每一水平试验次数相同，则称为等重复试验；否则称为不等重复试验.

例 1 一批由同一种原料织成的布，用不同的印染工艺处理，然后进行缩水率试验. 假设采用 5 种不同的工艺，每种工艺处理 4 块布样. 测得缩水率的百分数如表 9-2 所示：

表 9-2

缩水率(%)		试验批号 1	2	3	4	行平均	总平均
印染工艺	1	4.3	7.8	3.2	6.5	$\overline{X}_1=5.45$	$\overline{X}=7.145$, $n=20$
	2	6.1	7.3	4.2	4.1	$\overline{X}_2=5.425$	
	3	4.3	8.7	7.2	10.1	$\overline{X}_3=7.575$	
	4	6.5	8.3	8.6	8.2	$\overline{X}_4=7.9$	
	5	9.5	8.8	11.4	7.8	$\overline{X}_5=9.375$	

若布的缩水率服从正态分布，不同工艺处理的布的缩水率方差相等. 试考察不同工艺对布的缩水率有无显著影响？($\alpha=0.05$)

解 (1) 提出假设 $H_0:\mu_1=\mu_2=\mu_3=\mu_4=\mu_5$；

(2) 先计算行平均与总平均(见表)，计算

$$S_A=\sum_{i=1}^{r}n_i(\overline{X}_i-\overline{X})^2=46.237,$$

$$S_E=\sum_{i=1}^{r}\sum_{j=1}^{n_i}(X_{ij}-\overline{X}_i)^2=48.3725;$$

(3) 代入计算

$$F=\frac{(n-r)S_A}{(r-1)S_E}=\frac{(20-5)\times 46.237}{(5-1)\times 48.3725}\approx 3.5844;$$

(4) 由 $P\{F>F_\alpha\}=0.05$ 查第一自由度为 4，第二自由度为 15 的 F 分布表得 $F_\alpha=3.06$，接受域为(0,3.06)；

(5) 作判断：由于 $F=3.5844$ 不在接受域，因此不同工艺对布的缩水率有显著影响.

当然此题 F 的值超过 F_α 不多，为了更准确，可再进行一次抽样检验再作结论.

例 2 某学校有四个不同专业班级，每个班抽取 5 人进行《概率统计》统测，结果如表 9-3 所示：

表 9-3 四个不同专业班级 5 个人的《概率统计》统测成绩

学生成绩		抽取学生编号 1	2	3	4	5	行平均	总平均
班级	甲	68	72	80	72	66	$\overline{X}_1=71.6$	$\overline{X}=70.6$, $n=20$
	乙	55	70	66	62	63	$\overline{X}_2=63.2$	
	丙	80	82	70	75	72	$\overline{X}_3=75.8$	
	丁	70	72	80	68	69	$\overline{X}_4=71.8$	

问四个不同专业班级 5 个人的《概率统计》平均成绩是否有显著差异？($\alpha=0.05$)

解 (1) 提出假设 $H_0:\mu_1=\mu_2=\mu_3=\mu_4$；

(2) 先计算行平均与总平均(见表 9-3) 计算,

$$S_A=\sum_{i=1}^{r}n_i(\overline{X}_i-\overline{X})^2=421.2,$$

$$S_E=\sum_{i=1}^{r}\sum_{j=1}^{n_i}(X_{ij}-\overline{X}_i)^2=435.6;$$

(3) 代入计算

$$F=\frac{(n-r)S_A}{(r-1)S_E}=\frac{(20-4)\times 421.2}{(4-1)\times 435.6}\approx 5.1570;$$

(4) 由 $P\{F>F_\alpha\}=0.05$ 查第一自由度为 3,第二自由度为 16 的 F 分布表得 $F_\alpha=3.24$,接受域为(0,3.24);

(5) 作判断:由于 $F=5.1570$,不在接受域,因此不同专业班级5个人的《概率统计》平均成绩有显著差异.

9.1.2 双因素方差分析

进行双因素方差分析的目的,是要检验两个因素对试验结果有无影响.

在试验中对每一个因素的每一个水平都可取一个容量为 n_{ij} 的样本,但我们只介绍无重复试验的情况.

一般的,设有两个因素 A 与 B 同时作用于总体 X,其中因素 A 取 r 个水平 $A_1,A_2,\cdots,A_r$,因素 B 取 s 个水平 $B_1,B_2,\cdots,B_s$. 若对因素 A 与 B 各水平的每对组合 $(A_i,B_j)(i=1,2,\cdots,r;j=1,2,\cdots,s)$ 只进行一次试验,得到 rs 个试验结果 X_{ij},如表 9-4 所示:

表 9-4

试验结果		因素 B						行平均
		B_1	B_2	$\cdots$	B_j	$\cdots$	B_s	
因素 A	A_1	X_{11}	X_{12}	$\cdots$	X_{1j}	$\cdots$	X_{1s}	$\overline{X}_{1\cdot}$
	A_2	X_{21}	X_{22}	$\cdots$	X_{2j}	$\cdots$	X_{2s}	$\overline{X}_{2\cdot}$
	$\vdots$	$\cdots$	$\cdots$	$\cdots$	$\cdots$	$\cdots$	$\cdots$	$\cdots$
	A_i	X_{i1}	X_{i2}	$\cdots$	X_{ij}	$\cdots$	X_{is}	$\overline{X}_{i\cdot}$
	$\vdots$	$\cdots$	$\cdots$	$\cdots$	$\cdots$	$\cdots$	$\cdots$	$\cdots$
	A_r	X_{r1}	X_{r2}	$\cdots$	X_{rj}	$\cdots$	X_{rs}	$\overline{X}_{r\cdot}$
列平均		$\overline{X}_{\cdot 1}$	$\overline{X}_{\cdot 2}$	$\cdots$	$\overline{X}_{\cdot j}$	$\cdots$	$\overline{X}_{\cdot s}$	总平均($n=rs$) $\overline{X}=\frac{1}{n}\sum_{i=1}^{r}\sum_{j=1}^{s}X_{ij}$

离差平方总和:$S_r=\sum_{i=1}^{r}\sum_{j=1}^{s}(X_{ij}-\overline{X})^2$,

可推出:

$$S_T=\sum_{i=1}^{r}\sum_{j=1}^{s}(X_{ij}-\overline{X}_{i\cdot}-\overline{X}_{\cdot j}+\overline{X})^2+s\sum_{i=1}^{r}(\overline{X}_{i\cdot}-\overline{X})^2+r\sum_{i=1}^{s}(\overline{X}_{\cdot j}-\overline{X})^2.$$

记

$$S_E=\sum_{i=1}^{r}\sum_{j=1}^{s}(X_{ij}-\overline{X}_{i\cdot}-\overline{X}_{\cdot j}+\overline{X})^2,$$

$$S_A = s\sum_{i=1}^{r}(\overline{X}_{i}. - \overline{X})^2, S_B = r\sum_{i=1}^{s}(\overline{X}._{j} - \overline{X})^2,$$

如果待检假设：$H_{0A}:\mu_{1j}=\mu_{2j}=\cdots=\mu_{rj}$，$H_{0B}:\mu_{i1}=\mu_{i2}=\cdots=\mu_{is}$ 成立，则可以证明：

$$F_A = \frac{(s-1)S_A}{S_E} \sim F(r-1,(r-1)(s-1)),$$

$$F_B = \frac{(r-1)S_B}{S_E} \sim F(S-1,(r-1)(s-1)).$$

双因素方差分析过程：

(1) 提出假设 $H_{0A}:\mu_{1j}=\mu_{2j}=\cdots=\mu_{rj}$，$H_{0B}:\mu_{i1}=\mu_{i2}=\cdots=\mu_{is}$；

(2) 计算

$$S_E = \sum_{i=1}^{r}\sum_{j=1}^{s}(X_{ij} - \overline{X}_{i}. - \overline{X}._{j} + \overline{X})^2,$$

$$S_A = s\sum_{i=1}^{r}(\overline{X}_{i}. - \overline{X})^2,$$

$$S_B = r\sum_{i=1}^{s}(\overline{X}._{j} - \overline{X})^2;$$

(3) 代入计算 $F_A = \dfrac{(s-1)S_A}{S_E}, F_B = \dfrac{(r-1)S_B}{S_E}$；

(4) 取显著水平 α，由 $P\{F > F_{A\alpha}\} = \alpha$，$P\{F > F_{B\alpha}\} = \alpha$ 查 F 分布表得 $F_{A\alpha}$，$F_{B\alpha}$；

(5) 作判断：若 $F_A > F_{A\alpha}$，说明因素 A 对试验结果有显著影响；若 $F_B > F_{B\alpha}$ 说明因素 B 对试验结果有显著影响.

例 3　某厂试制了三台同类型的专用机床，为鉴别这三台样机的生产效率有无显著差异，由四名技术工人分别在三台机床上各操作一天，记录产量如表 9-5 所示：

表 9-5

产量		机床		
		1	2	3
工人	甲	80	106	84
	乙	74	88	64
	丙	74	94	62
	丁	86	96	76

试鉴别这三台样机的效率有无显著差异？四名技术工人的操作水平有无显著差异？($\alpha = 0.05$)

解　(1) 提出假设 $H_{0A}:\mu_{1j}=\mu_{2j}=\mu_{3j}=\mu_{4j}$，$H_{0B}:\mu_{i1}=\mu_{i2}=\mu_{i3}$；

(2) 计算

$$S_E = \sum_{i=1}^{4}\sum_{j=1}^{3}(X_{ij} - \overline{X}_{i}. - \overline{X}._{j} + \overline{X})^2 = 131.34,$$

$$S_A = 3\sum_{i=1}^{4}(\overline{X}_{i}. - \overline{X})^2 = 458.94,$$

$$S_B = 4\sum_{i=1}^{3}(\overline{X}._{j} - \overline{X})^2 = 1274;$$

(3) 代入计算

$$F_A=\frac{(s-1)S_A}{S_E}=\frac{2\times 458.94}{131.34}\approx 6.99,$$

$$F_B=\frac{(r-1)S_B}{S_E}=\frac{3\times 1274}{131.34}\approx 29.10;$$

(4) 因显著水平 $\alpha=0.05$,由 $P\{F>F_{A\alpha}\}=0.05$,查第一自由度为3,第二自由度为6的 F 分布表得 $F_{A\alpha}=4.76$,由 $P\{F>F_{B\alpha}\}=0.05$ 查第一自由度为2,第二自由度为6的 F 分布表得 $F_{B\alpha}=5.14$;

(5) 作判断:因为 $F_A=6.99>F_{A\alpha}=4.76, F_B=29.10>F_{B\alpha}=5.14$,所以,这三台样机的效率有显著差异,四名技术工人的操作水平也有显著差异.

习题 9.1

1. 把一条件相同的土地分成20个小区,播种4种不同品种的小麦,进行产品对比试验.每一品种播种在5个小区地块上,共得到20个小区产量的独立观察值如表9-6所示:

表 9-6

产量		试验批号				
		1	2	3	4	5
品种因素	A_1	32.3	34.0	34.3	35.0	36.5
	A_2	33.3	33.0	36.3	36.9	34.5
	A_3	30.3	34.3	35.3	32.3	35.8
	A_4	29.3	26.0	29.8	28.0	28.8

问不同品种小麦的小区产量有无显著差异?($\alpha=0.05$)

2. 设有3种机器 A,B,C 制造同一种产品,对每种机器各观测5天,其日产量如表9-7所示:

表 9-7

日产量		试验批号				
		1	2	3	4	5
机器	A	41	48	41	49	57
	B	65	57	54	72	64
	C	45	51	56	48	48

问机器与机器之间是否真正存在差别?($\alpha=0.05$)

3. 一火箭使用三种推进器、四种燃料作射程试验,每种推进器与每种燃料配合作一次试验,得火箭射程(单位:海里)如表9-8所示:

表 9-8

射程		燃料			
		B_1	B_2	B_3	B_4
推进器	A_1	33	33	34	35
	A_2	32	34	34	34
	A_3	34	36	35	35

问在显著水平 $\alpha=0.05$ 下推进器和燃料分别对火箭射程有无显著影响?

9.2　回归分析

一切客观事物都是相互联系和具有内部规律的.这些关系表现在量上主要有两类:一是变量之间存在着完全确定性的关系,最常见的就是函数关系,如圆的面积 S 和半径 r 之间有关系 $S=\pi r^2$,当给定半径 r 确定的值后,就可得出面积 S 确定的值;另一类是统计关系,或称相关关系——不呈确定性关系的变量间的联系,也就是说变量之间存在着一定的关系,然而一个变量有一个确定的值后,不能得出另一变量相应的确定的值.如小孩的身高与父亲的身高之间的关系,一般父亲身材高一些的小孩身材也高一些,但二者之间并不存在确定的函数关系;又如某种商品的销售量与价格之间的关系、农作物产量与施肥量之间的关系、树木的高度与其断面直径之间的关系等都是这样.

如果两个变量中的一个变量是人力可以控制的、非随机的,简称**控制变量**(如农作物的施肥量),另一个变量是随机的(如农作物的产量),而且随着控制变量的变化而变化,则这两个变量之间的关系就称作**回归关系**.如果两个变量都是随机的(如树木的高度与其断面直径),则它们之间的关系称作**相关关系**.但由于二者在从计算角度来看,差别不大,因此常常忽略其区别而混杂使用.由一个或一组非随机变量(控制变量)来估计或预测某一个随机变量的观察值时,所建立的数学模型以及进行的统计分析,称为**回归分析**.如果这个数学模型是线性的就称作**线性回归分析**.这种方法是处理变量间相关关系的有力工具,是数理统计中一种常用的方法.它不仅告诉人们怎样建立变量间的数学表达式,即**经验公式**,而且还利用概率统计知识进行分析讨论,判断所建立的经验公式的有效性,从而可以进行预测或估计.本节只介绍如何建立两个变量之间的线性关系即**一元线性回归分析**.

具有相关关系的变量间的关系虽然是不确定的,但可通过大量试验找出它们之间的统计规律,然后近似地用函数关系描述它们之间的关系,这时的函数关系称为**回归函数**.若函数是线性的,则称为**线性回归函数**.

实际中最简单的情况是由两个变量组成的关系,如在经济关系中,对某种商品的需求量随价格升降而变化,居民消费随收入的增减而改变等.下面考察两个变量间的模型,即 $y=f(x)$,由于两个变量间不存在完全确定的函数关系,因此必须把随机波动产生的影响引入方程:$y=f(x)+\varepsilon$,其中,y 是随机变量(如需求量),x 是普通变量(如价格),ε 是随机项.随机变量 y_i 表示对应于给定变量 x 的值 x_i 的试验结果:$y_i=f(x_i)+\varepsilon_i(i=1,2,\cdots,n)$.

问题是如何根据已经试验的结果以及以往的经验来确定回归函数的类型以及求出函数中的未知参数的估计,得到经验公式.

例 1　下面是以家庭为单位,某种商品年需求量与该商品价格之间的一组调查数据如表 9-9 所示:

表 9-9

价格 p_i(元)	1	2	2	2.3	2.5	2.6	2.8	3	3.3	3.5
需求量 d_i(500g)	5	3.5	3	2.7	2.4	2.5	2	1.5	1.2	1.2

试找出近似描述它们关系的回归函数,即求出需求量 d 对于价格 p 的回归方程.

统计结果显示,尽管价格不变,需求量仍可能变化,价格变动,需求量也可能不变.但总的趋势是需求量随着价格的上升而减少,它们之间存在着密切的关系.

(1) 确定回归函数的类型

将数据作为直角坐标平面上的点画在直角坐标平面上得散点图 9-1.

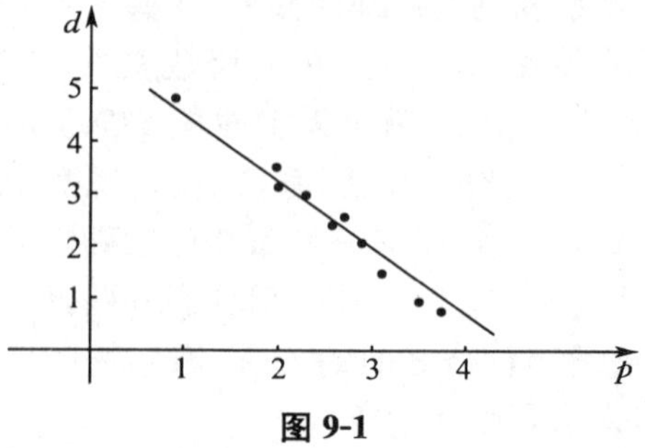

图 9-1

由散点图可以看出,所有散点大体分布在一条直线附近,即需求量与价格大致成线性关系,因而可决定该商品的需求量 d 与价格 p 的回归函数类型为直线型. 把 d 对 p 的回归函数记为 $\hat{d}=a+bp$,其中 b 称为**回归系数**. 关系式 $\hat{d}=a+bp$ 称为 d 对 p 的**回归方程**.

(2) 未知参数 a,b 的估计

一般的,假设试验得出两个变量 x 与 y 的一组观测值 (x_i,y_i),若两个变量 x 与 y 的回归方程为 $\hat{y}=a+bx$,要求此回归函数,就是要找出 a,b 的估计值,使直线 $\hat{y}=a+bx$ 在整体上与上述观测到的散点 (x_i,y_i) 最接近,通常是使得

$$Q=\sum_{i=1}^{n}[y_i-(a+bx_i)]^2$$

达到最小值.

由微积分知识知,要使

$$Q=\sum_{i=1}^{n}[y_i-(a+bx_i)]^2$$

达到最小值,则 a,b 必须满足方程组

$$\begin{cases}\dfrac{\partial Q}{\partial a}=-2\displaystyle\sum_{i=1}^{n}[y_i-(a+bx_i)]=0,\\ \dfrac{\partial Q}{\partial b}=-2\displaystyle\sum_{i=1}^{n}[y_i-(a+bx_i)]x_i=0.\end{cases}$$

解之得

$$\hat{b}=\frac{\sum_{i=1}^{n}(x_i-\overline{x})(y_i-\overline{y})}{\sum_{i=1}^{n}(x_i-\overline{x})^2},$$

$$\hat{a}=\overline{y}-\hat{b}\overline{x}.$$

称之为 a,b 的最小二乘估计.

记

$$\overline{x}=\frac{1}{n}\sum_{i=1}^{n}x_i;$$

$$\bar{y} = \frac{1}{n}\sum_{i=1}^{n} y_i;$$

$$S_{xx} = \sum_{i=1}^{n} (x_i - \bar{x})^2;$$

$$S_{yy} = \sum_{i=1}^{n} (y_i - \bar{y})^2;$$

$$S_{xy} = S_{yx} = \sum_{i=1}^{n} (x_i - \bar{x})(y_i - \bar{y}),$$

则可得 a,b 的最小二乘估计：

$$\hat{b} = \frac{S_{xy}}{S_{xx}},$$

$$\hat{a} = \bar{y} - \hat{b}\bar{x}.$$

这样得到回归方程：

$$y = \hat{a} + \hat{b}x.$$

例1中 $\bar{p} = 2.5, \bar{d} = 2.5, S_{pp} = 4.78, S_{pd} = -7.53$，所以 $b = \frac{-7.53}{4.78} = -1.575 \approx -1.6$，$a = 2.5 + 1.6 \times 2.5 = 6.5$，故所求回归方程为：$\hat{d} = 6.5 - 1.6p$.

例 2　随机抽取 12 个家庭每月关于收入与食品支出的样本，数据如表 9-10 所示(单位:元)：

表 9-10

每月家庭收入 m_i	82	93	105	130	144	150	160	180	200	270	300	400
每月食品支出 y_i	75	85	92	105	120	120	130	145	156	200	200	240

试求每月食品支出 y 与家庭收入 m 间的回归直线方程.

解　设每月食品支出 y 与家庭收入 m 间的回归直线方程为 $y = bm + a$，由抽取的数据可计算

$$\bar{m} = \frac{1}{12}\sum_{i=1}^{12} m_i = 184.5;$$

$$\bar{y} = \frac{1}{12}\sum_{i=1}^{12} y_i = 139;$$

$$S_{mm} = \sum_{i=1}^{12} (m_i - \bar{m})^2 = 98951;$$

$$S_{yy} = \sum_{i=1}^{12} (y_i - \bar{y})^2 = 29148;$$

$$S_{my} = \sum_{i=1}^{12} (m_i - \bar{m})(y_i - \bar{y}) = 52999.$$

则可得 a,b 的最小二乘估计为

$$\hat{b} = \frac{S_{my}}{S_{mm}} \approx 0.54,$$

$$\hat{a} = \bar{y} - \hat{b}\bar{m} = 39.37.$$

故每月食品支出与家庭收入间的回归直线方程为 $y = 0.54m + 39.37$.

习题 9.2

1. 据《关税与贸易总协定》发表的统计数字,19 世纪 70 年代世界制造业总产量的年增长率 x 与总出口量的年增长率 y 之间的关系如表 9-11 所示:

表 9-11

年度	总产量年增长率(%)	总出口量年增长率(%)
1970	4.0	8.5
1971	4.0	8.0
1972	8.5	10.5
1973	9.5	15.0
1974	3.0	8.5
1975	−1.0	−4.5
1976	8.0	13.0
1977	5.0	5.0
1978	5.0	6.0
1979	4.0	7.0

试求 19 世纪 70 年代世界制造业总出口量的年增长率 y 与总产量的年增长率 x 之间的线性回归方程.

2. 一工厂对某设备的使用年限 x(年) 与其年维修费 y(元) 之间的关系感兴趣,现抽取了 16 台该设备,调查得到数据如表 9-12 所示:

表 9-12

使用年限 x(年)	年维修费 y(元)
8	109
3	75
1	21
9	135
1	25
3	70
6	126
2	58
5	67
7	125
5	71
2	52
1	30
2	47
6	120
8	105

试求该设备年维修费 y(元) 与使用年限 x(年) 的回归直线方程.

3. 某物流中心统计了其一个货运站一段时间的货运量,所得数据如表 9-13 所示:

表 9-13

时间 x(天)	180	200	235	270	285	290	300
货运量 y(百吨)	36	47	64	78	85	87	90

试求 y 对 x 的回归直线方程.

4. 在钢线碳含量对于电阻的效应研究中测得数据如表 9-14 所示：

表 9-14

碳含量 x(%)	0.10	0.30	0.40	0.55	0.70	0.80	0.95
电阻 y	15	18	19	21	22.6	23.8	26

试求 y 对 x 的回归直线方程.

本 章 小 结

一、方差分析

在生产实践和科学试验中，经常需要处理试验数据，而试验条件的不同，得到的试验结果不同，有时在相同的试验条件下，也会得到不同的试验结果. 由此可以看出，试验结果之间的差异若是由试验条件的不同引起的，那么对试验指标最有利的试验条件即因素的水平应该如何来取?

方差分析就是鉴别各因素效应的一种有效的统计方法. 称可控制的试验条件为因素(如试验温度)，因素变化的各个等级为水平.

如果试验中只有一个因素在变化，其他可控制的条件不变，则称它为单因素试验；若试验中变化的因素多于一个，则称为双因素以及多因素试验.

1. 单因素方差分析

通常是对试验的变异因素分成若干水平，对每一水平进行重复试验，列出试验记录如表 9-15 所示：

表 9-15

试验结果		试验批号						行平均	总平均
		1	2	…	3	…	n_i		
因素水平	1	X_{11}	X_{12}	…	X_{1j}	…	X_{1n_1}	$\overline{X}_1$	$\overline{X}=\frac{1}{n}\sum_{i=1}^{r}\sum_{j=1}^{n_i}X_{ij}$ $n=n_1+n_2+\cdots+n_r$
	2	X_{21}	X_{22}	…	X_{2j}	…	X_{2n_2}	$\overline{X}_2$	
	⋮	…	…	…	…	…	…	…	
	r	X_{r1}	X_{r2}	…	X_{rj}	…	X_{rn_r}	$\overline{X}_r$	

取显著水平 α，由 $P\{F>F_\alpha\}=\alpha$ 查第一自由度为 $r-1$，第二自由度为 $n-r$ 的 F 分布表得 F_α，从而得接受域为 $(0,F_\alpha)$.

将试验数据代入计算

$$F=\frac{(n-r)S_A}{(r-1)S_E},$$

其中 $S_A=\sum_{i=1}^{r}n_i(\overline{X}_i-\overline{X})^2$，$S_E=\sum_{i=1}^{r}\sum_{j=1}^{n_i}(X_{ij}-\overline{X}_i)^2$.

计算 F，若 F 在接受域，说明变异因素对试验结果没有有显著影响；否则，变异因素对试验结果有显著影响.

2. 双因素方差分析

一般的，设有两个因素 A 与 B 同时作用于总体 X，其中因素 A 取 r 个水平 $A_1,A_2,\cdots,A_r$，因素 B 取 s 个

水平 $B_1,B_2,\cdots,B_s$. 若对因素 A 与 B 各水平的每对组合 $(A_i,B_j)(i=1,2,\cdots,r;j=1,2,\cdots,s)$ 只进行一次试验,得到 rs 个试验结果 X_{ij},如表 9-16 所示:

表 9-16

试验结果		因素 B						行平均
		B_1	B_2	…	B_j	…	B_s	
因素 A	A_1	X_{11}	X_{12}	…	X_{1j}	…	X_{1s}	$\overline{X}_{1\cdot}$
	A_2	X_{21}	X_{22}	…	X_{2j}	…	X_{2s}	$\overline{X}_{2\cdot}$
	⋮	…	…	…	…	…	…	…
	A_i	X_{i1}	X_{i2}	…	X_{ij}	…	X_{is}	$\overline{X}_{i\cdot}$
	⋮	…	…	…	…	…	…	…
	A_r	X_{r1}	X_{r2}	…	X_{rj}	…	X_{rs}	$\overline{X}_{r\cdot}$
列平均		$\overline{X}_{\cdot 1}$	$\overline{X}_{\cdot 2}$	…	$\overline{X}_{\cdot j}$	…	$\overline{X}_{\cdot s}$	总平均$(n=rs)$ $\overline{X}=\frac{1}{n}\sum_{i=1}^{r}\sum_{j=1}^{s}X_{ij}$

取显著水平 α,由 $P\{F>F_{A\alpha}\}=\alpha,P\{F>F_{B\alpha}\}=\alpha$ 查 F 分布表得 $F_{A\alpha},F_{B\alpha}$.

由试验数据计算

$$F_A=\frac{(s-1)S_A}{S_E},F_B=\frac{(r-1)S_B}{S_E},$$

其中

$$S_E=\sum_{i=1}^{r}\sum_{j=1}^{s}(X_{ij}-\overline{X}_{i\cdot}-\overline{X}_{\cdot j}+\overline{X})^2;$$

$$S_A=s\sum_{i=1}^{r}(\overline{X}_{i\cdot}-\overline{X})^2;$$

$$S_B=r\sum_{i=1}^{s}(\overline{X}_{\cdot j}-\overline{X})^2.$$

若 $F_A>F_{A\alpha}$,说明因素 A 对试验结果有显著影响;

若 $F_B>F_{B\alpha}$ 说明因素 B 对试验结果有显著影响.

二、一元线性回归分析

变量之间存在着一定的关系,然而一个变量有一个确定的值后,不能得出另一变量相应的确定的值,即不呈确定性关系的变量间的联系,称为统计关系或称相关关系.

具有相关关系的变量间的关系虽然是不确定的,但可通过大量试验找出它们之间的统计规律,然后近似地用函数关系描述它们之间的关系,这时的函数关系称为回归函数. 若函数是线性的,则称为线性回归函数.

一元线性回归分析:若已知实际中两个变量 x 和 y 间存在相关关系,且其关系是线性的,根据已经试验的结果求出函数中的未知参数的估计,并得到经验公式 $y=a+bx$.

一元线性回归模型:$y=a+bx+\varepsilon\ (\varepsilon\sim N(0,\sigma^2))$

回归方程的估计:

由两个变量的一组观测值 $(x_i,y_i)(i=1,2,\cdots,n)$,计算

$$\overline{x}=\frac{1}{n}\sum_{i=1}^{n}x_i;$$

$$\overline{y}=\frac{1}{n}\sum_{i=1}^{n}y_i;$$

$$S_{xx}=\sum_{i=1}^{n}(x_i-\overline{x})^2;$$

$$S_{yy}=\sum_{i=1}^{n}(y_i-\overline{y})^2;$$

$$S_{xy}=S_{yx}=\sum_{i=1}^{n}(x_i-\overline{x})(y_i-\overline{y}).$$

得 a,b 的最小二乘估计：

$$\hat{b}=\frac{\sum_{i=1}^{n}(x_i-\overline{x})(y_i-\overline{y})}{\sum_{i=1}^{n}(x_i-\overline{x})^2};$$

$$\hat{a}=\overline{y}-\hat{b}\overline{x}.$$

这样得到一元线性回归方程为：$y=\hat{a}+\hat{b}x$.

典型例题解析

例 1　考察某实验室一小时内，在不同电流强度（单位：安）下得到的电解铜的强度. 对每种强度各做 5 次 试验，分别测得其含杂质率（%）数据如表 9-17 所示：

表 9-17

含杂质率(%)			试验批号					行平均	总平均
			1	2	3	4	5		
电流	A_1	10	1.7	2.1	2.2	2.1	1.9	$\overline{X}_1=2.00$	$\overline{X}=1.93$ $n=20$
	A_2	15	2.1	2.2	2.0	2.2	2.1	$\overline{X}_2=2.12$	
	A_3	20	1.5	1.3	1.8	1.4	1.7	$\overline{X}_3=1.54$	
	A_4	25	1.9	1.9	2.2	2.3	2.0	$\overline{X}_4=2.06$	

若不同电流强度服从正态分布，不同电流强度的电解铜的含杂质率方差相等. 试判断不同电流强度对电解铜的含杂质率有无显著影响?（$\alpha=0.5$）

解　这里只有一个因素（电流强度）在变化，因此是一个单因素方差分析

(1) 提出假设：$H_0:\mu_1=\mu_2=\mu_3=\mu_4$；

(2) 先计算行平均与总平均（见表 9-17），

计算 $S_A=\sum_{i=1}^{4}5(\overline{X}_i-\overline{X})^2=1.050$，　$S_E=\sum_{i=1}^{4}\sum_{j=1}^{5}(X_{ij}-\overline{X}_i)^2=0.492$；

(3) 代入计算

$$F=\frac{(n-r)S_A}{(r-1)S_E}=\frac{(20-4)\times 1.050}{(4-1)\times 0.492}\approx 11.382;$$

(4) 由 $P\{F>F_\alpha\}=0.05$ 查第一自由度为 3，第二自由度为 16 的 F 分布表得 $F_\alpha=3.24$，故接受域为 $(0,3.24)$；

(5) 作判断：由于 $F=11.382$ 不在接受域，因此不同电流强度对电解铜的含杂质率有显著影响.

例 2　某工业部门进行一项研究，分析该部门企业的产量与生产费用之间的关系. 从这个工业部门内随机抽选了 10 个企业作样本，得如下资料，如表 9-18 所示：

表 9-18

产量 x(千件)	生产费用 y(千元)
40	150
42	140
48	160
55	170
65	150
79	162
88	185
100	165
120	190
140	185

试求生产费用 y(千元) 与产量 x(千件) 的回归直线方程.

解 设生产费用 y(千元) 与产量 x(千件) 的回归直线方程为 $y=a+bx$,由抽取的数据可计算

$$\overline{x}=\frac{1}{10}\sum_{i=1}^{10}x_i=77.7;$$

$$\overline{y}=\frac{1}{10}\sum_{i=1}^{10}y_i=165.7;$$

$$S_{xx}=\sum_{i=1}^{10}(x_i-\overline{x})^2=10530.1;$$

$$S_{yy}=\sum_{i=1}^{10}(y_i-\overline{y})^2=2554.1;$$

$$S_{xy}=\sum_{i=1}^{10}(x_i-\overline{x})(y_i-\overline{y})=4189.1,$$

则可得 a,b 的最小二乘估计为 $\hat{b}=\frac{S_{xy}}{S_{xx}}\approx 0.3978;$

$$\hat{a}=\overline{y}-\hat{b}\overline{x}\approx 134.7909,$$

故生产费用 y(千元) 与产量 x(千件) 的回归直线方程为 $y=134.7909+0.3978x$.

综合练习题九

1. 已知一元线性回归方程为 $\hat{y}=1+\hat{b}x$,且 $\overline{x}=2,\overline{y}=9$,则 $\hat{b}=($　　$)$.

(A) -4　　(B) 0　　(C) 4　　(D) 18

2. 已知一元线性回归方程为 $\hat{y}=\hat{a}+4x$,且 $\overline{x}=3,\overline{y}=6$,则 $\hat{a}=($　　$)$.

(A) 6　　(B) 2　　(C) -2　　(D) -6

3. 粮食加工厂试验 5 种贮藏方法,检验它们对粮食含水率是否有显著影响. 在贮藏前这些粮食的含水率几乎没有差别,贮藏后含水率如表 9-19 所示:

表 9-19

含水率(%)		试验批号				
		1	2	3	4	5
贮藏方法	A_1	7.3	8.3	7.6	8.4	8.3
	A_2	5.4	7.4	7.1		
	A_3	8.1	6.4			
	A_4	7.9	9.5	10.0		
	A_5	7.1				

问不同的贮藏方法对粮食含水率的影响是否有明显差异？($\alpha = 0.05$)

4. 某大学物理实验室用 4 只伏特计测量电压，每只伏特计用来测量电压为 100 伏的恒定电动势各 5 次，所得数据(单位：伏) 如表 9-20 所示：

表 9-20

测量电压		试验批号				
		1	2	3	4	5
伏特计	A_1	100.9	101.1	101.8	100.9	100.4
	A_2	100.0	100.9	101.0	100.6	100.3
	A_3	100.8	100.7	100.7	100.4	100.0
	A_4	100.4	100.1	100.3	100.2	100.0

问在显著水平 $\alpha = 0.05$ 下这四只伏特计之间有无显著差异？

5. 为了研究性别与出生月份对新生儿体重的影响，现从不同月份各随机抽取男女新生儿一名，测得体重(单位：克) 如表 9-21 所示：

表 9-21

体重		出生月份											
		1	2	3	4	5	6	7	8	9	10	11	12
性别	男	3084	3020	3306	3294	3306	3312	2170	3694	3340	3328	3354	3210
	女	3186	3159	3200	2906	3368	2834	3114	3168	3119	3234	3074	3360

问在显著水平 $\alpha = 0.05$ 下出生月份和性别对新生儿体重有无显著影响？

6. 在某种产品表面进行腐蚀刻线试验，得到腐蚀深度 y 与腐蚀时间 t 之间对应的一组数据如表 9-22 所示：

表 9 22

时间 t(s)	5	10	15	20	30	40	50	60	70	90	120
深度 y(μm)	6	10	10	13	16	17	19	23	25	29	46

试求腐蚀深度 y 与腐蚀时间 t 之间的回归直线方程.

7. 某商品的供应量 s(吨) 与价格 p(元) 之间抽样数据如表 9-23 所示：

表 9-23

价格 p(元)	7	12	6	9	10	8	12	6	11	9	12	10
供应量 s(吨)	57	72	51	57	60	55	70	55	70	53	76	56

试求供应量 s(吨) 与价格 p(元) 之间的回归直线方程.

习题参考答案

Xiti Cankao Daan

第1章

习题1.1

1. $\Omega=\{($正,正$),($正,反$),($反,正$),($反,反$)\}$,
$A=\{($正,正$),($正,反$)\};B=\{($正,正$),($反,反$)\},C=\{($正,正$),($正,反$),($反,正$)\}$.

2. $\Omega=\{(1,1),(1,2),\cdots,(1,6),(2,1),(2,2),\cdots,(2,6),\cdots,(6,1),(6,2),\cdots,(6,6)\}$;
$AB=\{(1,1),(1,3),(2,2),(3,1)\}$;
$A+B=\{(1,1),(1,3),(1,5),\cdots,(6,2),(6,4),(6,6),(1,2),(2,1)\}$;
$\overline{A}C=\Phi;BC=\{(1,1),(2,2)\}$;
$A-B-C-D=\{(1,5),(2,4),(2,6),(4,2),(4,6),(5,1),(6,2),(6,4)\}$.

3. (1)$A\overline{B}\overline{C}$;(2)$AB\overline{C}$;(3)$A\overline{B}\overline{C}+\overline{A}B\overline{C}+\overline{A}\overline{B}C$;
(4)$AB\overline{C}+A\overline{B}C+\overline{A}BC$;(5)$A+B+C$;
(6)$\overline{A}\overline{B}\overline{C}$;(7)$\overline{A}\overline{B}\overline{C}+\overline{A}\overline{B}C+\overline{A}B\overline{C}+A\overline{B}\overline{C}$ 或 $\overline{A}\overline{B}+\overline{A}\overline{C}+\overline{B}\overline{C}$;
(8)ABC;(9)$\overline{A}+\overline{B}+\overline{C}$.

4. 乙未击中;乙和丙至少一人击中;甲和乙至多有一人击中或甲和乙至少有一人未击中;甲和乙都未击中;甲和乙击中而丙未击中;甲、乙、丙三人至少有两人击中.

5. (1) 对立;(2) 相容;(3) 互斥.

习题1.2

1. (1)$P(B\overline{A})=P(B-AB)=P(B)-P(AB)=\frac{1}{2}$;

(2)$P(B\overline{A})=P(B-A)=P(B)-P(A)=\frac{1}{6}$;

(3)$P(B\overline{A})=P(B-AB)=P(B)-P(AB)=\frac{1}{2}-\frac{1}{8}=\frac{3}{8}$.

2. $P(\overline{A}\overline{B}\overline{C})=P(\overline{A+B+C})=1-P(A+B+C)$
$=1-[P(A)+P(B)+P(C)-P(AB)-P(AC)-P(BC)+P(ABC)]$
$=1-\left[\frac{1}{4}+\frac{1}{4}+\frac{1}{4}-0-\frac{1}{16}-\frac{1}{16}+0\right]=\frac{3}{8}$

3. $P(A)=P(B)=P(C)=\frac{1\times1\times1}{3\times3\times3}=\frac{1}{27}$;$P(D)=P(E)=\frac{2\times2\times2}{3\times3\times3}=\frac{8}{27}$;

$P(F)=\frac{1}{27}+\frac{1}{27}+\frac{1}{27}=\frac{1}{9}$;$P(G)=\frac{3!}{3\times3\times3}=\frac{2}{9}$;$P(H)=1-P(F)=1-\frac{1}{9}=\frac{8}{9}$.

4. 一次拿3件:

(1)$P=\frac{C_{98}^2C_2^1}{C_{100}^3}=0.0588$;

(2)$P=\frac{C_2^1C_{98}^2+C_2^2C_{98}^1}{C_{100}^3}=0.0594$.

每次拿一件,取后放回,拿3次:

(1)$P=\frac{2\times98^2}{100^3}\times3=0.0576$;

(2)$P=1-\frac{98^3}{100^3}=0.0588$.

每次拿一件,取后不放回,拿3次:

(1)$P=\frac{2\times98\times97}{100\times99\times98}\times3=0.0588$;

(2)$P=1-\frac{98\times97\times96}{100\times99\times98}=0.0594$.

5. $P(A_1)=\frac{C_8^3}{C_{10}^3}=\frac{7}{15}$;　$P(A_2)=\frac{2C_9^3-C_8^3}{C_{10}^3}=\frac{14}{15}$ 或 $P(A_2)=1-\frac{C_8^1}{C_{10}^3}=\frac{14}{15}$.

6. $P=\frac{5A_9^3-4A_8^2}{A_{10}^4}=\frac{41}{90}$.

7. (1)$P=1-\frac{11^6}{12^6}\approx0.41$;

(2)$P=\frac{C_6^4\times11^2}{12^6}\approx0.00061$;

(3)$P=\frac{C_{12}^1C_6^4\,11^2}{12^6}\approx0.0073$.

8. $P=\frac{C_4^1C_{13}^3+C_4^1C_{13}^2C_{39}^1}{C_{52}^3}\approx0.602$ 或 $P=1-\frac{C_4^3C_{13}^1C_{13}^1C_{13}^1}{C_{52}^3}\approx0.602$.

9. $P(A)=\frac{3}{5}$.

习题 1.3

1. $\frac{1}{3}$.　　2. 0.81.　　3. $\frac{1}{2}$.　　4. $\frac{1}{2}$.

5. $\frac{a}{a+b}\cdot\frac{a+c}{a+b+c}\cdot\frac{b}{a+b+2c}\cdot\frac{b+c}{a+b+3c}$.

6. $\frac{1}{30}$.　　7. 0.18.　　8. 0.41.　　9. 3.15%.

10. 22.2%.　　11. $\frac{1}{2}$.

习题 1.4

1. 独立.　　2. $\frac{3}{5}$.　　3. 0.03.　　4. 0.47.

5. 0.9915.　　6. 0.9011.　　7. $C_{10}^{5}\cdot 2^{-10}$.

8. (1)$P=p(1-p)^{r-1}$；
(2)$P=C_{r+k-1}^{r-1}p^{r}(1-p)^{k}$；
(3)$P=C_{n}^{r}p^{r}(1-p)^{n-r}$；
(4)$P=C_{n-1}^{r-1}p^{r}(1-p)^{n-r}$.

综合练习题一

1. (1)$AB\overline{C}$；(2)ABC；
(3) $A\overline{B}\,\overline{C}+\overline{A}B\overline{C}+\overline{A}\,\overline{B}C$；
(4)$AB+BC+AC$.

2. $\frac{1}{2}$，$\frac{4}{11}$.　　3. 0.4，0.6.　　4. $\frac{1}{3}$，$\frac{1}{15}$，$\frac{17}{36}$.

5. $\frac{2}{9}$.　　6. $\frac{9}{19}$.　　7. $\frac{1}{2}$，$\frac{1}{8}$.

8. $\frac{2^5+C_5^4 2^4}{C_{11}^5}$.　　9. 0.72.

10. $\frac{n}{m+n}\cdot\frac{N+1}{M+N+1}+\frac{m}{m+n}\cdot\frac{N}{M+N+1}$.

11. $\frac{8}{11}$.　　12. $\frac{49}{99}$.

13. 令 A_1,A_2,A_3 分别表示甲、乙、丙三机床不需要工人照顾，
那么 $P(A_1)=0.7,P(A_2)=0.8,P(A_3)=0.9$
令 B 表示最多有一台机床需要工人照顾，
那么 $P(B)=P(A_1A_2A_3+\overline{A}_1A_2A_3+A_1\overline{A}_2A_3+A_1A_2\overline{A}_3)$
$=P(A_1A_2A_3)+P(\overline{A}_1A_2A_3)+P(A_1\overline{A}_2A_3)+P(A_1A_2\overline{A}_3)$
$=0.7\times0.8\times0.9+0.3\times0.8\times0.9+0.7\times0.2\times0.9+0.7\times0.8\times0.1$
$=0.902$.

14. 令 $A=\{$系统(Ⅰ)正常工作$\}$，$B=\{$系统(Ⅱ)正常工作$\}$，
$A_i=\{$第 i 个元件正常工作$\}$，$i=1,2,\cdots,2n$，
$P(A_i)=P$，$A_1,A_2,\cdots,A_{2n}$ 相互独立.
那么

$$P(A)=P[(A_1A_2\cdots A_n)+(A_{n+1}A_{n+2}\cdots A_{2n})]$$
$$=P[(A_1A_2\cdots A_n)]+P[(A_{n+1}A_{n+2}\cdots A_{2n})]-P(A_1A_2\cdots A_{2n})$$
$$=\prod_{i=1}^{n}P(A_i)+\prod_{i=n+1}^{2n}P(A_i)-\prod_{i=1}^{2n}P(A_i)$$
$$=2P^n-P^{2n}=P^n(2-P^n).$$
$$P(B)=P[(A_1+A_{n+1})(A_2+A_{n+2})\times\cdots\times(A_n+A_{2n})]$$
$$=\prod_{i=1}^{n}P(A_i+A_{n+i})$$
$$=\prod_{i=1}^{n}[P(A_i)+P(A_{n+i})-P(A_i)P(A_{n+i})]$$
$$=\prod_{i=1}^{n}[2P-P^2]=P^n(2-P)^n.$$

第 2 章

习题 2.2

1. $P(X=k)=\left(\frac{5}{6}\right)^{k-1}\frac{1}{6},k=1,2,\cdots$.

2.

X	0	1	2
p	$\frac{12}{22}$	$\frac{9}{22}$	$\frac{1}{22}$

3. (1) 是；
(2)$P(X$ 为偶数$)$

$$=\sum_{k=1}^{\infty}p_{2k}=\sum_{k=1}^{\infty}\frac{1}{2^{2k}}=\frac{\frac{1}{4}}{1-\frac{1}{4}}=\frac{1}{3},$$

$$P(X\geqslant5)=\sum_{k=5}^{\infty}p_k=\sum_{k=5}^{\infty}\frac{1}{2^k}=\frac{\frac{1}{2^5}}{1-\frac{1}{2}}=\frac{1}{16}.$$

4. (1)$\lambda=\ln2$；(2)$P(X>1)=\frac{1}{2}(1-\ln2)$.

5. $\lambda=2,P(X=0)=e^{-2},P=(e^{-2})^4=e^{-8}$.

6. 0.0175.　　7. 2.

习题 2.3

1. $F(x)=\begin{cases}0, & x<-1,\\ \frac{1}{4}, & -1\leqslant x<2,\\ \frac{3}{4}, & 2\leqslant x<3,\\ 1, & x\geqslant3.\end{cases}$

$P\{X\leqslant\frac{1}{2}\}=F(\frac{1}{2})=\frac{1}{4}$.

$P\{\frac{3}{2}<X\leqslant\frac{5}{2}\}=F(\frac{5}{2})-F(\frac{3}{2})=\frac{3}{4}-\frac{1}{4}=\frac{1}{2}$.

$P\{2 \leqslant X \leqslant 3\} = F(3) - F(2) + P(X=2) = 1 - \frac{3}{4} + \frac{1}{2} = \frac{3}{4}.$

2. $F(x) = P(X \leqslant x) = \begin{cases} 0, & x < 0, \\ x^2, & 0 \leqslant x \leqslant 1, \\ 1, & x \geqslant 1. \end{cases}$

3. $A = \frac{1}{2}, B = \frac{1}{\pi}.$　　**4.** $A = \frac{1}{2}, B = \frac{1}{\pi}.$

习题 2.4

1. (1) $\frac{1}{4}$；(2)0.1；(3)$f(x) = \begin{cases} \frac{1}{2}x, & 0 \leqslant x \leqslant 2, \\ 0, & \text{其他}. \end{cases}$

2. $f(x) = \begin{cases} \frac{1}{2}, & -1 \leqslant x \leqslant 1, \\ 0, & \text{其他}. \end{cases}$

$F(x) = \begin{cases} 0, & x < -1, \\ \frac{(1+x)}{2}, & -1 \leqslant x < 1, \\ 1, & x \geqslant 1. \end{cases}$

3. $e^{-1} \approx 0.3679$，　$e^{-\frac{3}{4}} - e^{-\frac{5}{4}} \approx 0.1859$.

4. 0.2.　　**5.** (1) 7.56；(2)5.16.　　**6.** 0.04.

7. (1)$P(X \leqslant 89) = P\left(\frac{X-90}{0.5} < \frac{89-90}{0.5}\right) = \Phi\left(\frac{89-90}{0.5}\right) = \Phi(-2) = 1 - \Phi(2) = 1 - 0.9772 = 0.0228$；

(2)$0.99 \leqslant P(X > 80) = P\left(\frac{X-d}{0.5} > \frac{80-d}{0.5}\right) = 1 - P\left(\frac{X-d}{0.5} \leqslant \frac{80-d}{0.5}\right) = 1 - \Phi\left(\frac{80-d}{0.5}\right)$

$\leqslant 1 - 0.99 = 0.01$，查表得$\frac{80-d}{0.5} \leqslant -2.327$，解得 $d \geqslant 81.1635$.

习题 2.5

1. 略.

2. (1) $a = \frac{1}{10}$；

(2)

Y	−1	0	3	8
p	$\frac{3}{10}$	$\frac{1}{5}$	$\frac{3}{10}$	$\frac{1}{5}$

3. (1)$P(Y = ax+b) = P(Y = k) = P\left(X = \frac{k-b}{a}\right) = \frac{\lambda^{\frac{k-b}{a}}}{\left(\frac{k-b}{a}\right)!} e^{-\lambda}, k = b, b+a, b+2a, \cdots$；

(2)$P(Z = X^2) = P(Z = k) = P(X = \sqrt{k}) = \frac{\lambda^{\sqrt{k}}}{(\sqrt{k})!} e^{-\lambda}, k = 0, 1, 4, 9, \cdots$.

4. $f_Y(y) = \begin{cases} \frac{1}{y}, 1 \leqslant y \leqslant e, \\ 0, y \text{取其他值}. \end{cases}$

5. $f_Y(y) = \begin{cases} \frac{1}{y^2}, y \geqslant 1, \\ 0, y < 1. \end{cases}$

综合练习题二

1. A.　　**2.** D.　　**3.** B.　　**4.** $\frac{1}{4}$.　　**5.** 1.

6. $\frac{e}{b-a}$.　　**7、8.** 略.　　**9.** $\frac{9}{64}$.

10. (1) $t = -1$；

(2)$f(x) = \begin{cases} \frac{1}{2}x + \frac{1}{2}, x \in [-1, 0), \\ -\frac{1}{6}x + \frac{1}{2}, x \in [0, 3), \\ 0, \quad \text{其他}; \end{cases}$　(3) $\frac{11}{12}$.

11. $f_Y(y) = \begin{cases} \frac{1}{2\sqrt{\pi(y-1)}} e^{-\frac{y-1}{4}}, y > 1, \\ 0, y \leqslant 1. \end{cases}$

12. (1) $A = \frac{1}{2}$；

(2) $F(x) = \begin{cases} 0, x < -\frac{\pi}{2}, \\ \frac{1}{2}\sin x + \frac{1}{2}, -\frac{\pi}{2} \leqslant x < \frac{\pi}{2}, \\ 1, x \geqslant \frac{\pi}{2}; \end{cases}$

(3) $\frac{\sqrt{2}}{4}$.

13. $f_Y(y) = \begin{cases} \frac{1}{2} e^{-\frac{y}{2}}, y > 0, \\ 0, y \leqslant 0. \end{cases}$

14. (1)$P(X = k) = (1-p)^k p, k = 0, 1, 2, \cdots$；

(2)$P(Y = k) = C_{k-1}^{r-1} p^r (1-p)^{k-r}, k = r, r+1, r+2, \cdots$.

15. (1)$f(x) = \begin{cases} \frac{1}{10000} e^{-\frac{x}{10000}}, & x > 0, \\ 0, & x \leqslant 0; \end{cases}$

(2)$e^{-1.5} \approx 0.2231$；

(3)Y服从二项分布$B(5, e^{-1.5})$.　$P(Y \leqslant 2) = p_5(0) + p_5(1) + p_5(2) \approx 0.9228$.

第 3 章

习题 3.1

1. (1)√；(2)×.

2. $F(a_3, b_3) + F(a_1, b_2) + F(a_2, b_1) - F(a_2, b_2) - F(a_1, b_3) - F(a_3, b_1)$.

3. $\frac{1}{\pi^2},\frac{\pi}{2},\frac{\pi}{2}$.

习题 3.2

1. (X,Y) 的分布律为

X \ Y	0	1	2	$P_{i\cdot}$
1	0	0	$\frac{3}{10}$	$\frac{3}{10}$
2	0	$\frac{3}{5}$	0	$\frac{3}{5}$
3	$\frac{1}{10}$	0	0	$\frac{1}{10}$
$P_{\cdot j}$	$\frac{1}{10}$	$\frac{3}{5}$	$\frac{3}{10}$	1

当 $X=1$ 时，Y 的条件概率分布

Y	0	1	2
$P(Y\mid X=1)$	0	0	1

当 $Y=1$ 时，X 的条件概率分布

X	1	2	3
$P(X\mid Y=1)$	0	1	0

2. $a=\frac{1}{3}$.

3. (X,Y) 的分布律与边际分布律为

X \ Y	0	1	2	3	$P_{i\cdot}$
0	$\frac{1}{8}$	$\frac{1}{8}$	0	0	$\frac{2}{8}$
1	0	$\frac{1}{4}$	$\frac{1}{4}$	0	$\frac{4}{8}$
2	0	0	$\frac{1}{8}$	$\frac{1}{8}$	$\frac{2}{8}$
$P_{\cdot j}$	$\frac{1}{8}$	$\frac{3}{8}$	$\frac{3}{8}$	$\frac{1}{8}$	

当 $X=1$ 时，Y 的条件分布律

Y	0	1	2	3
$P(Y\mid X=1)$	0	$\frac{1}{2}$	$\frac{1}{2}$	0

当 $Y=1$，X 的条件分布律

X	0	1	2
$P(X\mid Y=1)$	$\frac{1}{3}$	$\frac{2}{3}$	0

习题 3.3、习题 3.4

1. X 与 Y 相互独立.

2.

X \ Y	1	2	3	$P_{i\cdot}$
0	0.06	0.06	0.18	0.3
1	0.14	0.14	0.42	0.7
$P_{\cdot j}$	0.2	0.2	0.6	

3. $f_{X|Y}(x\mid y)=\frac{1}{\sqrt{2\pi(1-\rho^2)}}e^{-\frac{(x-\rho y)^2}{2(1-\rho^2)}}$，

$f_{Y|X}(y\mid x)=\frac{1}{\sqrt{2\pi(1-\rho^2)}}e^{-\frac{(y-\rho x)^2}{2(1-\rho^2)}}$.

4. $\frac{1}{48}$.　　5. $f_Y(y)=\begin{cases}-\ln(1-y),0<y<1,\\0,\text{其他}.\end{cases}$

习题 3.5

1. (1)

$Z=X+Y$	-30	-20	-10	0
p	0.15	0.30	0.40	0.15

(2)

$N=\min(X,Y)$	-20	-10	0
p	0.25	0.60	0.15

2. $P(M=n)=P(\max(X,Y)=n)=pq^{n-1}(2-q^n-q^{n-1})$.

3. $Z=X+Y\sim B(n_1+n_2,p)$.

4. $P(Z=k)=\frac{k-1}{2^k},k=2,3,4,\cdots$

5. $f_Z(z)=\begin{cases}2(e^{-z}-e^{-2z}),z>0,\\0,z\leqslant 0.\end{cases}$

6. $f_Z(z)=\begin{cases}z,0<z\leqslant 1,\\2-z,1<z<2,\\0,\text{其他}.\end{cases}$

7. $F_M(z)=\begin{cases}0,z<0,\\\frac{(1-e^{-z})^2}{1-e^{-1}},0\leqslant z<1,\\1-e^{-z},z\geqslant 1.\end{cases}$

综合练习题三

1.

X \ Y	1	2	3	$P_{i\cdot}$
1	0	$\frac{1}{6}$	$\frac{1}{12}$	$\frac{1}{4}$
2	$\frac{1}{6}$	$\frac{1}{6}$	$\frac{1}{6}$	$\frac{1}{2}$
3	$\frac{1}{12}$	$\frac{1}{6}$	0	$\frac{1}{4}$
$P_{\cdot j}$	$\frac{1}{4}$	$\frac{1}{2}$	$\frac{1}{4}$	1

2.

Y \ X	0	1	2	3	$P_{\cdot j}$
0	0	0	$\frac{3}{35}$	$\frac{2}{35}$	$\frac{5}{35}$
1	0	$\frac{6}{35}$	$\frac{12}{35}$	$\frac{2}{35}$	$\frac{20}{35}$
2	$\frac{1}{35}$	$\frac{6}{35}$	$\frac{3}{35}$	0	$\frac{10}{35}$
$P_{i\cdot}$	$\frac{1}{35}$	$\frac{12}{35}$	$\frac{18}{35}$	$\frac{4}{35}$	1

3. $\frac{\sqrt{2}}{4}(\sqrt{3}-1)$.

4. (1) $A=\frac{1}{50}$；(2) $f_X(x)=\begin{cases}\frac{1}{50}(3x^2+21),0<x<2,\\0,\text{其他};\end{cases}$

$f_Y(y)=\begin{cases}\frac{1}{50}(\frac{8}{3}+2y^2),1<y<4,\\0,\text{其他}.\end{cases}$

5. (1) $\frac{1}{8}$；(2) $\frac{3}{8}$；(3) $\frac{2}{3}$.

6. (1)$C=\frac{21}{4}$；

(2) $f_X(x)=\begin{cases}\frac{21}{8}x^2(1-x^4),-1\leqslant x\leqslant 1,\\0,\text{其他};\end{cases}$

$f_Y(y)=\begin{cases}\frac{7}{2}y^{\frac{5}{2}},0\leqslant y\leqslant 1,\\0,\text{其他}.\end{cases}$

7. $f_X(x)=\begin{cases}6(x-x^2),0<x<1,\\0,\text{其他};\end{cases}$

$f_Y(y)=\begin{cases}6(\sqrt{y}-y),0<y<1,\\0,\text{其他}.\end{cases}$

8. $f_{Y|X}(y\mid x)=\begin{cases}\frac{1}{2x},\ |y|<x<1,\\0,\quad\text{其他};\end{cases}$

$f_{X|Y}(x\mid y)=\begin{cases}\frac{1}{1-|y|},\ |y|<x<1,\\0,\text{其他}.\end{cases}$

9.

y_j	1	2	3	4
$P(Y=y_j\mid X=2)$	$\frac{1}{3}$	0	$\frac{1}{3}$	$\frac{1}{3}$

10.

X \ Y	y_1	y_2	y_3	$P_{i\cdot}$
x_1	$\frac{1}{24}$	$\frac{1}{8}$	$\frac{1}{12}$	$\frac{1}{4}$
x_2	$\frac{1}{8}$	$\frac{3}{8}$	$\frac{1}{4}$	$\frac{3}{4}$
$P_{\cdot j}$	$\frac{1}{6}$	$\frac{1}{2}$	$\frac{1}{3}$	1

11. $a=\frac{3}{16},b=\frac{1}{16}$.

12. (1)$f(x,y)=\begin{cases}e^{-(x+y)},x>0,y>0,\\0,\text{其他};\end{cases}$

(2)$1-e^{-1}$.

13. (1)$f_X(x)=\begin{cases}3x^2,0\leqslant x\leqslant 1,\\0,\text{其他},\end{cases}$

$f_Y(y)=\begin{cases}\frac{3}{2}(1-y^2),0\leqslant y\leqslant 1,\\0,\text{其他};\end{cases}$

(2) $f_{Y|X}(y\mid x)=\begin{cases}\frac{2x}{1-y^2},0<y<x<1,\\0,\text{其他};\end{cases}$

$f_{X|Y}(x\mid y)=\begin{cases}\frac{1}{x},0<x<1,\\0,\text{其他};\end{cases}$

(3) X 与 Y 不相互独立.

14. $f_Z(z)=\begin{cases}ze^{-z},z>0,\\0,z\leqslant 0.\end{cases}$

15. (1) 不独立；(2) $f_Z(z)=\begin{cases}\frac{1}{2}z^2e^{-z},z>0,\\0,\text{其他}.\end{cases}$

16. (1) $\frac{2}{13}$；

(2)

$X+Y=Z_1$	-2	0	1	3	4
p	$\frac{5}{20}$	$\frac{2}{20}$	$\frac{9}{20}$	$\frac{3}{20}$	$\frac{1}{20}$

(3)

$\max(X,Y)=Z_2$	-1	1	2
p	$\frac{5}{20}$	$\frac{2}{20}$	$\frac{13}{20}$

17. (1)$b=\frac{1}{1+e^{-1}}$；

(2)$f_X(x)=\begin{cases}\frac{e^{-x}}{1-e^{-1}},0<x<1,\\0,\text{其他};\end{cases}$

$f_Y(y)=\begin{cases}e^{-y},y>0,\\0,\text{其他};\end{cases}$

(3)$F_M(m)=\begin{cases}0,m<0,\\\frac{(1-e^{-m})^2}{1-e^{-1}},0\leqslant m<1,\\1-e^{-m},m\geqslant 1.\end{cases}$

18. $P(\max(X_1,X_2,X_3,X_4,X_5)>4)=1-(1-e^{-2})^5$.

第 4 章

习题 4.1

1. $F(x)=\begin{cases}0, x<0,\\ \frac{27}{125}, 0\leqslant x<1,\\ \frac{81}{125}, 1\leqslant x<2,\\ \frac{117}{125}, 2\leqslant x<3\\ 1, x\geqslant 3.\end{cases}$　　$E(X)=1.2.$

2. $E(X)=-0.2, E(X^2)=2.8, E(3X^2+5)=13.4.$

3. (1)$E(X)=2, E(Y)=0$;(2)$E(Z)=-\frac{1}{15}$.

4. $E(2X^2+1)=\frac{4}{\lambda^2}+1.$　　5. $E(X^2)=1.$

6. $E(X)=\frac{4}{5}, E(Y)=\frac{3}{5}, E(XY)=\frac{1}{2}, E(X^2+Y^2)=\frac{16}{15}$.

7. $E(XY)=0.$

习题 4.2

1. $D(X)=\frac{143}{256}$.　　2. $D(X)=2.76.$

3. (1)$DY=1.96$;　(2)$DZ=7.69.$

4. $D(3X+2)=\frac{9}{\lambda^2}$.　　5. 略.　　6. $D(X)=2.$

7. (1)$f(x)=\begin{cases}2x, 0\leqslant x<1,\\ 0, 其他;\end{cases}$
(2)$P(0.25<X<0.5)=0.1875$;
(3)$D(X)=\frac{1}{18}$.

8. $D(X)=\frac{1-p}{p^2}$.

9. (1)$P(Y\geqslant 1)=1-\frac{1}{3^6}$;(2)$D(Y)=\frac{4}{3}$.

习题 4.3

1. $\rho_{XY}=0.$　　2. $D(X+Y)=85, D(X-Y)=37.$

3. $\rho_{XY}=-\frac{1}{11}$.

4. (1)$C=2$;(2) 不独立;(3)$E(X)=\frac{2}{3}$;$D(X)=\frac{1}{18}$;(4) $\frac{1}{2}$.

5. 略.　　6. 略.

综合练习题四

1. $a=0.2, b=-2$ 或 $a=-0.2, b=2.$

2. $\frac{3}{16}, \frac{45}{256}$.　　3. $N(-4,9)$.　　4. 202.6，23.4.

5－7. CBC.　　8. $E(X)=1, D(X)=0.2.$

9. $E(X)=\frac{5}{2}$.　　10. $f_Z(z)=\frac{1}{3\sqrt{2\pi}}e^{-\frac{(z-5)^2}{18}}$.

11. (1)$C=4$;(2) 独立;(3)$E(X)=\frac{2}{3}, E(Y)=\frac{2}{3}$,
$D(X)=\frac{1}{18}, D(Y)=\frac{1}{18}, \rho_{XY}=0.$

12. $1-\Phi_0(0.75)=0.2266.$

13. $1-\Phi_0(3)=0.00135.$

14. $1-\Phi_0(2.5)=0.00621.$

15. $1-\Phi_0(\frac{100-0.99N}{\sqrt{0.0099N}})\geqslant 0.95$,
$\frac{100-0.99N}{\sqrt{0.0099N}}\leqslant -1.64.$

第 5 章

习题 5.1

1. $\frac{1}{12}$.　　2. $\frac{1}{2}$.　　3. $n\geqslant 18750.$

习题 5.2

1. $1-P\{0\leqslant X\leqslant 40\}\approx 1-\Phi(2\sqrt{3})\approx 0.0002.$

2. (1) $\approx 2-2\Phi(3)\approx 0.0026$; (2)440.

3. (1)1;(2)99.5%.

综合练习题五

1. (1)$\Phi(b)-\Phi(a)$;
(2)$\Phi\left(\frac{\beta-np}{\sqrt{np(1-p)}}\right)-\Phi\left(\frac{\alpha-np}{\sqrt{np(1-p)}}\right)$.

2. C.　　3. (1)$\Phi(1.3)=0.91$;(2)0.5.

4. $P(10\times 1900\leqslant X\leqslant 3600\times 8)\approx\Phi(1.376)-\Phi(-43.589)\approx 0.9162.$

5. 0.5 或 $P(45\leqslant X\leqslant 50)\approx\Phi(2.36)-\Phi(0)=0.4909.$

6. 23.4 万元.　　7. 0.942.

第 6 章

习题 6.1

1. 100 株“豫农一号”玉米的穗位分组数据的统计表如下：

穗位组	频数	频率
[70,80)	3	0.03
[80,90)	9	0.09
[90,100)	13	0.13
[100,110)	16	0.16
[110,120)	26	0.26
[120,130)	20	0.20
[130,140)	7	0.07
[140,150)	4	0.04
[150,160)	2	0.02
合计	100	1

100株"豫农一号"玉米的穗位上频率直方图如下：

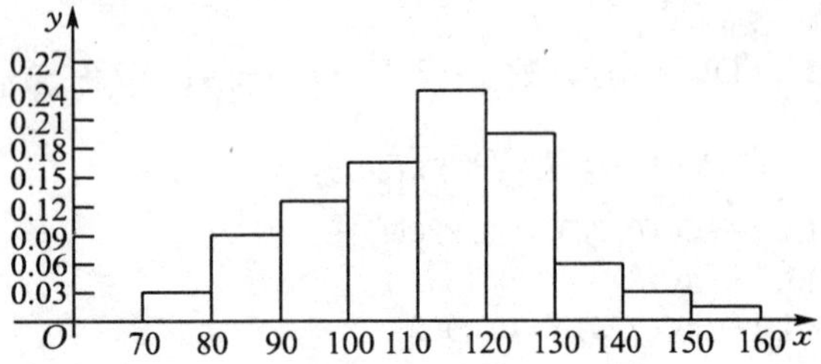

2. 其样本分布函数是：

$$F_{10}(x)=\begin{cases}0, x<60,\\ 0.1, 60\leqslant x<63,\\ 0.25, 63\leqslant x<65,\\ 0.4, 65\leqslant x<68,\\ 0.65, 68\leqslant x<70,\\ 0.85, 70\leqslant x<75,\\ 0.95, 75\leqslant x<80,\\ 1, x\geqslant 80.\end{cases}$$

习题 6.2

1. $\bar{x}=153.5, s^2=182.327, s=13.50$.

2. $c=\frac{1}{3}$.　　**3.** $T\sim t(4)$.

综合练习题六

1. D.　**2.** B.　**3.** C.　**4.** $n=106$.　**5.** 0.05.

第 7 章

习题 7.1

1. (1)$\hat{\sigma}^2=\frac{1}{n}\sum_{i=1}^{n}X_i^2-100$;(2)$\hat{p}=\frac{\overline{X}}{10}$.

2. $\hat{\theta}=-\frac{n}{\sum_{i=1}^{n}\ln X_i}$.　　**3.** $\hat{\lambda}=\hat{\lambda}_L=\frac{1}{\overline{X}}$.

4. 矩估计量 $\hat{\theta}=\frac{2\overline{X}-1}{1-\overline{X}}$，最大似然估计量 $\hat{\theta}=-1-\frac{n}{\sum_{i=1}^{n}\ln X_i}$.

5. $\hat{\theta}=172.7$.　　**6.** 略.

习题 7.2

1. (0.820,0.828),(0.819,0.829).

2. (75.3,84.7).　　**3.** (480.4,519.6).

4. (1783.85,2116.15).　　**5.** (8.4,39.8).

6. (10.48,19.52);(18.9,133.3).

综合练习题七

1. C.　**2.** C.　**3.** B.　**4.** C.　**5.** A.

6. B.　**7.** (479.4,520.6)

8. (1784,2116),$(0.535\times 300^2, 2.47\times 300^2)$.

9. (0.001331,0.005847).

10(432,483).　　**11.** (4.75,4.96).

12. (3047,3305),(62338,194749).

13. (0.02,0.10).

第 8 章

习题 8.1

1. $H_0:\mu=2000; H_1:\mu\neq 2000$.

2. $H_0:\sigma^2=3$;　$H_1:\sigma^2\neq 3$.

习题 8.2

1. 可以.　**2.** 不可以.　**3.** 是.　**4.** 有.

5. 正常.　**6.** 不能.

习题 8.3

1. 有.　**2.** 可以.　**3.** 不能.　**4.** 是.

综合练习题八

1. $U=\frac{\overline{X}-\mu_0}{\sigma}\sqrt{n}$.　　**2.** $U=\frac{\overline{X}-\mu_0}{S}\sqrt{n}$.

3. $F=\frac{S_1^2}{S_2^2}$.　　**4.** D.　　**5.** C.

6. 正常.　**7.** 不能.

8. 接受假设 $H_0:\mu=2.4$.

9. 有.　**10.** 无.　**11.** 没有.　**12.** 没有.

第 9 章

习题 9.1

1. 有.　**2.** 存在.

3. 推进器对火箭射程有显著影响，而燃料对火箭射程无显著影响.

习题 9.2

1. $\hat{y}=0.0225+1.5355x$.

2. $\hat{y}=22.6046+12.6714x$.

3. $\hat{y}=-42.47+0.4456x$.

4. $\hat{y}=13.955+12.5564x$.

综合练习题九

1. C.　**2.** D.　**3.** 无.　**4.** 无.

5. 均无显著影响.　　**6.** $y=5.34+0.30t$.

7. $s=-1.43+6.43p$.

附　　录

Fu lu

1. 标准正态分布表

$$\Phi(x)=\int_{-\infty}^{x}\frac{1}{\sqrt{2\pi}}e^{-\frac{t^2}{2}}\,dt=P\{X\leqslant x\}(x\geqslant 0)$$

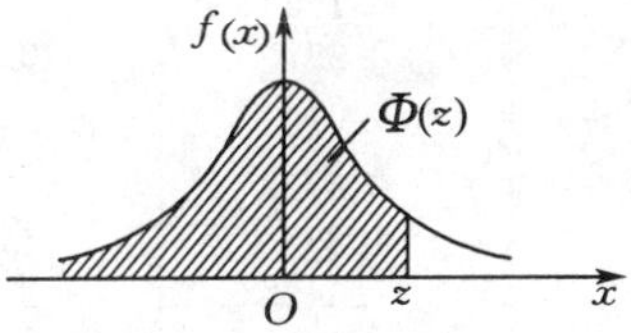

x	0	1	2	3	4	5	6	7	8	9
0.0	0.500 0	0.504 0	0.508 0	0.512 0	0.516 0	0.519 9	0.523 9	0.527 9	0.531 9	0.535 9
0.1	0.539 8	0.543 8	0.547 8	0.551 7	0.555 7	0.559 6	0.563 6	0.567 5	0.571 4	0.575 3
0.2	0.579 3	0.583 2	0.587 1	0.591 0	0.594 8	0.598 7	0.602 6	0.606 4	0.610 3	0.614 1
0.3	0.617 9	0.621 7	0.625 5	0.629 3	0.633 1	0.636 8	0.640 6	0.644 3	0.648 0	0.651 7
0.4	0.655 4	0.659 1	0.662 8	0.666 4	0.670 0	0.673 6	0.677 2	0.680 8	0.684 4	0.687 9
0.5	0.691 5	0.695 0	0.698 5	0.701 9	0.705 4	0.708 8	0.712 3	0.715 7	0.719 0	0.722 4
0.6	0.725 7	0.729 1	0.732 4	0.735 7	0.738 9	0.742 2	0.745 4	0.748 6	0.751 7	0.754 9
0.7	0.758 0	0.761 1	0.764 2	0.767 3	0.770 3	0.773 4	0.776 4	0.779 4	0.782 3	0.785 2
0.8	0.788 1	0.791 0	0.793 9	0.796 7	0.799 5	0.802 3	0.805 1	0.807 8	0.810 6	0.813 3
0.9	0.815 9	0.818 6	0.821 2	0.823 8	0.826 4	0.828 9	0.831 5	0.834 0	0.836 5	0.838 9
1.0	0.841 3	0.843 8	0.846 1	0.848 5	0.850 8	0.853 1	0.855 4	0.857 7	0.859 9	0.862 1
1.1	0.864 3	0.866 5	0.868 6	0.870 8	0.872 9	0.874 9	0.877 0	0.879 0	0.881 0	0.883 0
1.2	0.884 9	0.886 9	0.888 8	0.890 7	0.892 5	0.894 4	0.896 2	0.898 0	0.899 7	0.901 5
1.3	0.903 2	0.904 9	0.906 6	0.908 2	0.909 9	0.911 5	0.913 1	0.914 7	0.916 2	0.917 7
1.4	0.919 2	0.920 7	0.922 2	0.923 6	0.925 1	0.926 5	0.927 8	0.929 2	0.930 6	0.931 9
1.5	0.933 2	0.934 5	0.935 7	0.937 0	0.938 2	0.939 4	0.940 6	0.941 8	0.943 0	0.944 1
1.6	0.945 2	0.946 3	0.947 4	0.948 4	0.949 5	0.950 5	0.951 5	0.952 5	0.953 5	0.954 5
1.7	0.955 4	0.956 4	0.957 3	0.958 2	0.959 1	0.959 9	0.960 8	0.961 6	0.962 5	0.963 3
1.8	0.964 1	0.964 8	0.965 6	0.966 4	0.967 1	0.967 8	0.968 6	0.969 3	0.970 0	0.970 6
1.9	0.971 3	0.971 9	0.972 6	0.973 2	0.973 8	0.974 4	0.975 0	0.975 6	0.976 2	0.976 7
2.0	0.977 2	0.977 8	0.978 3	0.978 8	0.979 3	0.979 8	0.980 3	0.980 8	0.981 2	0.981 7
2.1	0.982 1	0.982 6	0.983 0	0.983 4	0.983 8	0.984 2	0.984 6	0.985 0	0.985 4	0.985 7
2.2	0.986 1	0.986 4	0.986 8	0.987 1	0.987 4	0.987 8	0.988 1	0.988 4	0.988 7	0.989 0
2.3	0.989 3	0.989 6	0.989 8	0.990 1	0.990 4	0.990 6	0.990 9	0.991 1	0.991 3	0.991 6
2.4	0.991 8	0.992 0	0.992 2	0.992 5	0.992 7	0.992 9	0.993 1	0.993 2	0.993 4	0.993 6
2.5	0.993 8	0.994 0	0.994 1	0.994 3	0.994 5	0.994 6	0.994 8	0.994 9	0.995 1	0.995 2
2.6	0.995 3	0.995 5	0.995 6	0.995 7	0.995 9	0.996 0	0.996 1	0.996 2	0.996 3	0.996 4
2.7	0.996 5	0.996 6	0.996 7	0.996 8	0.996 9	0.997 0	0.997 1	0.997 2	0.997 3	0.997 4
2.8	0.997 4	0.997 5	0.997 6	0.997 7	0.997 7	0.997 8	0.997 9	0.997 9	0.998 0	0.998 1
2.9	0.998 1	0.998 2	0.998 2	0.998 3	0.998 4	0.998 4	0.998 5	0.998 5	0.998 6	0.998 6
3.0	0.998 7	0.999 0	0.999 3	0.999 5	0.999 7	0.999 8	0.999 8	0.999 9	0.999 9	1.000 0

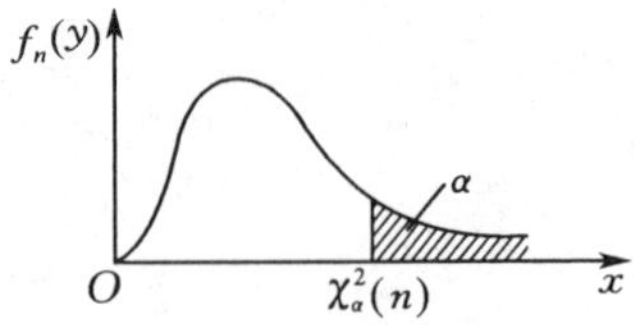

2. χ^2 分布表

$$P\{\chi^2(n) > \chi_\alpha^2(n)\} = \alpha$$

n	$\alpha = 0.995$	0.99	0.975	0.95	0.90	0.75
1	—	—	0.001	0.004	0.016	0.102
2	0.010	0.020	0.051	0.103	0.211	0.575
3	0.072	0.115	0.216	0.352	0.584	1.213
4	0.207	0.297	0.484	0.711	1.064	1.923
5	0.412	0.554	0.831	1.145	1.610	2.675
6	0.676	0.872	1.237	1.635	2.204	3.455
7	0.989	1.239	1.690	2.167	2.833	4.255
8	1.344	1.646	2.180	2.733	3.490	5.071
9	1.735	2.088	2.700	3.325	4.168	5.899
10	2.156	2.558	3.247	3.940	4.865	6.737
11	2.603	3.053	3.816	4.575	5.578	7.584
12	3.074	3.571	4.404	5.226	6.304	8.438
13	3.565	4.107	5.009	5.892	7.042	9.299
14	4.075	4.660	5.629	6.571	7.790	10.165
15	4.601	5.229	6.262	7.261	8.547	11.037
16	5.142	5.812	6.908	7.962	9.312	11.912
17	5.697	6.408	7.564	8.672	10.085	12.792
18	6.265	7.015	8.231	9.390	10.865	13.675
19	6.884	7.633	8.907	10.117	11.651	14.562
20	7.434	8.260	9.591	10.851	12.443	15.452
21	8.034	8.897	10.283	11.591	13.240	16.344
22	8.643	9.542	10.982	12.338	14.042	17.240
23	9.260	10.196	11.689	13.091	14.848	18.137
24	9.886	10.856	12.401	13.848	15.659	19.037
25	10.520	11.524	13.120	14.611	16.473	19.939
26	11.160	12.198	13.844	15.379	17.292	20.843
27	11.808	12.879	14.573	16.151	18.114	21.749
28	12.461	13.565	15.308	16.928	18.939	22.657
29	13.121	14.257	16.047	17.708	19.768	23.567
30	13.787	14.954	16.791	18.493	20.599	24.478
31	14.458	15.655	17.539	19.281	21.431	25.390
32	15.131	16.362	18.291	20.072	22.271	26.304
33	15.815	17.074	19.047	20.867	23.110	27.219
34	16.501	17.789	19.806	21.664	23.952	27.136
35	17.192	18.509	20.569	22.465	24.797	29.054
36	17.887	19.233	21.336	23.269	25.643	29.973
37	18.586	19.960	22.106	24.075	26.492	30.893
38	19.289	20.691	22.878	24.884	27.343	31.815
39	19.996	21.426	23.654	25.695	28.196	32.737
40	20.707	22.164	24.433	26.509	29.051	33.660
41	21.421	22.906	25.215	27.326	29.907	34.585
42	22.138	23.650	25.999	28.144	30.765	35.510
43	22.859	24.398	26.785	28.965	31.625	36.436
44	23.584	25.148	27.575	29.787	32.487	37.363
45	24.311	25.901	28.366	30.612	33.350	38.291

续表

n	$\alpha=0.25$	0.10	0.05	0.025	0.01	0.005
1	1.323	2.706	3.841	5.024	6.635	7.879
2	2.773	4.605	5.991	7.378	9.210	10.597
3	4.108	6.251	7.815	9.348	11.345	12.838
4	5.385	7.779	9.488	11.143	13.277	14.860
5	6.626	9.236	11.071	12.833	15.086	16.750
6	7.841	10.645	12.592	14.449	16.812	18.548
7	9.037	12.017	14.067	16.013	18.475	20.278
8	10.219	13.362	15.507	17.535	20.090	21.995
9	11.389	14.684	16.919	19.023	21.666	23.589
10	12.549	15.987	18.307	20.483	23.209	25.188
11	13.701	17.275	19.675	21.920	24.725	26.757
12	14.845	18.549	21.026	23.337	26.217	28.299
13	15.984	19.812	22.362	24.736	27.688	29.819
14	17.117	21.064	23.685	26.119	29.141	31.319
15	18.245	22.307	24.996	27.488	30.578	32.801
16	19.369	23.542	26.296	28.845	32.000	34.267
17	20.489	24.769	27.587	30.191	33.409	35.718
18	21.605	25.989	28.869	31.526	34.805	37.156
19	22.718	27.204	30.144	32.852	36.191	38.582
20	23.828	28.412	31.410	34.170	37.566	39.997
21	24.935	29.615	32.671	35.479	38.932	41.401
22	26.039	30.813	33.924	36.781	40.289	42.796
23	27.141	32.007	35.172	38.076	41.638	44.181
24	28.241	33.196	36.415	39.364	42.980	45.559
25	29.339	34.382	37.652	40.646	44.314	46.928
26	30.435	35.563	38.885	41.923	45.642	48.290
27	31.528	36.741	40.113	43.194	46.963	49.645
28	32.620	37.916	41.337	44.461	48.273	50.993
29	33.711	39.087	42.557	45.722	49.588	52.336
30	34.800	40.256	43.773	46.979	50.892	53.672
31	35.887	41.422	44.985	48.232	52.191	55.003
32	36.973	42.585	46.194	49.480	53.486	56.328
33	38.058	43.745	47.400	50.725	54.776	57.648
34	39.141	44.903	48.602	51.966	56.061	58.964
35	40.233	46.059	49.802	53.203	57.342	60.275
36	41.304	47.212	50.998	54.437	58.619	61.581
37	42.383	48.363	52.192	55.668	59.892	62.883
38	43.462	49.513	53.384	56.896	61.162	64.181
39	44.539	50.660	54.572	58.120	62.428	65.476
40	45.616	51.805	55.758	59.342	63.691	66.766
41	46.692	52.949	56.942	60.561	64.950	68.053
42	47.766	54.090	58.124	61.777	66.206	69.336
43	48.840	55.230	59.304	62.990	67.459	70.616
44	49.913	56.369	60.481	64.201	68.710	71.393
45	50.985	57.505	61.656	65.410	69.957	73.166

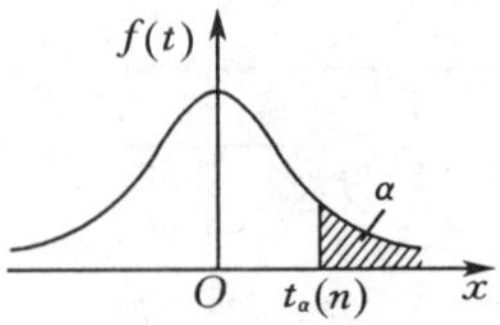

3. t分布表

$$P\{t(n) > t_\alpha(n)\} = \alpha$$

n	$\alpha=0.25$	0.10	0.05	0.025	0.01	0.005
1	1.000 0	3.077 7	6.313 8	12.706 2	31.820 7	63.657 4
2	0.816 5	1.885 6	2.920 0	4.303 7	6.964 6	9.924 8
3	0.764 9	1.637 7	2.353 4	3.182 4	4.540 7	5.840 9
4	0.740 7	1.533 2	2.131 8	2.776 4	3.746 9	4.604 1
5	0.726 7	1.475 9	2.015 0	2.570 6	3.364 9	4.032 2
6	0.717 6	1.439 8	1.943 2	2.446 9	3.142 7	3.707 4
7	0.711 1	1.414 9	1.894 6	2.364 6	2.998 0	3.499 5
8	0.706 4	1.396 8	1.859 5	2.306 0	2.896 5	3.355 4
9	0.702 7	1.383 0	1.833 1	2.262 2	2.821 4	3.249 8
10	0.699 8	1.372 2	1.812 5	2.228 1	2.763 8	3.169 3
11	0.697 4	1.363 4	1.795 9	2.201 0	2.718 1	3.105 8
12	0.695 5	1.356 2	1.782 3	2.178 8	2.681 0	3.054 5
13	0.693 8	1.350 2	1.770 9	2.160 4	2.650 3	3.012 3
14	0.692 4	1.345 0	1.761 3	2.144 8	2.624 5	2.976 8
15	0.691 2	1.340 6	1.753 1	2.131 5	2.602 5	2.946 7
16	0.690 1	1.336 8	1.745 9	2.119 9	2.583 5	2.920 8
17	0.689 2	1.333 4	1.739 6	2.109 8	2.566 9	2.898 2
18	0.688 4	1.330 4	1.734 1	2.100 9	2.552 4	2.878 4
19	0.687 6	1.327 7	1.729 1	2.093 0	2.539 5	2.860 9
20	0.687 0	1.325 3	1.724 7	2.086 0	2.528 0	2.845 3
21	0.686 4	1.323 2	1.720 7	2.079 6	2.517 7	2.831 4
22	0.685 8	1.321 2	1.717 1	2.073 9	2.508 3	2.818 8
23	0.685 3	1.319 5	1.713 9	2.068 7	2.499 9	2.807 3
24	0.684 8	1.317 8	1.710 9	2.063 9	2.492 2	2.796 9
25	0.684 4	1.316 3	1.710 8	2.059 5	2.485 1	2.787 4
26	0.684 0	1.315 0	1.705 6	2.055 5	2.478 6	2.778 7
27	0.683 7	1.313 7	1.703 3	2.051 8	2.472 7	2.770 7
28	0.683 4	1.312 5	1.701 1	2.048 4	2.467 1	2.763 3
29	0.683 0	1.311 4	1.699 1	2.045 2	2.462 0	2.756 4
30	0.682 8	1.310 4	1.697 3	2.042 3	2.457 3	2.750 0
31	0.682 5	1.309 5	1.695 5	2.039 5	2.452 8	2.744 0
32	0.682 2	1.308 6	1.693 9	2.036 9	2.448 7	2.738 5
33	0.682 0	1.307 7	1.692 4	2.034 5	2.444 8	2.733 3
34	0.681 8	1.307 0	1.690 9	2.032 2	2.441 1	2.728 4
35	0.681 6	1.306 2	1.689 6	2.030 1	2.437 7	2.723 8
36	0.681 4	1.305 5	1.688 3	2.028 1	2.434 5	2.719 5
37	0.681 2	1.304 9	1.687 1	2.026 2	2.431 4	2.715 4
38	0.681 0	1.304 2	1.686 0	2.024 4	2.428 6	2.711 6
39	0.680 8	1.303 6	1.684 9	2.022 7	2.425 8	2.707 9
40	0.680 7	1.303 1	1.683 9	2.021 1	2.423 3	2.704 5
41	0.680 5	1.302 5	1.682 9	2.019 5	2.420 8	2.701 2
42	0.680 4	1.302 0	1.682 0	2.018 1	2.418 5	2.698 1
43	0.680 2	1.301 6	1.681 1	2.016 7	2.416 3	2.695 1
44	0.680 1	1.301 1	1.680 2	2.015 4	2.414 1	2.692 3
45	0.680 0	1.300 6	1.679 4	2.014 1	2.412 1	2.689 6

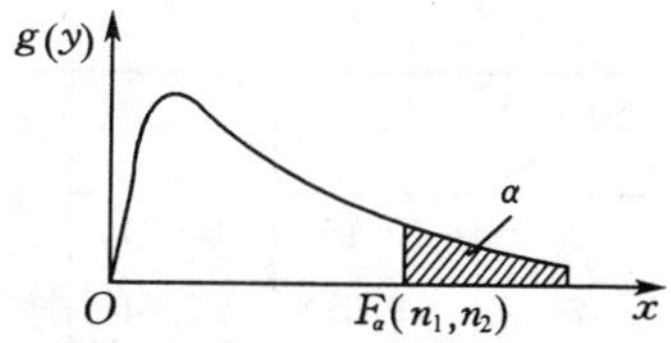

4. F 分布表

$$P\{F(n_1,n_2) > F_\alpha(n_1,n_2)\} = \alpha$$

$$\alpha = 0.10$$

n_2 \ n_1	1	2	3	4	5	6	7	8	9
1	39.86	49.50	53.59	55.33	57.24	58.20	58.91	59.44	59.86
2	8.53	9.00	9.16	9.24	6.29	9.33	9.35	9.37	9.38
3	5.54	5.46	5.39	5.34	5.31	5.28	5.27	5.25	5.24
4	4.54	4.32	4.19	4.11	4.05	4.01	3.98	3.95	3.94
5	4.06	3.78	3.62	3.52	3.45	3.40	3.37	3.34	3.32
6	3.78	3.46	3.29	3.18	3.11	3.05	3.01	2.98	2.96
7	3.59	3.26	3.07	2.96	2.88	2.83	2.78	2.75	2.72
8	3.46	3.11	2.92	2.81	2.73	2.67	2.62	2.59	2.56
9	3.36	3.01	2.81	2.69	2.61	2.55	2.51	2.47	2.44
10	3.20	2.92	2.73	2.61	2.52	2.46	2.41	2.38	2.35
11	3.23	2.86	2.66	2.54	2.45	2.39	2.34	2.30	2.27
12	3.18	2.81	2.61	2.48	2.39	2.33	2.28	2.24	2.21
13	3.14	2.76	2.56	2.43	2.35	2.28	2.23	2.20	2.16
14	3.10	2.73	2.52	2.39	2.31	2.24	2.19	2.15	2.12
15	3.07	2.70	2.49	2.36	2.27	2.21	2.16	2.12	2.09
16	3.05	2.67	2.46	2.33	2.24	2.18	2.13	2.09	2.06
17	3.03	2.64	2.44	2.31	2.22	2.15	2.10	2.06	2.03
18	3.01	2.62	2.42	2.29	2.20	2.13	2.08	2.04	2.00
19	2.99	2.61	2.40	2.27	2.18	2.11	2.06	2.02	1.98
20	2.97	2.50	2.38	2.25	2.16	2.09	2.04	2.00	1.96
21	2.96	2.57	2.36	2.23	2.14	2.08	2.02	1.98	1.95
22	2.95	2.56	2.35	2.22	2.13	2.06	2.01	1.97	1.93
23	2.94	2.55	2.34	2.21	2.11	2.05	1.99	1.95	1.92
24	2.93	2.54	2.33	2.19	2.10	2.04	1.98	1.94	1.91
25	2.92	2.53	2.32	2.18	2.09	2.02	1.97	1.93	1.89
26	2.91	2.52	2.31	2.17	2.08	2.01	1.96	1.92	1.88
27	2.90	2.51	2.30	2.17	2.07	2.00	1.95	1.91	1.87
28	2.89	2.50	2.29	2.16	2.06	2.00	1.94	1.90	1.87
29	2.89	2.50	2.28	2.15	2.06	1.99	1.93	1.89	1.86
30	2.88	2.49	2.22	2.14	2.05	1.98	1.93	1.88	1.85
40	2.84	2.41	2.23	2.09	2.00	1.93	1.87	1.83	1.79
60	2.79	2.39	2.18	2.04	1.95	1.87	1.82	1.77	1.74
120	2.75	2.35	2.13	1.99	1.90	1.82	1.77	1.72	1.68
∞	2.71	2.30	2.08	1.94	1.85	1.77	1.72	1.67	1.63

续表

n_2 \ n_1	10	12	15	20	24	30	40	60	120	∞
1	60.19	60.71	61.22	61.74	62.06	62.26	62.53	62.79	63.06	63.33
2	9.39	9.41	9.42	9.44	9.45	9.46	9.47	9.47	9.48	9.49
3	5.23	5.22	5.20	5.18	5.18	5.17	5.16	5.15	5.14	5.13
4	3.92	3.90	3.87	3.84	3.83	3.82	3.80	3.79	3.78	3.76
5	3.30	3.27	3.24	3.21	3.19	3.17	3.16	3.14	3.12	3.10
6	2.94	2.90	2.87	2.84	2.82	2.80	2.78	2.76	2.74	2.72
7	2.70	2.67	2.63	2.59	2.58	2.56	2.54	2.51	2.49	2.47
8	2.54	2.50	2.46	2.42	2.40	2.38	2.36	2.34	2.32	2.29
9	2.42	2.38	2.34	2.30	2.28	2.25	2.23	2.21	2.18	2.16
10	2.32	2.28	2.24	2.20	2.18	2.16	2.13	2.11	2.08	2.06
11	2.25	2.21	2.17	2.12	2.10	2.08	2.05	2.03	2.00	1.97
12	2.19	2.15	2.10	2.06	2.04	2.01	1.99	1.96	1.93	1.90
13	2.14	2.10	2.05	2.01	1.98	1.96	1.93	1.90	1.88	1.85
14	2.10	2.05	2.01	1.96	1.94	1.91	1.89	1.82	1.83	1.80
15	2.06	2.02	1.97	1.92	1.90	1.87	1.85	1.82	1.79	1.76
16	2.03	1.99	1.94	1.89	1.87	1.84	1.81	1.78	1.75	1.72
17	2.00	1.96	1.91	1.86	1.84	1.81	1.78	1.75	1.72	1.69
18	1.98	1.93	1.89	1.84	1.81	1.78	1.75	1.72	1.69	1.66
19	1.96	1.91	1.86	1.81	1.79	1.76	1.73	1.70	1.67	1.63
20	1.94	1.89	1.84	1.79	1.77	1.74	1.71	1.68	1.64	1.61
21	1.92	1.87	1.83	1.78	1.75	1.72	1.69	1.66	1.62	1.59
22	1.90	1.86	1.81	1.76	1.73	1.70	1.67	1.64	1.60	1.57
23	1.89	1.84	1.80	1.74	1.72	1.69	1.66	1.62	1.59	1.55
24	1.88	1.83	1.78	1.73	1.70	1.67	1.64	1.61	1.57	1.53
25	1.87	1.82	1.77	1.72	1.69	1.66	1.63	1.59	1.56	1.52
26	1.86	1.81	1.76	1.71	1.68	1.65	1.61	1.58	1.54	1.50
27	1.85	1.80	1.75	1.70	1.67	1.64	1.60	1.57	1.53	1.49
28	1.84	1.79	1.74	1.69	1.66	1.63	1.59	1.56	1.52	1.48
29	1.83	1.78	1.73	1.68	1.65	1.62	1.58	1.55	1.51	1.47
30	1.82	1.77	1.72	1.67	1.64	1.61	1.57	1.54	1.50	1.46
40	1.76	1.71	1.66	1.61	1.57	1.54	1.51	1.47	1.42	1.38
60	1.71	1.66	1.60	1.54	1.51	1.48	1.44	1.40	1.35	1.29
120	1.65	1.60	1.55	1.48	1.45	1.41	1.37	1.32	1.26	1.19
∞	1.60	1.55	1.49	1.42	1.38	1.34	1.30	1.24	1.17	1.00

$\alpha = 0.05$ **续表**

n_2 \ n_1	1	2	3	4	5	6	7	8	9
1	161.4	199.5	215.7	224.6	230.2	234.0	236.8	238.9	240.5
2	18.51	19.00	19.16	19.25	19.30	19.33	19.35	19.37	19.38
3	10.13	9.55	9.28	9.12	9.90	8.94	8.89	8.85	8.81
4	7.71	6.94	6.59	6.39	6.26	6.16	6.09	6.04	6.00
5	6.61	5.79	5.41	5.19	5.05	4.95	4.88	4.82	4.77
6	5.99	5.14	4.76	4.53	4.39	4.28	4.21	4.15	4.10
7	5.59	4.74	4.35	4.12	3.97	3.87	3.79	3.73	3.68
8	5.32	4.46	4.07	3.84	3.69	3.58	3.50	3.44	3.39
9	5.12	4.26	3.86	3.63	3.48	3.37	3.29	3.23	3.18
10	4.96	4.10	3.71	3.48	3.33	3.22	3.14	3.07	3.02
11	4.84	3.98	3.59	3.36	3.20	3.09	3.01	2.95	2.90
12	4.75	3.89	3.49	3.26	3.11	3.00	2.91	2.85	2.80
13	4.67	3.81	3.41	3.18	3.03	2.92	2.83	2.77	2.71
14	4.60	3.74	3.34	3.11	2.96	2.85	2.76	2.70	2.65
15	4.54	3.68	3.29	3.06	2.90	2.79	2.71	2.64	2.59
16	4.49	3.63	3.24	3.01	2.85	2.74	2.66	2.59	2.54
17	4.45	3.59	3.20	2.96	2.81	2.70	2.61	2.55	2.49
18	4.41	3.55	3.16	2.93	2.77	2.66	2.58	2.51	2.46
19	4.38	3.52	3.13	2.90	2.74	2.63	2.54	2.48	2.42
20	4.35	3.49	3.10	2.87	2.71	2.60	2.51	2.45	2.39
21	4.32	3.47	3.07	2.84	2.68	2.57	2.49	2.42	2.37
22	4.30	3.44	3.05	2.82	2.66	2.55	2.46	2.40	2.34
23	4.28	3.42	3.03	2.80	2.64	2.53	2.44	2.37	2.32
24	4.26	3.40	3.01	2.78	2.62	2.51	2.42	2.36	2.30
25	4.24	3.39	2.99	2.76	2.60	2.49	2.40	2.34	2.28
26	4.23	3.37	2.98	2.74	2.59	2.47	2.39	2.32	2.27
27	4.21	3.35	2.96	2.73	2.57	2.46	2.37	2.31	2.25
28	4.20	3.34	2.95	2.71	2.56	2.45	2.36	2.29	2.24
29	4.18	3.33	2.93	2.70	2.55	2.43	2.35	2.28	2.22
30	4.17	3.32	2.92	2.69	2.53	2.42	2.33	2.27	2.21
40	4.08	3.23	2.84	2.61	2.45	2.34	2.25	2.18	2.12
60	4.00	3.15	2.76	2.53	2.37	2.25	2.17	2.10	2.04
120	3.92	3.07	2.68	2.45	2.29	2.17	2.09	2.02	1.96
∞	3.84	3.00	2.60	2.37	2.21	2.10	2.01	1.94	1.88

续表

n_2 \ n_1	10	12	15	20	24	30	40	60	120	∞
1	241.9	243.9	245.9	248.0	249.1	250.1	251.1	252.2	253.3	254.3
2	19.40	19.41	19.43	19.45	19.45	19.46	19.47	19.48	19.49	19.50
3	8.79	8.74	8.70	8.66	8.64	8.62	8.59	8.57	8.55	8.53
4	5.96	5.91	5.86	5.80	5.77	5.75	5.72	5.69	5.66	5.63
5	4.74	4.68	4.62	4.56	4.53	4.50	4.46	4.43	4.40	4.36
6	4.06	4.00	3.94	3.87	3.84	3.81	3.77	3.74	3.70	3.67
7	3.64	3.57	3.51	3.44	3.41	3.38	3.34	3.30	3.27	3.23
8	3.35	3.28	3.22	3.15	3.12	3.08	3.04	3.01	2.97	2.93
9	3.14	3.07	3.01	2.94	2.90	2.86	2.83	2.79	2.75	2.71
10	2.98	2.91	2.85	2.77	2.74	2.70	2.66	2.62	2.58	2.54
11	2.85	2.79	2.72	2.65	2.61	2.57	2.53	2.49	2.45	2.40
12	2.75	2.69	2.62	2.54	2.51	2.47	2.43	2.38	2.34	2.30
13	2.67	2.60	2.53	2.46	2.42	2.38	2.34	2.30	2.25	2.21
14	2.60	2.53	2.46	2.39	2.35	2.31	2.27	2.22	2.18	2.13
15	2.54	2.48	2.40	2.33	2.29	2.25	2.20	2.16	2.11	2.07
16	2.49	2.42	2.35	2.28	2.24	2.19	2.15	2.11	2.06	2.01
17	2.45	2.38	2.31	2.23	2.19	2.15	2.10	2.06	2.01	1.96
18	2.41	2.34	2.27	2.19	2.15	2.11	2.06	2.02	1.97	1.92
19	2.38	2.31	2.23	2.16	2.11	2.07	2.03	1.98	1.93	1.88
20	2.35	2.28	2.20	2.12	2.08	2.04	1.99	1.95	1.90	1.84
21	2.32	2.25	2.18	2.10	2.05	2.01	1.96	1.92	1.87	1.81
22	2.30	2.23	2.15	2.07	2.03	1.98	1.94	1.89	1.84	1.78
23	2.27	2.20	2.13	2.05	2.01	1.96	1.91	1.86	1.81	1.76
24	2.25	2.18	2.11	2.03	1.98	1.94	1.89	1.84	1.79	1.73
25	2.24	2.16	2.09	2.01	1.96	1.92	1.87	1.82	1.77	1.71
26	2.22	2.15	1.07	1.99	1.95	1.90	1.85	1.80	1.75	1.69
27	2.20	2.13	1.06	1.97	1.93	1.88	1.84	1.79	1.73	1.67
28	2.19	2.12	1.04	1.96	1.91	1.87	1.82	1.77	1.71	1.65
29	2.18	2.10	1.03	1.94	1.90	1.85	1.81	1.75	1.70	1.64
30	2.16	2.09	2.01	1.93	1.89	1.84	1.79	1.74	1.68	1.62
40	2.08	2.00	1.92	1.84	1.79	1.74	1.69	1.64	1.58	1.51
60	1.99	1.92	1.84	1.75	1.70	1.65	1.59	1.53	1.47	1.39
120	1.91	1.83	1.75	1.66	1.61	1.55	1.50	1.43	1.35	1.25
∞	1.83	1.75	1.67	1.57	1.52	1.46	1.39	1.32	1.22	1.00

$\alpha = 0.025$ **续表**

n_2 \ n_1	1	2	3	4	5	6	7	8	9
1	647.8	799.5	864.2	899.6	921.8	937.1	948.2	956.7	963.3
2	38.51	39.00	39.17	39.25	139.30	39.33	39.36	39.37	39.39
3	17.44	16.04	15.44	15.10	14.88	14.73	14.62	14.54	14.47
4	12.22	10.65	9.98	9.60	9.36	9.20	9.07	8.98	8.90
5	10.01	8.43	7.76	7.39	7.15	6.98	6.85	6.76	6.68
6	8.81	7.26	6.60	6.23	5.99	5.82	5.70	5.60	5.52
7	8.07	6.54	5.89	5.52	5.29	5.12	4.99	4.90	4.82
8	7.57	6.06	5.42	5.05	4.82	4.65	4.53	4.43	4.36
9	7.21	5.71	5.08	4.72	4.48	4.32	4.20	4.10	4.03
10	6.94	5.46	4.83	4.47	4.24	4.07	3.95	3.85	3.78
11	6.72	5.26	4.63	4.28	4.04	3.88	3.76	3.66	3.59
12	6.55	5.10	4.47	4.12	3.89	3.73	3.61	3.51	3.44
13	6.41	4.97	4.35	4.00	3.77	3.60	3.48	3.39	3.31
14	6.30	4.86	4.24	3.89	3.66	3.50	3.38	3.29	3.21
15	6.20	4.77	4.15	3.80	3.58	3.41	3.29	3.20	3.12
16	6.12	4.69	4.08	3.73	3.50	3.34	3.22	3.12	3.05
17	6.04	4.62	4.01	3.66	3.44	3.28	3.16	3.06	2.98
18	5.98	4.56	3.95	3.61	3.38	3.22	3.10	3.01	2.93
19	5.92	4.51	3.90	3.56	3.33	3.17	3.05	2.96	2.88
20	5.87	4.46	3.86	3.51	3.29	3.13	3.01	2.91	2.84
21	5.83	4.42	3.82	3.48	3.25	3.09	2.97	2.87	2.80
22	5.79	4.38	3.78	3.44	3.22	3.05	2.93	2.84	2.76
23	5.75	4.35	3.75	3.41	3.18	3.02	2.90	2.81	2.73
24	5.72	4.32	3.72	3.38	3.15	2.99	2.87	2.78	2.70
25	5.69	4.29	3.69	3.35	3.13	2.97	2.85	2.75	2.68
26	5.66	4.27	3.67	3.33	3.10	2.94	2.82	2.73	2.65
27	5.63	4.24	3.65	3.31	3.08	2.92	2.80	2.71	2.63
28	5.61	4.22	3.63	3.29	3.06	2.90	2.78	2.69	2.61
29	5.59	4.20	3.61	3.27	3.04	2.88	2.76	2.67	2.59
30	5.57	4.18	3.59	3.25	3.03	2.87	2.75	2.65	2.57
40	5.42	4.05	3.46	3.13	2.90	2.74	2.62	2.53	2.45
60	5.29	3.93	3.34	3.01	2.79	2.63	2.51	2.41	2.33
120	5.15	3.80	3.23	2.89	2.67	2.52	2.39	2.30	2.22
∞	5.02	3.69	3.12	2.79	2.57	2.41	2.29	2.19	2.11

续表

n_2 \ n_1	10	12	15	20	24	30	40	60	120	∞
1	968.6	976.7	984.9	993.1	997.2	1 001	1 006	1 010	1 014	1 018
2	39.40	39.41	39.43	39.45	39.46	39.46	39.47	39.48	39.49	39.50
3	14.42	14.34	14.25	14.17	14.12	14.08	14.04	13.99	13.95	13.90
4	8.84	8.75	8.66	8.56	8.51	8.46	8.41	8.36	8.31	8.26
5	6.62	6.52	6.43	6.33	6.28	6.23	6.18	6.12	6.07	6.02
6	5.46	5.37	5.27	5.17	5.12	5.07	5.01	4.96	4.90	4.85
7	4.76	4.67	4.57	4.47	4.42	4.36	4.31	4.25	4.20	4.14
8	4.30	4.20	4.10	4.00	3.95	3.89	3.84	3.78	3.73	3.67
9	3.96	3.87	3.77	3.67	3.61	3.56	3.51	3.45	3.39	3.33
10	3.72	3.62	3.52	3.42	3.37	3.31	3.26	3.20	3.14	3.08
11	3.53	3.43	3.33	3.23	3.17	3.12	3.06	3.00	2.94	2.88
12	3.37	3.28	3.18	3.07	3.02	2.96	2.91	2.85	2.79	2.72
13	3.25	3.15	3.05	2.95	2.89	2.84	2.78	2.72	2.66	2.60
14	3.15	3.05	2.95	2.84	2.79	2.73	2.67	2.61	2.55	2.49
15	3.06	2.96	2.86	2.76	2.70	2.64	2.59	2.52	2.46	2.40
16	2.99	2.89	2.79	2.68	2.63	2.57	2.51	2.45	2.38	2.32
17	2.92	2.82	2.72	2.62	2.56	2.50	2.44	2.38	2.32	2.25
18	2.87	2.77	2.67	2.56	2.50	2.44	2.38	2.32	2.26	2.19
19	2.82	2.72	2.62	2.51	2.45	2.39	2.35	2.27	2.20	2.13
20	2.77	2.68	2.57	2.46	2.41	2.35	2.29	2.22	2.16	2.09
21	2.73	2.64	2.53	2.42	2.37	2.31	2.25	2.18	2.11	2.04
22	2.70	2.60	2.50	2.39	2.33	2.27	2.21	2.14	2.08	2.00
23	2.67	2.57	2.47	2.36	2.30	2.24	2.18	2.11	2.04	1.97
24	2.64	2.54	2.44	2.33	2.27	2.21	2.15	2.08	2.01	1.94
25	2.61	2.51	2.41	2.30	2.24	2.18	2.12	2.05	1.98	1.91
26	2.59	2.49	2.39	2.28	2.22	2.16	2.09	2.03	1.95	1.88
27	2.57	2.47	2.36	2.25	2.19	2.13	2.07	2.00	1.93	1.85
28	2.55	2.45	2.34	2.23	2.17	2.11	2.05	1.98	1.91	1.83
29	2.53	2.43	2.32	2.21	2.15	2.09	2.03	1.96	1.89	1.81
30	2.51	2.41	2.31	2.20	2.14	2.07	2.01	1.94	1.87	1.79
40	2.39	2.29	2.18	2.07	2.01	1.94	1.88	1.80	1.72	1.64
60	2.27	2.17	2.06	1.94	1.88	1.82	1.74	1.67	1.58	1.48
120	2.16	2.05	1.94	1.82	1.76	1.69	1.61	1.53	1.43	1.31
∞	2.05	1.94	1.83	1.71	1.64	1.57	1.48	1.39	1.27	1.00

$\alpha=0.01$　　续表

n_2 \ n_1	1	2	3	4	5	6	7	8	9
1	4 052	4 999.5	5 403	5 625	5 764	5 859	5 928	5 982	6 062
2	98.50	99.00	99.17	99.25	99.30	99.33	99.36	99.37	99.39
3	34.12	30.28	29.46	28.71	28.24	27.91	27.67	27.49	27.35
4	21.20	18.00	16.69	15.98	15.52	15.21	14.98	14.80	14.66
5	16.26	13.27	12.06	11.39	10.97	10.67	10.46	10.29	10.16
6	13.75	10.92	9.78	9.15	8.75	8.47	8.46	8.10	7.98
7	12.25	9.55	8.45	7.85	7.46	7.19	6.99	6.84	6.72
8	11.26	8.65	7.59	7.01	6.63	6.37	6.18	6.03	5.91
9	10.56	8.02	6.99	6.42	6.06	5.80	5.61	5.47	5.35
10	10.04	7.56	6.55	5.99	5.64	5.39	5.20	5.06	4.94
11	9.65	7.21	6.22	5.67	5.32	5.07	4.89	4.74	4.63
12	9.33	6.93	5.95	5.41	5.06	4.82	4.64	4.50	4.39
13	9.07	6.70	5.74	5.21	4.86	4.62	4.44	4.30	4.19
14	8.86	6.51	5.56	5.04	4.69	4.46	4.28	4.14	4.03
15	8.68	6.36	5.42	4.89	4.56	4.32	4.14	4.00	3.89
16	8.53	6.23	5.29	4.77	4.44	4.20	4.03	3.89	3.78
17	8.40	6.11	5.18	4.67	4.34	4.10	3.93	3.79	3.68
18	8.29	6.01	5.09	4.58	4.25	4.01	3.84	3.71	3.60
19	8.18	5.93	5.01	4.50	4.17	3.94	3.77	3.63	3.52
20	8.10	5.85	4.94	4.43	4.10	3.87	3.70	3.56	3.46
21	8.02	5.78	4.87	4.37	4.04	3.81	3.64	3.51	3.40
22	7.95	5.72	4.82	4.31	3.99	3.76	3.59	3.45	3.35
23	7.88	5.66	4.76	4.26	3.94	3.71	3.54	3.41	3.30
24	7.82	5.61	4.72	4.22	3.90	3.67	3.50	3.36	3.26
25	7.77	5.57	4.68	4.18	3.85	3.63	3.46	3.32	3.22
26	7.72	5.53	4.64	4.14	3.82	3.59	3.42	3.29	3.18
27	7.68	5.49	4.60	4.11	3.78	3.56	3.39	3.26	3.15
28	7.64	5.45	4.57	4.07	3.75	3.53	3.36	3.23	3.12
29	7.60	5.42	4.54	4.04	3.73	3.50	3.33	3.20	3.09
30	7.56	5.39	4.51	4.02	3.70	3.47	3.30	3.17	3.07
40	7.31	5.18	4.31	3.83	3.51	3.29	3.12	2.99	2.89
60	7.08	4.98	4.13	3.65	3.34	3.12	2.95	2.82	2.72
120	6.85	4.79	3.95	3.48	3.17	2.96	2.79	2.66	2.56
∞	6.63	4.61	3.78	3.32	3.02	2.80	2.64	2.51	2.41

续表

n_2 \ n_1	10	12	15	20	24	30	40	60	120	∞
1	6 056	6 106	6 157	6 209	6 235	6 261	6 287	6 313	6 339	6 366
2	99.40	99.42	99.43	99.45	99.46	99.47	99.47	99.48	99.49	99.50
3	27.23	27.05	26.87	26.69	26.60	26.50	26.41	26.32	26.22	26.13
4	14.55	14.37	14.20	14.02	13.93	13.84	13.75	13.65	13.56	13.46
5	10.05	9.29	9.72	9.55	9.47	9.38	9.29	9.20	9.11	9.02
6	7.87	7.72	7.56	7.40	7.31	7.23	7.14	7.06	6.97	6.88
7	6.62	6.47	6.31	6.16	6.07	5.99	5.91	5.82	5.74	5.65
8	5.81	5.67	5.52	5.36	5.28	5.20	5.12	5.03	4.95	4.86
9	5.26	5.11	4.96	4.81	4.73	4.65	4.57	4.48	4.40	4.31
10	4.85	4.71	4.56	4.41	4.33	4.25	4.17	4.08	4.00	3.91
11	4.54	4.40	4.25	4.10	4.02	3.95	3.86	3.78	3.69	3.60
12	4.30	4.16	4.01	3.86	3.78	3.70	3.62	3.54	3.45	3.36
13	4.10	3.96	3.82	3.66	3.59	3.51	3.43	3.34	3.25	3.17
14	3.94	3.80	3.66	3.51	3.43	3.35	3.27	3.18	3.09	3.00
15	3.80	3.67	3.52	3.37	3.29	3.21	3.13	3.05	2.96	2.87
16	3.69	3.55	3.41	3.26	3.18	3.10	3.02	2.93	2.84	2.75
17	3.59	3.46	3.31	3.16	3.08	3.00	2.92	2.83	2.75	2.65
18	3.51	3.37	3.23	3.08	3.00	2.92	2.84	2.75	2.66	2.57
19	3.43	3.30	3.15	3.00	2.92	2.84	2.76	2.67	2.58	2.49
20	3.37	3.23	3.09	2.94	2.86	2.78	2.69	2.61	2.52	2.42
21	3.31	3.17	3.03	2.88	2.80	2.72	2.64	2.55	2.46	2.36
22	3.26	3.12	2.98	2.83	2.75	2.67	2.58	2.50	2.40	2.31
23	3.21	3.07	2.93	2.78	2.70	2.62	2.54	2.45	2.35	2.26
24	3.17	3.03	2.89	2.74	2.66	2.58	2.49	2.40	2.31	2.21
25	3.13	2.99	2.85	2.70	2.62	2.54	2.45	2.36	2.27	2.17
26	3.09	2.96	2.81	2.66	2.58	2.50	2.42	2.33	2.23	2.13
27	3.06	2.93	2.78	2.63	2.55	2.47	2.38	2.29	2.20	2.10
28	3.03	2.90	2.75	2.60	2.52	2.44	2.35	2.26	2.17	2.06
29	3.00	2.87	2.73	2.57	2.49	2.41	2.33	2.23	2.14	2.03
30	2.98	2.84	2.70	2.55	2.47	2.39	2.30	2.21	2.11	2.01
40	2.80	2.66	2.52	2.37	2.29	2.20	2.11	2.02	1.92	1.80
60	2.63	2.50	2.35	2.20	2.12	2.03	1.94	1.84	1.73	1.60
120	2.47	2.34	2.19	2.03	1.95	1.86	1.76	1.66	1.53	1.38
∞	2.32	2.18	2.04	1.88	1.79	1.70	1.59	1.47	1.32	1.00

5. 泊松分布 $P(\xi=k)=\frac{\lambda^k}{k!}e^{-\lambda}$ 的数值表

$(k=0,1,2,\cdots)$

k \ λ	0.1	0.2	0.3	0.4	0.5	0.6
0	0.904837	0.818731	0.740818	0.670320	0.606531	0.548812
1	0.090484	0.163746	0.222245	0.268128	0.303265	0.329287
2	0.004524	0.016375	0.033337	0.053626	0.075816	0.098786
3	0.000151	0.001092	0.003334	0.007150	0.012636	0.019757
4	0.000004	0.000055	0.000250	0.000715	0.001580	0.002964
5	—	0.00002	0.000005	0.000057	0.000158	0.000356
6	—	—	0.000001	0.000004	0.000013	0.00036
7	—	—	—	—	0.000001	0.00003

k \ λ	0.7	0.8	0.9	1.0	2.0	3.0
0	0.496585	0.449329	0.406570	0.367879	0.135335	0.049787
1	0.347610	0.359463	0.365913	0.367879	0.270671	0.149361
2	0.121663	0.143785	0.164661	0.183940	0.270671	0.224042
3	0.028388	0.038343	0.049398	0.061313	0.180447	0.224042
4	0.004968	0.007669	0.011115	0.015328	0.090224	0.168031
5	0.000696	0.001227	0.002001	0.003066	0.036089	0.100819
6	0.000081	0.000164	0.000300	0.000511	0.012030	0.050409
7	0.000008	0.000019	0.000039	0.000073	0.003437	0.021604
8	0.000001	0.000002	0.000004	0.000009	0.000859	0.008102
9	—	—	—	0.000001	0.000191	0.002701
10	—	—	—	—	0.000038	0.000810
11	—	—	—	—	0.000007	0.000221
12	—	—	—	—	0.000001	0.000055
13	—	—	—	—	—	0.000013
14	—	—	—	—	—	0.000003
15	—	—	—	—	—	0.000001

续表

k \ λ	4.0	5.0	6.0	7.0	8.0	9.0
0	0.018316	0.006738	0.002479	0.000912	0.000335	0.000123
1	0.073263	0.033690	0.014873	0.006383	0.002684	0.001111
2	0.146525	0.084224	0.044618	0.022341	0.010735	0.004998
3	0.195367	0.140374	0.089235	0.052129	0.028626	0.014994
4	0.195367	0.175467	0.133853	0.091226	0.057252	0.033737
5	0.156293	0.175467	0.160623	0.127717	0.091604	0.060727
6	0.104196	0.146223	0.160623	0.149003	0.122138	0.091090
7	0.059540	0.104445	0.137677	0.149003	0.139587	0.117116
8	0.029770	0.065278	0.103258	0.130377	0.139587	0.131756
9	0.013231	0.036266	0.068838	0.101405	0.124077	0.131756
10	0.005292	0.018133	0.041303	0.070983	0.099262	0.118580
11	0.001925	0.008242	0.022529	0.045171	0.072190	0.097020
12	0.000642	0.003434	0.011264	0.026350	0.048127	0.072765
13	0.000197	0.001321	0.005199	0.014188	0.029616	0.050376
14	0.000056	0.000472	0.002228	0.007094	0.016924	0.032384
15	0.000015	0.000157	0.000891	0.003311	0.009026	0.019431
16	0.000004	0.000049	0.000334	0.001448	0.004513	0.010930
17	0.000001	0.000014	0.000118	0.000596	0.002124	0.005786
18	—	0.000004	0.000039	0.000232	0.000944	0.002893
19	—	0.000001	0.000012	0.000085	0.000397	0.001370
20	—	—	0.000004	0.000030	0.000159	0.000617
21	—	—	0.000001	0.000010	0.000061	0.000264
22	—	—	—	0.000003	0.000022	0.000108
23	—	—	—	0.000001	0.000008	0.000042
24	—	—	—	—	0.000003	0.000016
25	—	—	—	—	0.000001	0.000006
26	—	—	—	—	—	0.000002
27	—	—	—	—	—	0.000001